# Spring MVC Cookbook
# Spring MVC实战

［美］Alex Bretet 著

张龙 覃璐 李哲 丁涛 译

电子工业出版社
Publishing House of Electronics Industry
北京·BEIJING

## 内 容 简 介

本书由浅入深地介绍了当今流行的Java Web框架Spring MVC的方方面面，从基础的环境搭建到微服务设计与架构，再到持久化、REST API构建、认证与测试……涵盖了Spring MVC诸多重要且常用的特性。值得一提的是，本书针对Spring MVC的每一项特性都提供了完整可运行的示例代码，可以帮助读者更好地掌握这项技术。

无论是Spring MVC的初学者，还是拥有一定经验的开发人员，都能够从本书中获得启发，更好地理解Spring MVC这一Web开发"利器"。

Copyright © 2016 Packt Publishing. First published in the English language under the title 'Spring MVC Cookbook'.

本书简体中文版专有出版权由Packt Publishing 授予电子工业出版社。未经许可，不得以任何方式复制或抄袭本书的任何部分。专有出版权受法律保护。

版权贸易合同登记号 图字：01-2016-4000

图书在版编目（CIP）数据

Spring MVC实战/（美）亚历克斯·布雷特（Alex Bretet）著；张龙等译. —北京：电子工业出版社，2017.5
书名原文：Spring MVC Cookbook
ISBN 978-7-121-31111-6

Ⅰ.①S… Ⅱ.①亚… ②张… Ⅲ.①JAVA语言—程序设计 Ⅳ.①TP312.8

中国版本图书馆CIP数据核字（2017）第055498号

策划编辑：张春雨
责任编辑：刘 舫
印　　刷：北京天宇星印刷厂
装　　订：北京天宇星印刷厂
出版发行：电子工业出版社
　　　　　北京市海淀区万寿路173信箱　邮编：100036
开　　本：787×980　1/16　印张：25　字数：592千字
版　　次：2017年5月第1版
印　　次：2017年5月第1次印刷
定　　价：99.00元

凡所购买电子工业出版社图书有缺损问题，请向购买书店调换。若书店售缺，请与本社发行部联系，联系及邮购电话：（010）88254888，88258888。

质量投诉请发邮件至zlts@phei.com.cn，盗版侵权举报请发邮件至dbqq@phei.com.cn。
本书咨询联系方式：010-51260888-819　faq@phei.com.cn。

# 译者序

毋庸置疑，Spring 现在已经成为 Java 企业级开发事实上的标准。同时，Spring 也早已从最初的单一 IoC 与 AOP 框架发展成为一站式的开发平台，例如流行的 Spring Batch、Spring Boot、Spring Cloud、Spring Data、Spring Security 及 Spring Kafka 等。围绕着 Spring 的生态圈也异常繁荣。在 Spring 所提供的诸多基础项目中，Spring MVC 可谓一枝独秀。虽然相较于 Struts、JSF 等 Java Web 框架与标准，Spring MVC 出现时间较晚，但凭借着 Spring 强大的社区与开发者的支持，Spring MVC 现已在全世界各大互联网公司与传统企业中得到了极为广泛的应用，其发展势头要远远超过其他先行者。这与 Spring MVC 向开发者所提供的各项"开箱即用"特性、对于 Web 开发的强有力支持以及与 Spring 框架的天然整合是密不可分的。

本书是一本专门介绍 Spring MVC 的专著，由浅入深地介绍了 Spring MVC 方方面面的功能与特性，从一开始的环境搭建到微服务设计与架构，再到持久化、REST API 构建、认证、对 WebSockets 与 STOMP 的支持以及测试……详尽介绍了 Spring MVC 在软件开发各个领域的应用与实现。

全书共分为 9 章，每章都单独讲述一个主题，因此并不要求读者按照顺序逐章阅读；相反，读者可以根据自身情况选择感兴趣的章节阅读并学习。对于缺乏 Spring MVC 经验的开发者来说，建议从第 1 章开始按照顺序学习，以实现最好的学习效果。

Spring MVC 本身是个庞杂的主题，这是因为框架本身涉及了太多的领域与设计理念，对于初学者来说难免陷入具体细节而无法脱身。本书独辟蹊径，从功能角度对全书章节进行划分，每章讲解 Spring MVC 所支持的一个重要概念与领域。通过这种方式，学习者可以有针对性地学习 Spring MVC 所提供的方方面面的特性。此外，本书的另一个特色是示例代码丰富，每个主题均提供相关可运行的示例代码供读者学习与参考，这是一种非常棒的学习方式。而且，很多章节最后还提供了延伸内容供学习者进一步提升水平。相信通过循序渐进的学习，当阅读完本书并实现书中所提供的各项示例代码后，读者会完全掌握 Spring MVC 的各项功能特性并能投入到实际的项目开发中。

  值得一提的是，除了 Spring MVC 之外，本书还对其他相关的技术领域进行了较为详尽的介绍，例如 Angular、Bootstrap、WebSockets、测试等，这些都是使用 Spring MVC 进行项目开发时或多或少会使用到的一些技术与框架。相信通过对这些技术的学习，读者所掌握的技能将会超越 Spring MVC 本身。

  翻译技术图书是一项艰苦的劳动，这不仅涉及大量脑力的付出，还有体力上的消耗。作为译者，我们最大的心愿就是为读者提供准确的翻译，为读者带来切实的帮助。这个目标也在翻译过程中不断提醒着我们，要对得起原书作者的倾情创作，要对得起各位读者的信任。因此，我们在整个翻译过程中，丝毫不敢懈怠，目的就是为了保证译稿的质量。

  本书由张龙、丁涛、李哲与覃璐共同翻译完成，张龙完成了最后的统稿与校对工作。这里要特别感谢电子工业出版社的张春雨老师与刘舫老师，二位老师在专业素养与团队协作方面展现出了极高的专业性，确保了本书的翻译工作能够顺利完成。每次与二位老师沟通都非常顺畅，同时进一步确保了译稿的质量。

  虽已尽心尽力，奈何技术与文字水平有限；虽已校对多次，但依然不敢保证全书没有任何错误。因此，读者在阅读本书的过程中如果发现任何问题都请不吝赐教。可以通过邮箱 zhanglong217@163.com 与译者联系，以期图书再版时改进。

  最后，衷心期望本书能给希望系统学习 Spring MVC 的读者朋友们带来切实的帮助，帮助大家快速掌握这一流行的 Java Web 开发框架。

张龙

2017-02-15 于北京

# 作者介绍

**Alex Bretet** 是一位知名的 Java 与 Spring 集成工程师，目前就职于 Thunderhead，这是一家全球知名的 SaaS 提供商。他拥有能源、保险、财务与互联网等多个领域的丰富开发经历。受到互联网通信能力与诸多初创公司的感染，他深信开发所能带来的价值（志趣相同的一群人能在很短的时间内实现令人难以置信的目标）。他还是开源，特别是 Spring 的拥护者，其实用主义持续不断地"瓦解"着现有的做法，并提供了颇具价值的替代方法。

可以通过 alex.bretet@gmail.com 与作者取得联系，或者在 Twitter 上关注 @abretet。

首先，我要对与本书直接相关的所有人表示感谢，这包括所有审校者、内容编辑、技术与组稿编辑等。

我想到了曾经就读的法语工程学院以及在那里遇到的人们，他们对于技术展现出了浓厚的热情。

非常高兴能从事 IT 行业。感谢身边支持我在这个方向发展的所有人和物。当我在这个领域的兴趣不断增长时，我真的没想到自己会从事这个职业。

编写这本书是一个旷日持久的项目。必须要提一下我的搭档 Helena，感谢她在这几个月的时间内的耐心以及对我的支持；我的家人与朋友们不断鼓励我；我的父亲则是我的灵感之源。

最深的感谢要献给出版社，感谢他们出版了这本书并认可这个项目。

感谢来自于 Pivotal Software, Inc 与 Spring 社区的工程师们所给出的专家建议，感谢他们提供的易读的文档与官方参考。

最后，我想要感谢正在阅读这些文字并且可能已经购买了本书的你们，我希望这本书能给你们带来切实的帮助。

# 关于审校者

**David Mendoza** 是一位软件工程师，他从 1999 年就开始从事 Java Web 开发了。他的开发之路始于 JSP 与 Servlet，并创建了自定义的 Web 框架。后来他发现了 AppFuse，这将其带入 Spring 与 Struts 的世界。接下来，他又转向了 Spring MVC 并且再也不想回到过去了。作为一名 Java 顾问，David 的足迹遍及墨西哥、美国、加拿大、委内瑞拉、西班牙等国家，与荷兰国际银行、花旗集团及西班牙电信公司都有过合作。他目前供职于西南复临大学，这是一家位于得克萨斯州达拉斯南部的私立大学，他主要负责整个 Web 平台的建设工作。

# 前言

欢迎阅读这本独一无二的《Spring MVC 实战》，希望你已经为本书的探索之旅做好了准备，本书会带你畅游现代 Spring Web 开发实践。本书作者已经创建了 cloudstreetmarket.com 网站，这是一个带有社交功能的股票交易平台，本书将会带领你探索网站开发过程的每一步。

## 本书主要内容

**1 企业级 Spring 应用的搭建**

本章介绍了业界的一套标准实践，从配置 Eclipse IDE 以对 Java 8、Tomcat 8、GIT 与 Maven 提供更优化的支持，到理解 Maven 作为一个构建自动化工具以及作为一个依赖管理工具的认识，阅读本章后你将会了解如何在一个坚实的基础上部署 Spring 框架。

无论一个项目旨在成为一个能够获得丰厚利润的产品，抑或仅仅是一个练习，都是从相同的企业级模式开始的。

本章并不仅仅是开发 Cloud Street Market 应用的第一个阶段，还为面向企业级 Spring 应用的开发者提供了大量的标准化实践。

**2 使用 Spring MVC 设计微服务架构**

本章内容有些多，介绍了 Spring MVC 的核心原则，比如请求流与 DispatcherServlet 的中心角色，还介绍了如何通过与控制器相关的注解来配置 Spring MVC 控制器与控制器方法处理器。

在微服务架构的搭建过程中，我们在各个模块与 Web 项目中安装了 Spring 与 Spring MVC，用于构建易于部署且可伸缩的功能性单元。从这个视角来看，我们通过一个 Web 模块来构建应用，该模块负责提供一个 Twitter Bootstrap 模板，同时与另一个专门用作 REST Web

Services 的 Web 模块搭配使用。

本章将介绍如何通过 JSTL 将模型从控制器传递给 JSP 视图，以及如何通过 AngularJS 来设计 JavaScript MVC 模式。

### 3  Java 持久化与实体

本章介绍了持久化相关的内容。在这个阶段，了解如何在 Spring 生态圈以及 Spring MVC 应用中处理持久化数据很有必要。该章将介绍如何在 Spring 中通过 dataSource 与 entityManagerFactory 来配置 JPA 持久化提供者（Hibernate）。你将学习如何从 EJB3 实体来构建好处极多的 JPA 对象关系映射，接下来会学习如何通过 Spring Data JPA 来查询仓库。

### 4  为无状态架构构建 REST API

本章揭示了如何将 Spring MVC 作为 REST Web Services 引擎。我们将会看到框架对此所提供的令人惊叹的支持，只需为抽象的与 Web 相关的逻辑的方法处理器提供几个注解即可，这样我们就可以将主要精力放在业务上了。这个原则也用在了请求绑定（参数、URL 路径与头信息绑定等）与响应编排注解方面，同时在 Spring Data 的集成支持上也用到了。

本章还介绍了如何创建作为 Spring MVC 一部分的异常处理器来将预定义的异常类型转换为通用的错误响应。你将学到如何配置内容协商（这是 REST APIs 的重要内容），最后还将学习如何通过 Swagger 与 Swagger UI 来公开并文档化 REST 端点信息。

### 5  使用 Spring MVC 进行认证

本章介绍了如何在控制器与服务层对 HTTP BASIC 与 OAuth2 等标准协议配置认证。你将学习与 Spring Security 相关的几个概念与实践，例如过滤器链、<http> 命名空间、认证管理器，以及角色与用户的管理等。我们的 OAuth2 流是个客户端实现。我们在用户首次使用第三方提供者 Yahoo! 时在应用中对其进行认证。这些 Yahoo! 的认证与连接信息稍后会被用于从 Yahoo! Finance 中拉取最新的财经数据。借助于 Spring Social 库，我们可以在后台对 OAuth2 实现完全的抽象化。

### 6  实现 HATEOAS

本章介绍了如何将 RESTful Spring MVC API 更进一步。超媒体驱动的应用为每个单独的请求资源都提供了链接，这些链接反映了相关资源的 URL。它们向客户端（无论是何种类型的客户端）提供了实时的导航选择——精确的文档，同时也是实际的实现。该章将会介绍如何通过 JPA 实体关联或控制器层来构建这种链接。

### 7  开发 CRUD 操作与校验

本章介绍更加高级的 Spring MVC 概念，通过认识支持交互式 HTTP 方法（PUT、POST

与 DELETE）的工具与技术，我们将学习如何使用 HTTP1/1 规范（RFC 7231 语义与内容）来返回恰当的响应状态码与头信息。

本章通过 Spring Validator 与 ValidationUtils 辅助类的搭配使用来提供与验证相关的 JSR-303 和 JSR-349 规范的兼容实现。该章的最后一节将会介绍消息与内容的国际化（I18N）。我们还通过 AngularJS 提供了一个客户端实现，使用了已发布的国际化 Web Services。

### 8 通过 WebSocket 与 STOMP 进行通信

本章将会聚焦于"冉冉升起"的 WebSocket 技术，并为我们的应用构建面向消息的中间件。该章提供了一个大家很少会见到的示例，通过 Spring 实现了关于 WebSockets 的大部分内容，从默认的嵌入式 WebSocket 消息代理的使用，到特性完备的外部代理（借助于 STOMP 与 AMQP 协议）。我们将会了解如何向多个客户端广播消息，以及如何通过优秀的可伸缩特性推迟耗时任务的执行。

通过本章你还将学到如何动态创建私有队列，以及如何获取认证客户端并通过这些私有队列与其收发消息。

为了实现 WebSocket 认证与消息认证，我们将 API 置为有状态的。对于有状态来说，我们要知道的是 API 将会使用 HTTP 会话在多个请求间保持用户的认证状态。借助于 Spring Session 与高度集群化的 Redis 服务器的支持，会话将可以在多个 Web 应用间共享。

### 9 测试与故障排除

本章介绍了一套用于维护、调试与改进应用状态的工具与一般做法。作为本书的最后一部分内容，我们将会学习如何通过 Flyway Maven Plugin 将数据库模式从一个应用版本升级为另一个，并将其作为 Maven 构建的一部分。我们还会学习如何编写自动化单元测试（借助于 Maven Surefire 与 Mockito）与集成测试（使用一套库，例如 Cargo、Rest-assured 与 Maven Failsafe）。

该章的最后一节介绍了将 Log4j2 作为全局日志框架的做法，无论什么环境，我们都可以通过这一日志解决方案来高效排错。

## 阅读本书之前的准备工作

书中多个章节都列出了系统需要具备的硬件与软件条件。而且，学习本书经常需要访问互联网资源，有不少扩展内容都给出了链接，或者需要下载必备软件。

此外更加重要的是，本书使用 Git 版本系统来管理每章的代码基，本地的 Git 仓库需要对应于项目的远程仓库（位于 GitHub 上），要能够访问这个远程仓库。

本书的示例支持三种操作系统：MS Windows、Linux 与 Mac OS X。

对于硬件平台，推荐使用主流、高性能的工作站，最低 2 GB 内存，500 MB 以上空闲硬盘空间。

## 本书面向的读者

在编写本书时，作者的一个目标就是一方面尽量保持内容的可读性，另一方面则尽量多地向读者介绍现代 Web 开发的实践。

我们相信，对 Spring MVC 感兴趣的大多数读者的主要目的在于寻求一个入门套件和工具箱，来开发现代、基于 Spring 的 Web 应用。我们还相信，大多数读者都倾向于通过实践而非理论来强化对概念的理解。当下，我们都知道人们具有不同的学习习惯与方式。

鉴于此，本书的各个章节都是逐步推进的，从直观的第 1 章到更具挑战性的第 8 章。相比后面的章节来说，前几章更适合大多数 Java 开发者。

话虽如此，本书却几乎包含了你所要的一切！本书配套的示例应用已经处于运行状态，等待着你的探索，理解其工作方式。

一般来说，我们假定你是一名具有 Web 开发经验的 Java 开发者。此外，我们期望你对学习 Spring Web 技术拥有浓厚的兴趣。

## 本书各章结构

本书各章都包含多个主题，各个主题的展现结构相似，如下所示。

### 准备

这一小节介绍了要实现的功能，并描述了如何安装所需的软件或配置其他初始设置。

### 实现

这一小节包含了完成操作所需的各个步骤。

### 说明

这一小节通常会对上一部分介绍的操作步骤进行详尽解读。

### 扩展

这一小节包含了当前主题的一些相关信息，旨在让读者有更加深刻的认识。

### 其他

这一小节针对当前主题提供了一些有价值的信息链接。

## 本书约定

你会在书中看到大量用于区分各类信息的文本样式。下面给出一些示例并进行解释说明。

文本中的代码、数据库表名、目录名、文件名、文件扩展名、路径名、用户输入内容等的格式是这样的:"我们会检查cloudstreetmarket-api Web应用的配置变更以便建立类型约定"。

代码段格式如下所示:

```xml
<bean id="conversionService" class="org.sfw.format.
        support.FormattingConversionServiceFactoryBean">
    <property name="converters">
        <list>
            <bean class="edu.zc.csm.core.
                converters.StringToStockProduct"/>
        </list>
    </property>
</bean>
```

**新的术语**与**重要文字**会加粗显示。例如,界面上的菜单项或对话框中的按钮名称格式是这样的:"从弹出的快捷菜单中选择 **Add and Remove...** "。

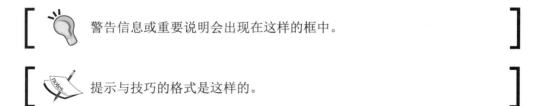

警告信息或重要说明会出现在这样的框中。

提示与技巧的格式是这样的。

## 配套服务

轻松注册成为博文视点社区用户(www.broadview.com.cn),即可享受以下服务。

**下载资源**:本书所提供的示例代码及资源文件均可在"**下载资源**"处下载。

**提交勘误**:您对书中内容的修改意见可在"**提交勘误**"处提交,若被采纳,将获赠博文视点社区积分(在您购买电子书时,积分可用来抵扣相应金额)。

**与我们交流**:在页面下方"**读者评论**"处留下您的疑问或观点,与我们和其他读者一同学习交流。

页面入口：http://www.broadview.com.cn/31111

二维码：

# 目录

## 1 企业级Spring应用的搭建 .................................................. 1
引言 .................................................................................. 1
安装Eclipse JEE开发者版本与Java SE 8 ........................................ 2
为Eclipse配置Java 8、Maven 3和Tomcat 8 ................................... 5
定义Maven的项目结构 ........................................................... 12
安装Spring、Spring MVC和Web结构 ........................................ 24

## 2 使用Spring MVC设计微服务架构 ........................................ 35
引言 .................................................................................. 35
使用简单URL映射配置控制器 ................................................... 36
使用ViewResolver配置回退控制器 ............................................. 49
使用Bootstrap创建并自定义响应式单页面Web设计 ........................ 53
使用JSTL在视图中显示模型 ..................................................... 72
定义通用WebContentInterceptor ............................................... 82
使用AngularJS设计客户端MVC模式 ........................................... 88

## 3 Java持久化与实体 .......................................................... 100
引言 .................................................................................. 100
在Spring中配置Java持久化API ................................................ 101
定义有用的EJB3实体和关系 ..................................................... 105

使用JPA与Spring Data JPA ........................................................... 115

## 4　为无状态架构构建REST API ............................................. 122
引言 ........................................................................................... 122
绑定请求与编排响应 ............................................................... 123
配置内容协商（JSON与XML等） ......................................... 133
添加分页、过滤器与排序功能 ............................................... 138
全局处理异常 ........................................................................... 149
使用Swagger生成文档与公开API .......................................... 156

## 5　使用Spring MVC进行认证 .................................................. 163
引言 ........................................................................................... 163
配置Apache HTTP服务器来代理Tomcat服务器 .................. 163
修改用户和角色以适应Spring Security ................................. 172
基于BASIC的认证方式 ........................................................... 183
第三方OAuth2认证 ................................................................. 193
在REST环境中保存认证信息 ................................................. 211
服务与控制器授权 ................................................................... 220

## 6　实现HATEOAS ...................................................................... 235
引言 ........................................................................................... 235
将DTO改造成Spring HATEOAS资源 .................................... 236
为超媒体驱动的API创建链接 ................................................ 244
JPA实体的暴露策略 ............................................................... 252
通过OAuth从第三方API获取数据 ........................................ 259

## 7　开发CRUD操作与校验 ......................................................... 266
引言 ........................................................................................... 266
为所有HTTP方法扩展REST处理程序 .................................. 267
使用Bean Validation校验资源 ................................................ 278
REST消息与内容的国际化 ..................................................... 292
使用HTML5和AngularJS校验客户端表单 ........................... 302

## 8 通过WebSocket与STOMP进行通信 .................................................. **308**
引言 ........................................................................................................ 308
通过基于SockJS的STOMP使社交事件流媒体化 ............................. 309
使用RabbitMQ作为多协议消息代理 ................................................. 322
将任务放入RabbitMQ并通过AMQP消费任务 ................................. 328
通过Spring Session和Redis保证消息安全 ........................................ 334

## 9 测试与故障排除 .................................................................................. **351**
引言 ........................................................................................................ 351
通过Flyway实现数据库迁移自动化 ................................................... 352
使用Mockito和Maven Surefire进行单元测试 ................................... 357
使用Cargo、Rest-assured和Maven Failsafe进行集成测试 .............. 364
在集成测试中注入Spring Bean ............................................................ 373
使用Log4j2记录日志的现代应用 ....................................................... 377

# 1
# 企业级Spring应用的搭建

本章主要内容：

- 安装 Eclipse JEE 开发者版本与 Java SE 8
- 完成 Eclipse 的 Java SE 8 版本，Maven 3 及 Tomcat 8 的配置
- 使用 Maven 定义项目结构
- 安装 Spring、Spring MVC 与 Web 框架

## 引言

在启动这个开发项目之前，让我们先来思考一些问题，这些问题应该有助于更好地理解这一过程。请记住，本章的内容对接下来的章节能起到抛砖引玉的作用。

**来点乐趣吧！**

在这本书中，我们来扮演 ZipCloud 公司这个角色。ZipCloud 的目标是针对社交和金融行业开发不同的产品。我们要构建的第一个产品为 cloudstreetmarket.com，它是一款具有社交功能的股票交易平台。这个项目对于"幼小"的 ZipCloud 来说是个很合适的起点！

## 为什么要这样

不管你的初衷是什么，确保设计思想不会被早期阶段的失败所影响是十分必要的。该例程包括如何对抗这种风险的内容。

抛开这个例程的本身，我们是为了共享一个项目启动的引导方法，而这正是取决于你目前和今后的需求。该例程也是让基于产品的构思趋向于可持续构建的关键，从而能够轻松进行重构和维护。

建立一个新的企业级架构项目不会影响你的兴致和创造力！

## 为什么使用 Eclipse IDE

即使在这个领域存在竞争关系，但 Eclipse 仍是一个在 Java 中流行并且实用的开源解决方案，所以它可以不受限制地在网络上被人访问。并且它还提供了其他用途：为 Web 应用提供良好的支持，特别是 MVC Web 应用。

## 为什么使用 Maven

Maven 是一个软件项目和综合管理工具，是一个由 Apache 和 Apache 软件基金会支持的开源项目。近 10 年来，Maven 获得了巨大收益。它还影响了 Java 项目的标准结构。

在其**项目对象模型（POM）**的推动下，它对所有人和潜在的第三方软件提供了解决方案，以一致的方式来理解和构建 Java 项目层次结构中的所有依赖项。

在初期架构体系中，对以下问题的考虑是至关重要的：

- 对潜在的不同开发环境和持续集成工具的公开项目定义；
- 监测依赖项并保证它们的访问安全；
- 在项目层级中实行统一目录结构；
- 构建含有自测组件的自测软件。

选择 Maven 可以保证这些，并满足我们对项目可重用、安全和可测试（自动化）的需求。

## Spring 框架带来了什么

近 10 多年里，Spring 框架及其社区为推动 Java 平台的发展做出了不小的贡献。详细地介绍整个框架，不是一本书能够完成的任务。然而，基于——**控制反转（IoC）**和通过高性能访问 Bean 仓库实现**依赖注入（DI）**——原则的核心功能完好地被重复使用。

因为保持轻量，它能够保证高扩展性，并且能够适配所有的现代化架构。

# 安装Eclipse JEE开发者版本与Java SE 8

接下来的步骤有关下载安装 Eclipse IDE JEE 开发者版本，以及下载安装 JDK 8 Oracle Hotspot。

## 准备

这一步对于具有一定技术水平和经验的广大读者来说可能是多余或没必要的，但是，在本书中确立一个统一的配置会带来诸多好处。

# 1 企业级Spring应用的搭建

例如，可以避免未知的Bug（集成或开发的），可以看到与插图所示相同的界面。此外，因第三方产品一直存在，你将会经常看到不期而至的界面提示或窗口。

## 实现

本章通篇需要一步一步地操作。从下一章开始，我们将使用GIT，这将减轻你的工作量。

1. 下载Eclipse IDE的Java EE开发者版本。
   - 在这本书中，我们将使用Eclipse Luna版本。建议安装此版本来全面匹配书中的指引和插图。可以访问 https://www.eclipse.org/downloads/packages/eclipse-ide-java-ee-developers/lunasr1 根据实际操作环境选择合适的Luna版本下载。

   下载得到的文件是一个Zip压缩包，而不是已编译的安装程序。

   - 如果你觉得有足够的信心去使用另一个版本的（较新）Eclipse IDE的Java EE开发者版本，都可以在 https://www.eclipse.org/downloads 找到。

在Windows系统中,对于接下来的安装操作,建议安装在根目录下（C:\）。为了避免有关权限的问题，将你的Windows用户配置设置为本地管理员会更好。如果不在管理员组中，具有对安装目录的写访问权限也可以。

2. 将下载的文档解压到eclipse目录。
   - `C:\Users\{system.username}\eclipse`：如果是Windows系统，解压到这个路径。
   - `/home/usr/{system.username}/eclipse`：如果是Linux系统，解压到这个路径。
   - `/Users/{system.username}/eclipse`：如果是Mac OS系统，解压到这个路径。

3. 选择并下载JDK 8。
   - 建议下载Oracle Hotspot JDK。Hotspot是一个最初由Sun Microsystems构建的高性能JVM实现，如今归属于Oracle公司。Hotspot JRE和JDK都是免费下载的。
   - 然后，选择与所用计算机对应的Oracle产品，网站链接为 http://www.oracle.com/technetwork/java/javase/downloads/jdk8-downloads-2133151.html。

为避免以后出现兼容性问题，需要与之前为Eclipse选择的操作系统位数（32位或64位）保持一致。

4. 根据以下指南，在操作系统中安装JDK 8。

   在Windows中，这将是一个由可执行文件启动的可监控安装：

   1) 下载文件并等待，直至进入下一个安装步骤。
   2) 在安装界面中，注意安装文件夹目录，并将其更改为 C:\java\jdk1.8.X_XX（此处的 X_XX 指的是当前的最新版本。在本书中，以 jdk1.8.0_25 为例进行讲解。此外，它不需要安装一个外部的 JRE，所以取消选中公共 JRE 功能）。

在 Linux/Mac 中，执行以下操作：

1) 下载与安装环境相符的 tar.gz 文档。
2) 将当前目录更改为要安装 Java 的路径。简单来说，选择 /usr/java 目录。
3) 将下载的 tar.gz 文档移至该目录。
4) 用下面的命令解压缩文件，tar zxvf jdk-8u25-linux-i586.tar.gz（此处以用于 Linux x86 机器的二进制包为例）。

注意，必须以包含 /bin，/db，/jre 和 /include 子目录的 /usr/java/jdk1.8.0_25 目录结构结束。

### 说明

在这一节我们要深入了解所用的 Eclipse 版本以及如何选择这个特定版本的 JVM。

#### Eclipse Java EE 开发者版本

我们已经成功地安装了 Eclipse IDE 的 Java EE 开发者版本。相对于 Eclipse IDE 的 Java 开发者版本来说，它有一些额外的软件包，例如 Java EE Developer Tools、Data Tools Platform 和 JavaScript Development Tools。这个版本备受推崇在于能够将管理开发服务器作为 IDE 本身的一部分、自定义项目结构与支持 JPA 的能力。Luna 是 Java SE 8 官方兼容版本，这在编写本书时是一个决定性的因素。

#### 选择一个 JVM

关于 JVM 实现的选择，在性能、内存管理、垃圾回收和优化功能等方面有许多能够讨论的话题。

目前存在很多不同的 JVM 实现，包括几个开源解决方案，如 OpenJDK 和 IcedTea（RedHat）。JVM 的选择取决于应用程序的需求。我们根据经验和参考实现部署层面选择了 Oracle Hotspot，这个 JVM 实现应用广泛并可以信任。如果你要运行 Java UI 应用程序，Hotspot 也会表现得很好。Eclipse 就是其中之一。

#### Java SE 8

如果你还没用过 Scala 或 Clojure，这是你开始着手 Java 函数编程训练的绝佳时刻！使用 Java SE 8，Lambda 表达式可以减少代码量，大大改进可读性和可维护性。我们不会执行这个 Java 8 功能，但因其受欢迎程度，它必须强调大规模的范式转变。现在，最重要的是要熟悉这些模式。

## 为Eclipse配置Java 8、Maven 3和Tomcat 8

这个过程包括在 Eclipse 上对 Java，Maven 和 Tomcat 进行有效的开发配置。

### 准备

一旦安装了不同的产品，有几个步骤我们需要遵循，主要是让 Eclipse 与 Java SE 8，Maven 3 和 Tomcat 8 一起正常工作。在这个过程中，我们也将看看如何定制 Eclipse 配置文件（Eclipse.ini）以最大限度地发挥 Java 平台的作用，并确保它将应付任何应用程序的显著增长。

### 实现

在系统桌面上对 Eclipse 进行配置的步骤如下：

1. 可以通过在桌面上创建一个快捷方式，以指向 Eclipse 可执行文件。
   - 在 Windows 上的可执行文件是 Eclipse.exe，它位于 eclipse 目录的根目录。
   - 在 Linux/Mac 上的文件是 Eclipse，也是位于 eclipse 目录的根目录。

2. 然后，我们需要自定义 eclipse.ini 文件。

   在之前解压得到的 Eclipse 目录中，可以找到 eclipse.ini 文件。它是一个文本文件，包含了一些控制 Eclipse 启动的命令行选项。
   - Eclipse 社区建议在这里指定我们的 JVM 的路径。因此，根据所用的操作系统，在文件开头部分添加以下两行代码。

   对于 Windows，添加以下内容：

   ```
   -vm
   C:\java\jdk1.8.0_25\jre\bin\server\jvm.dll
   ```

   对于 Linux/Mac，添加以下内容：

   ```
   -vm
   /usr/java/jdk1.8.0_25/jre/lib/{your.architecture}/server/libjvm.so
   ```

   可以考虑下面所列的可选设置：
   - 如果用于开发的机器具有至少 2 GB 的 RAM，可以输入以下代码，从而让 Eclipse 比默认设置跑得更快。这部分是可选的，因为 Eclipse 的默认设置已经优化为适合大多数用户环境。

   ```
   -vmargs
   -Xms128m
   -Xmx512m
   -Xverify:none
   ```

```
-Dosgi.requiredJavaVersion=1.6
-XX:MaxGCPauseMillis=10
-XX:MaxHeapFreeRatio=70
-XX:+UseConcMarkSweepGC
-XX:+CMSIncrementalMode
-XX:+CMSIncrementalPacing
```

如果所用的机器配有小于 2GB 的 RAM，抛开重写默认的 Xms 和 -Xmx 参数，仍然可以输入这些可选项。

JVM 启动时，-Vmargs 参数下的所有选项都将传递给它。不要和 Eclipse 选项（文件开始部分）与 VM 参数（文件后面部分）弄混淆了，这十分重要。

3. 接下来，通过以下步骤来启动 Eclipse 并设置工作区。

   启动在步骤 2 中提到的可执行文件。

   - 对于本书的项目，指定路径：`<home-directory>/workspace`。

   对于不同的操作系统，路径有所不同：

   - `C:\Users\{system.username}\workspace`：这是在 Windows 上的路径。
   - `/home/usr/{system.username}/workspace`：这是在 Linux 上的路径。
   - `/Users/{system.username}/workspace`：这是在 Mac OS 上的路径。
   - 单击 **OK** 按钮，让 Eclipse 程序启动。

工作区是管理 Java 项目的地方，可以是一个特定的应用程序，但不是必需的。

4. 检查 JRE 定义。

   在这里，几个设置是必须在 Eclipse 中确认的。

   1) 在 **Window** 下打开 **Preferences** 菜单（在 Mac OS X 系统中 **Preferences** 菜单位于 **Eclipse** 菜单下）。
   2) 在左侧的导航面板中展开 **Java** 栏，并单击 **Java** 下的 **Installed JREs**。
   3) 在界面中，删除任何已经存在的 JREs。
   4) 单击 **Add** 按钮添加标准的 JVM。
   5) 输入 `C:\java\jdk1.8.0_25`（或 `/usr/java/...`）作为 **JRE Home**。
   6) 输入 `jdk1.8.0_25` 作为 **JRE name**。

1 企业级Spring应用的搭建

我们告诉 Eclipse 使用 JDK 8 的 Java 运行环境。

完成这些步骤之后，配置情况应如下图所示。

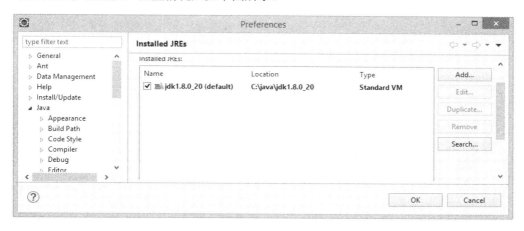

5. 现在，我们将检查编译器遵循级别。

   1) 在导航窗格中，单击 **Java** 下的 **Compiler**。
   2) 在下拉列表中确认 Compiler compilance level 设置为 1.8。

6. 在此之后，我们需要检查 Maven 配置。

   1) 仍在 **Preferences** 菜单的导航窗格中，展开 Maven 栏并选中 **Maven | Installations**。
   2) 我们将在此处指定计划使用的 Maven。基于本书的目的，理想的选择是内置的 Maven。
   3) 回到在导航面板中，选择 **Maven | User Settings**。
   4) 设置本地资源库为 `<home-directory>/.m2/repository`。

在本地资源库中，本地缓存的所需文件的版本将驻留。这将避免我们在每次构建中去下载它们。

   5) 对于 **User Settings** 字段，在 .m2 中创建一个 `settings.xml` 文件，目录为 `<home-directory>/.m2/settings.xml`。
   6) 编辑 `settings.xml` 文件并添加以下内容（也可以从本书配套文件的 `chapter_1/source_code/.m2` 目录复制并粘贴）。

```
<settings xmlns ="http://maven.apache.org/SETTINGS/1.1.0"
   xmlns:xsi ="http://www.w3.org/2001/XMLSchema-instance"
```

```
 xsi:schemaLocation ="http://maven.apache.org/SETTINGS/1.1.0
   http://maven.apache.org/xsd/settings-1.1.0.xsd">
 <profiles>
    <profile>
      <id>compiler</id>
        <properties>
          <JAVA_HOME> C:\java\jdk1.8.0_25 </JAVA_HOME>
        </properties>
    </profile>
 </profiles>
 <activeProfiles>
 <activeProfile>compiler</activeProfile>
 </activeProfiles>
</settings>
```

 如果你不是在 Windows 机器上，更改文件中的 JAVA_HOME 为实际的 JDK 安装目录（/usr/java/jdk1.8.0_25）。

7）回到导航面板，单击 Maven 选项，配置情况如下图所示。

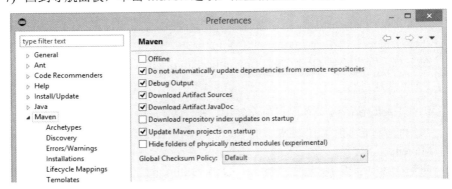

8）单击 OK 按钮，保存这些配置更改。

7. 现在，我们将在 Eclipse IDE 中安装 Tomcat 8，步骤如下所述。

1) 从 Tomcat 网站下载最新的核心版本 Tomcat 8 ZIP 包（http://tomcat.apache.org/download-80.cgi）。

2) 将所下载文件解压缩到以下目录。

- 在 Windows 上，将其解压缩至 C:\tomcat8。
- 在 Linux 上，将其解压缩至 /home/usr/{system.username}/tomcat8。
- 在 Mac OS X 上，将其解压缩至 /Users/{system.username}/tomcat8。

# 1 企业级Spring应用的搭建

 根据所用的系统，必须能够从文件系统中找到 bin 目录：`C:\tomcat8\bin`、`/home/usr/{system.username}/tomcat8/bin` 或 `/Users/{system.username}/tomcat8/bin`。

3) 在 Eclipse 中，选择 Window 菜单下的 Preferences 子菜单，并在左边的导航面板中展开 Server 选项，然后选择 Runtime Environments。
4) 在窗口中单击 Add 按钮。
5) 在下一步中（New Server 环境窗口），导航到 Apache | Apache Tomcat v8.0。
6) 选中此选项：Create a New Local Server。
7) 单击 Next 按钮。
8) 参照下图在相应栏中填写信息。

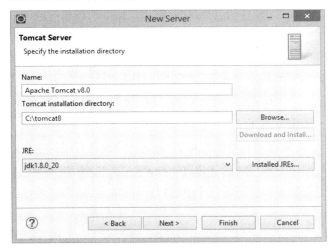

 如果使用的是 Linux（或 Mac OS X），用实际的 Tomcat 安装目录替换 `C:\tomcat8`。

## 说明

本节中，我们来回顾一下所学的各个要素和概念。

### Eclipse.ini 文件

我们已经知道，eclipse.ini 文件控制 Eclipse 的启动，它是一个额外的使 Eclipse 平台高度可配置的组件。官方文档中给出了能够使用的命令行参数列表（http://help.eclipse.org/luna/topic/org.eclipse.platform.doc.isv/reference/misc/runtime-options.html）。

该文档中提及的以下警告信息需要重点注意。

- -vmargs 之后的所有行都被作为参数传递给 JVM；Eclipse 的所有参数和选项必须在 -vmargs 之前指定（正如在命令行上使用参数一样）。

 这就是为什么要在文件的开始处插入 -vm 选项的原因。

- 在命令行中使用 -vmargs 将覆盖所有在 .ini 文件中的 -vmargs 设置，除非在 .ini 文件中或命令行中指定了 --auncher.appendVmargs。

### 设置 -vm 选项

设置 -vm 选项用于确定 Eclipse 使用哪个 JVM 实现。你可能会注意到我们已经选定了 JVM 作为一个库（*.dll /*.so），这在启动时能提供更好的性能，还支持程序作为 Eclipse 可执行文件运行而并不只是作为 Java 可执行文件。

如果想知道在没有设置 -vm 选项时 Eclipse 使用哪个 JVM，请注意 Eclipse 不查询 JAVA_HOME 环境变量（Eclipse wiki）。相反，Eclipse 执行解析 path 环境变量的 Java 命令。

### 自定义 JVM 参数

推荐的 JVM 参数列表来自于 Piotr Gabryanczyk 在 Java 内存管理模型方面的研究成果。最初用于 JetBRAINS Intellij 设置，这种配置对 Eclipse 环境也是有用的。在以下场合中有帮助：

- 防止垃圾回收器中断程序的运行超过 10 ms（-XX:MaxGCPauseMillis = 10）。
- 降低垃圾回收器启动的级别到 30% 的所占用内存（-XX:MaxHeapFreeRatio = 70）。
- 强制垃圾回收器作为一个并行线程运行，降低对应用程序的干扰（-XX: + UseConcMarkSweepGC）。
- 为垃圾回收器选择增量模式，可以在 GC 工作中生成中断让应用程序明确地停止冻结（-XX: + CMSIncrementalPacing）。

在整个程序的生命周期中，实例化的对象存储在堆内存中。该建议参数定义了 128MB 的 JVM 启动堆空间（-Xms），以及 512MB 的最大堆空间（-Xmx）。堆被分为两个子空间，如下所述。

- **新生代**：新对象都存储在这个区域。对于 Hotspot 或 OpenJDK JVM，新生代的内存空间分为两个部分。
    - Eden：新对象存储在这一细分领域，短暂存活的对象将被从这里释放。
    - Survivor：这是新生代和老生代之间的缓冲区。Survivor 空间小于 Eden，也被分成了两半（FROM 和 TO 区域）。可以通过 -XX: SurvivorRatio 调整 Eden 与 Survivor 对象的比例（-XX: SurvivorRatio = 10 意味着 Young = 12, Eden=10, From=1, To=1）。

# 1 企业级Spring应用的搭建

 新生代区域的最小值可以通过 -XX: NewSize 调整，最大值可以通过 -XX: MaxNewSize 调整。

- **老生代**：当 Eden 或 Survivor 空间中的对象经过足够多的垃圾收集后仍被引用时，它们将被移动到这里。可以通过 -XX: NewRatio 设置新生代区域大小与老生代区域大小的比例。（-XX: NewRatio = 2 意味着 HEAP = 3，YOUNG = 1，OLD = 2。）

 新生代空间的最大值 -XX: MaxNewSize 必须始终小于堆空间的一半（-Xmx/2），因为垃圾回收器可能会把所有新生代空间移入老生代空间。

对于 Hotspot 或 OpenJDK，永生代空间用来存储有关类的定义信息（结构、字段、方法，等等）。当加载的结构变得太大时，你可能会遇到 PermGen space OutOfMemortError 异常。对于这种情况，解决办法是增加 -XX: MaxPermSize 参数，JDK8 则不需要。

因此，**永生代**（**PermGen**）空间已被一个不属于堆而是本地内存的元数据空间取代，这个空间的默认最大值是无限的。不过，我们仍然可以使用 -XX: MetaspaceSize 或 -XX: Max-MetaspaceSize 来限制它。

### 更改 JDK 编译级别

降低编译级别允许我们运行一个比原先定义 JDK 版本要低的 Java 编译器，这影响到 Eclipse 构建、错误和警告，以及 JavaDoc。显然不可能设置成比原先的编译器版本更高。

### 配置 Maven

在 Eclipse 中，大部分的 Maven 配置来自 m2eclipse 插件（也被称为 Eclipse Maven 集成）。Eclipse Luna 默认包括这个插件，不需要手动下载。通过配置 Maven，m2eclipse 对于从 IDE 上下文触发 Maven 操作是很有用的，并且为创建 Java Maven 项目提供帮助。下一节将会学习关于 m2eclipse 的更多内容。

接下来安装基本的 settings.xml 文件。这个文件用于配置没有被直接绑定到任何项目的 Maven。settings.xml 的最常见用途可能是属性定义和访问仓库的凭据存储。

通过 Maven 配置文件，可以构建特定的环境、匹配特定的配置（变量值、依赖集等）。Maven 配置文件可以互相累加，可以通过命令行、Maven 设置中的声明、环境配置（包括文件系统中存在或缺少的文件、使用的 JDK 等）来激活。

 在 settings.xml 文件中，我们通过自己的 JAVA_HOME 属性定义了编译器配置。默认情况下，在 <activeProfiles> 部分通过声明方式定义来激活编译器配置。Maven 在查找系统变量前会查询 settings.xml 文件。

### 仓库管理器

仓库管理器是一个第三方应用，用来管理项目开发中可能需要的所有二进制文件和依赖关系。作为开发环境和公共仓库之间的缓冲代理，仓库管理器用于实现对关键参数的控制，例如构建时间、依赖可用性、可见性和访问限制，等等。

著名的解决方案包括 Apache Archiva、Artifactory、Sonatype Nexus。在我们应用程序中没有使用仓库管理器。

### Eclipse 内置的 Tomcat 8

JEE 开发者的 Eclipse 允许在开发环境中集成 Tomcat 和其他应用服务器。通过提供的 Web 工具平台（WTP）插件，可以管理 Web 项目的构建、编译以及部署到 Web 服务器。

在 Servers 选项卡（先将其设置为可见状态）中，双击创建的 Tomcat v8.0 服务器，打开一个配置窗口，配置通常定义在 Tomcat 文件 server.xml（位于 tomcat8\conf 目录）中的参数。

默认情况下，WTP 提取了这个配置，并没有影响实际的 server.xml 文件。这个行为可以通过激活 Server configuration 窗口的 Publish module contexts to separate XML files 选项来改变。

### 扩展

- 了解更多关于 Eclipse 安装的信息，请访问 http://wiki.eclipse.org/Eclipse/Installation。
- 了解更多关于 Eclipse.ini 文件的信息，请访问 http://wiki.eclipse.org/Eclipse.ini。
- 了解更多关于 m2eclipse 插件的信息，请访问 https://maven.apache.org/plugins/maven-eclipse-plugin/。
- 了解如何使用仓库管理器，请参阅 http://maven.apache.org/repository-management.html。
- 查阅 Piotr Gabryanczyk 关于 IDE 垃圾回收优化的文章，可以访问 http://piotrga.wordpress.com/2006/12/12/intellij-andgarbage-collection。
- 了解更多关于内存优化的信息，请访问 http://pubs.vmware.com/vfabric52/topic/com.vmware.vfabric.em4j.1.2/em4j/conf-heap-management.html 和 https://blog.codecentric.de/en/2012/08/useful-jvm-flags-part-5-young-generation-garbage-collection。

## 定义 Maven 的项目结构

在本节中，将重点讨论如何定义应用程序所需要的 Maven 项目结构。

## 1 企业级Spring应用的搭建

### 准备

一开始，我们将创建两个 Eclipse 项目：一个用于应用程序，一个用于 ZipCloud 公司以后跟其他项目分享的组件。下面的插图介绍了我们将要构建的项目组件。

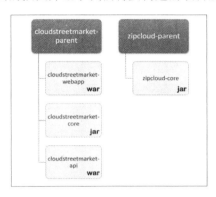

cloudstreetmarketp-parent 应用程序将有三个模块。其中两个将被打包为 Web 文档（war）——Web 应用程序和 REST API 的主要部分，另一个会被打包成一个 jar 依赖项（cloudstreetmarket-core）。

特定的公司项目 zipcloud-parent 将只有一个子模块——zipcloud-core，它会被打包成 jar。

### 实现

通过以下步骤可以创建一个 Maven 父项目：

1. 在 Eclipse 中，选择 File | New | Other 菜单项。
2. 在打开的 New 向导中，选择项目类型。然后，打开 Maven 类别，选择 Maven Project，并单击 Next 按钮。打开的 New Maven Project 向导界面如下图所示。

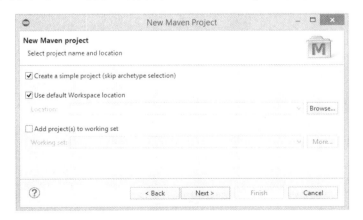

3. 确保选中 **Create a simple project** 选项，单击 **Next** 按钮。
4. 按照下面的提示填写向导选项。
   - **Group Id**：edu.zipcloud.cloudstreetmarket
   - **Artifact Id**：cloudstreetmarket-parent
   - **Version**：0.0.1-SNAPSHOT
   - **Packging**：pom
   - **Name**：CloudStreetMarket parent

   然后，单击 **Finish** 按钮。

   父项目必须显示在左侧窗格的包资源管理器中，如下图所示。

   现在需要告知 m2eclipse 打算在这个项目中使用的 Java 编译器版本，让它自动添加正确的 JRE 系统库到将要创建的子项目中。这需要通过 pom.xml 文件完成。

5. 编辑 pom.xml 文件来指定 Java 编译器版本。
   - 双击 pom.xml 文件，默认显示 **m2eclipse Overview** 选项卡，需要单击最后一个选项卡 **pom.xml** 来查看完整的 XML 定义。
   - 在这个定义中，在结尾处添加下面的内容，但仍然作为 \<project\> 段的一部分。（也可以从本案例的配套源代码中复制代码,在 chapter_1 文件夹中查找 pom.xml 文件。）

```xml
<build>
  <plugins>
    <plugin>
      <groupId>org.apache.maven.plugins</groupId>
      <artifactId>maven-compiler-plugin</artifactId>
      <version>3.1</version>
      <configuration>
          <source>1.8</source>
          <target>1.8</target>
          <verbose>true</verbose>
          <fork>true</fork>
          <executable>${JAVA_HOME}/bin/javac</executable>
          <compilerVersion>1.8</compilerVersion>
      </configuration>
    </plugin>
    <plugin>
      <groupId>org.apache.maven.plugins</groupId>
```

```
      <artifactId>maven-surefire-plugin</artifactId>
      <version>2.4.2</version>
      <configuration>
        <jvm>${JAVA_HOME}/bin/java</jvm>
        <forkMode>once</forkMode>
      </configuration>
    </plugin>
  </plugins>
</build>
```

>  你可能已经注意到 maven-surefire-plugin 声明。我们会很快回顾它，它使我们能够在生成过程中运行单元测试。

6. 现在，我们将创建子模块。

   作为父项目的子模块，需要一个 Web 模块处理和呈现站点、一个 Web 模块用于 REST API，以及一个用于包装所有业务逻辑（服务、数据访问等）的模块。对于第一个产品 cloudstreetmarket.com，进行如下操作。

   1) 从 Web 应用的主模块开始：在 Eclipse 中，选择 File | New | Other 菜单项。打开可以选择项目类型的 New 向导，打开 Maven 类别，选择 Maven Module，并单击 Next 按钮。

   2) 打开 New Maven Module 向导，根据以下提示进行设置。

      选中 **Create a simple project** 复选项。

      在 **Module Name** 框中输入 cloudstreetmarket-webapp。

      在 **Parent Project** 框中输入 cloudstreetmarket-parent。

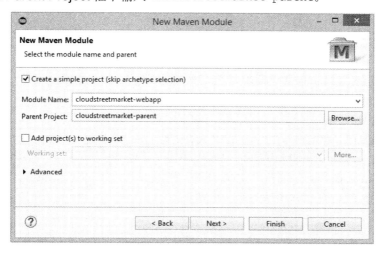

# Spring MVC 实战

3) 单击 Next 按钮。在出现的新窗口中输入以下信息。
   Group Id：`edu.zipcloud.cloudstreetmarket`
   Version：`0.0.1-SNAPSHOT`
   Packaging：war
   Name：`CloudStreetMarket Webapp`
   然后单击 Finish 按钮。

7. 继续创建 REST API 模块。我们使用不同的参数重复以前的操作。

   1) 在 Eclipse 中，选择 File | New | Other 菜单项，弹出的选择向导。然后，打开 Maven 类别，选择 Maven Module，并单击 Next 按钮。
   2) 在 New Maven Module 向导中，进行如下操作。
      选中 Create a simple project 复选项。
      在 Module Name 框中输入 `cloudstreetmarket-api`。
      在 Parent Project 框中输入 `cloudstreetmarket-parent`。
   3) 单击 Next 按钮继续下一步，在窗口输入以下内容。
      Group Id：`edu.zipcloud.cloudstreetmarket`
      Version：`0.0.1-SNAPSHOT`
      Packaging：war
      Name：`CloudStreetMarket API`
      然后单击 Finish 按钮。

8. 创建核心模块。

   为此，选择 File | New | Other 菜单项。弹出窗口后，打开 Maven 类别，选择 Maven Module，并单击 Next 按钮。

   1) 在 New Maven Module 向导中，进行如下操作。
      选中 Create a simple project 复选项。
      在 Module Name 框中输入 `cloudstreetmarket-core`。
      在 Parent Project 框中输入 `cloudstreetmarket-parent`。
   2) 单击 Next 按钮转到下一步，填写如下信息。
      Group Id：`edu.zipcloud.cloudstreetmarket`
      Version：`0.0.1-SNAPSHOT`
      Packaging：jar
      Name：`CloudStreetMarket Core`
      然后单击 Finish 按钮。

   如果 Java 视图已经激活（在右上角），整体创建结构应该如下图所示。

# 1 企业级Spring应用的搭建

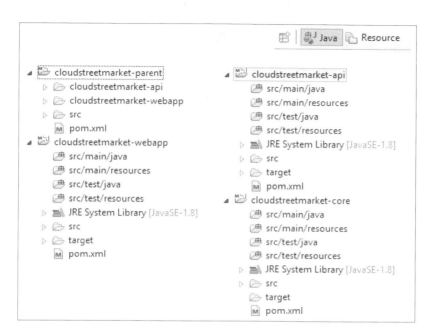

9. 创建公司特定项目及其模块。

   假设以后公司业务项目中会有许多不同类别的依赖关系（核心、消息、报告等）。

   1) 我们需要一个父项目，因此在 Eclipse 中选择 File | New | Other 菜单项，弹出选择向导窗口。展开 Maven 选项，选择 Maven Project，单击 Next 按钮。

   2) 在 New Maven Project 向导的第一步中，仅选中 Create a simple Project 和 Use default workspace location 选项。

   3) 单击 Next 按钮，并按如下提示进行设置。
      在 Group Id 框中输入 edu.zipcloud。
      在 Artifact Id 框中输入 zipcloud -parent。
      在 Version 框中输入 0.0.1-SNAPSHOT。
      设置 Packaging 选项为 pom。
      在 Name 框中输入 ZipCloud Business Parent。

   另外，在创建的 pom.xml 文件中，添加下面的内容到 <project> 段，来创建基础模块属性并启用自动测试。（也可以从本书配套的 chapter_1 源代码文件 pom.xml 中复制这段代码。）

```
<build>
  <plugins>
    <plugin>
```

```xml
        <groupId>org.apache.maven.plugins</groupId>
          <artifactId>maven-compiler-plugin</artifactId>
          <version>3.1</version>
          <configuration>
            <source>1.8</source>
            <target>1.8</target>
              <verbose>true</verbose>
              <fork>true</fork>
            <executable>${JAVA_HOME}/bin/javac</executable>
          <compilerVersion>1.8</compilerVersion>
          </configuration>
        </plugin>
        <plugin>
        <groupId>org.apache.maven.plugins</groupId>
          <artifactId>maven-surefire-plugin</artifactId>
          <version>2.4.2</version>
          <configuration>
          <jvm>${JAVA_HOME}/bin/java</jvm>
          <forkMode>once</forkMode>
        </configuration>
      </plugin>
    </plugins>
</build>
```

现在，我们要创建公司业务核心模块，作为刚刚创建的父项目的子模块。

为此，选择 File | New | Other 菜单项，弹出选择向导窗口。展开 Maven 选项，选择 Maven Module，并单击 Next 按钮。

1) 在 New Maven Module 向导中，进行如下操作。

   选中 Create a simple project 选项。

   在 Module Name 框中输入 zipcloud-core。

   在 Parent project 框中输入 zipcloud-parent。

2) 单击 Next 按钮进入下一个窗口，在此进行如下操作。

   在 Group Id 框中输入 edu.zipcloud。

   在 Version 框中输入 0.0.1-SNAPSHOT。

   设置 Packaging 选项为 jar。

   在 Name 框中输入 ZipCloud Factory Core Business。

10. 构建下面两个项目。

    如果结构正确的话，下面的 Maven 命令可以成功运行：

    **mvn clean install**

# 1 企业级Spring应用的搭建

 如果 Maven 安装在开发用的机器上，此命令可以在终端运行。

现在，在我们学习的示例中，可以通过 m2eclipse 改进的 Run As 菜单来运行：右键单击 zipcloud-parent 项目并选择 Run As | Maven Clean 命令。

在 Maven 控制台中，在底部应该看到一条提示：

[INFO] BUILD SUCCESS

现在，为安装构建过程重复这个操作。在控制台中可以看到以下输出信息：

```
[INFO] ZipCloud Parent ........................................SUCCESS [ 0.313 s]
[INFO] ZipCloud Core ..........................................SUCCESS [ 1.100 s]
[INFO] ------------------------------------------------------------------------
[INFO] BUILD SUCCESS
[INFO] ------------------------------------------------------------------------
```

现在应该也能构建 cloudstreetmarket-parent 了。

为此，右键单击 cloudstreetmarket-parent 项目，然后选择 Run As | Maven Clean 命令。在这之后，Maven 控制台应显示如下信息：

[INFO] BUILD SUCCESS

再次，右键单击 cloudstreetmarket-parent 项目，然后选择 Run As | Maven Install 命令。Maven 控制台应显示以下信息：

```
[INFO] CloudStreetMarket Parent ...............SUCCESS [ 0.313 s]
[INFO] CloudStreetMarket Webapp ...............SUCCESS [ 6.129 s]
[INFO] CloudStreetMarket Core .................SUCCESS [ 0.922 s]
[INFO] CloudStreetMarket API ..................SUCCESS [ 7.163 s]
[INFO] ------------------------------------------------------------------------
[INFO] BUILD SUCCESS
[INFO] ------------------------------------------------------------------------
```

向下滚动应显示如下信息：

```
-------------------------------------------------------
 T E S T S
-------------------------------------------------------
There are no tests to run.
Results :
Tests run: 0, Failures: 0, Errors: 0, Skipped: 0
```

>  借助于手动添加的 maven-surefre 插件，Maven 解析了 src/test/java 目录中的所有类。另外，路径可以自定义。
>
> 在检测到的测试类中，Maven 也会运行带有 JUnit @Test 注解的方法。在项目中需要依赖 JUnit。

### 说明

在本节中，将会看到不少关于 Maven 的概念，以便读者能更好地了解相关标准。

#### 新的 Maven 项目，新的 Maven 模块

前面刚刚完成的项目创建插图也来自 m2eclipse 插件，通过一个预先配置的 pom.xml 文件和一个标准的目录结构来初始化 Java 项目。

m2eclipse 插件还提供了一系列的快捷方式来完成 Maven 的构建过程，以及一些便利的选项卡（前面已经看到）来管理项目依赖项和 pom.xml 的可视化配置。

#### 标准项目层次结构

通过项目的创建学习，你应该注意到下面的目录层次结构被重复创建：src/main/java, src/main/resource, src/test/java 和 src/test/resource。这是 Maven 的默认结构。如今这种模式已成为一个标准。但是，我们仍然可以改写它（在 pom.xml 文件中），创建自己的层次结构。

前面在父项目 pom.xml 文件里添加 **maven-compiler-plugin** 定义时，我们曾使用了以下 4 行代码：

```
<verbose>true</verbose>
<fork>true</fork>
<executable>${JAVA_HOME}/bin/javac</executable>
<compilerVersion>1.8</compilerVersion>
```

这几行代码允许 Maven 使用外部的 JDK 作为编译器，这更好地控制了 Maven 使用哪种编译器，尤其是在管理不同的环境时。

此外，还有下面两行代码，可能看起来像个优先配置：

```
<source>1.8</source>
<target>1.8</target>
```

从 Maven 的角度严格来看，当一个外部 JDK 定义了指定编译器版本时，这些代码是可选的。最初，使用这两行代码可以控制代码编译默认使用的 Java 版本。当维护旧系统时，现有代码仍然可以使用旧版本的 Java 编译。

实际上，m2eclipse 明确要求这两行为添加 JRE System Library [JavaSE-1.8] 至 jar 和

war 模块的构建路径。现在,通过这些代码,Eclipse 编译这些项目时与 Maven 一样：使用 Java SE 8。

> 如果这种依赖仍显示为不同版本的 Java,你可能需要在模块上右键单击,然后选择 Maven | Update Project 命令。

### IDE 中的项目结构

对于 Eclipse 项目层次结构中的父项目,你是否注意到创建的子模块好像复制了独立项目并直接作为了父项目的子项目？这是因为,在 Luna 中 Eclipse 不处理项目的层次结构。为此,模块将显示为独立项目。这看起来可能稍微有点混乱,因为源代码似乎是与父项目无关。实际上不是这样的,它只是一种呈现方式,所以通常可以把所有工具绑定到项目级别。

> 目前,JetBRAINS IntelliJ IDEA 已经支持项目的可视化层次结构。

最后,如果你打开一个父项目的 pom.xml 文件,会看到 <modules> 部分显示了创建的子模块。这是由 m2eclipse 自动完成的。建议对此功能留意,因为 m2eclipse 并不总是会更新 <modules> 部分,这取决于你更改项目层次结构的方式。

### Maven 的构建生命周期

在 Maven 中,构建生命周期是一个特定顺序（组）预定义调用的操作阶段。Maven 有三个已有的生命周期：Default、Clean 和 Site。

下面来看看 Default 和 Clean 生命周期的所有阶段（这大概是开发人员最常用的生命周期）。

#### Clean 生命周期

Maven 的 clean 阶段扮演一个主要角色,它从 Maven 的角度重置项目构建。它通常删除 Maven 在构建过程中创建的目标目录。下面是一些关于 clean 生命周期各阶段的信息（来自 Maven 文档）。

| 阶段 | 说明 |
| --- | --- |
| pre-clean | 真正进行项目 cleaning 之前,执行需要的进程 |
| clean | 移除上一个构建过程生成的所有文件 |
| post-clean | 为完成项目 cleaning 执行需要的进程 |

#### Default 生命周期

在 Default 生命周期中,你会看到最令人感兴趣的构建阶段,包括生成源代码、编译、资源处理、测试、集成测试和部署工作。下面是一些关于 Default 生命周期各阶段的详细信息。

| 阶段 | 说明 |
| --- | --- |
| validate | 验证项目是否正确以及所有必要信息是否可用 |
| initialize | 初始化构建状态，例如设置属性或创建目录 |
| generate-sources | 生成所有需要包含在编译过程中的源代码 |
| process-sources | 处理源代码，例如筛选一些数值 |
| generate-resources | 生成所有需要包含在包中的资源文件 |
| process-resources | 复制并处理资源文件至目标目录，准备打包 |
| compile | 编译项目的源代码 |
| process-classes | 后处理编译生成的文件，例如对 Java 类进行字节码增强 |
| generate-test-sources | 生成所有包括在编译过程中的测试源代码 |
| process-test-sources | 处理测试源代码，例如筛选一些数值 |
| generate-test-sources | 生成测试需要的资源文件 |
| process-test-resources | 复制并处理资源文件至测试目标目录 |
| test-compile | 编译测试源代码至测试目标目录 |
| process-test-classes | 后处理测试编译生成的文件，例如对 Java 类进行字节码增强（Maven 2.0.5 及以上） |
| test | 使用合适的单元测试框架运行测试。这些测试不需要打包或部署代码 |
| prepare-package | 在真正打包之前，执行一些必要的打包准备工作。这经常会产生一个未打包、已处理完成的包版本（Maven 2.1 及以上） |
| package | 将编译完成的代码打包成可分发的格式，例如 JAR |
| pre-integration-test | 在进行集成测试之前，执行一些必要的动作。例如设置所需的环境 |
| integration-test | 若有必要，处理并部署包至集成测试可运行的环境中 |
| post-integration-test | 集成测试完成后，执行一些必要的动作。例如清理环境 |
| verify | 执行检查工序，验证包有效且符合质量标准 |
| install | 安装包至本地资源库，以便本地其他项目可作为依赖使用 |
| deploy | 复制最终包至远程资源库，共享给其他开发人员和项目（通常用于集成或发布环境） |

**插件目标**

凭借插件的概念，Maven 获得了广泛的应用。Maven 自身提供内置的插件，但外部插件能够像其他依赖一样被引入（通过 groupId 和 artefactId 识别）。

每个构建阶段可以附加零个、一个或更多的插件目标。一个目标代表一种特定和具体的任务来负责构建或处理一个项目的方法。某些阶段默认情况下通过本地插件来绑定它们。

**内置的生命周期绑定**

前面已经了解了两个生命周期各个阶段的作用，必须要注意，对于默认生命周期，取决于为模块选择的打包类型，只有部分阶段对于目标是默认激活的。

让我们看看对于不同的打包类型，Default 生命周期中跳过的阶段，如下表所示。

| 打包类型<br>激活的阶段 | Default 生命周期 | | | |
|---|---|---|---|---|
| | jar/war/ejb/ejb3/rar | ear | maven-plugin | pom |
| | | generate-resources | generate-resources | |
| | process-resources | process-resources | process-resources | |
| | compile | | compile | |
| | process-test-resources | | process-test-resources | |
| | test-compile | | test-compile | |
| | test | | test | |
| | package | package | package | package |
| | install | install | install | install |
| | deploy | deploy | deploy | deploy |

在本书第 9 章中，我们将绑定外部插件目标来验证构建阶段。

总而言之，在 jar 包模块上调用 mvn clean install 将执行以下阶段：clean、process-resources、compile、process-test-resources、test-compile、test、package 和 install。

### 关于 Maven 命令

当 Maven 被告知针对一个指定项目的 pom.xml 文件执行一个或多个阶段时，它会为每个模块执行请求的阶段。

然后，对于每一个请求的阶段，Maven 将执行以下操作：

- 识别属于哪个生命周期阶段。
- 查看当前模块的打包，标识正确的生命周期绑定。
- 执行已识别的生命周期绑定的层次结构中的所有阶段（位于所请求阶段之前的）。

这里所说的执行所有阶段，指的是执行所有检测到的以及附加的插件目标（是否原生插件）。

总而言之，在 jar 打包模块调用 mvn clean install 会执行以下阶段：clean, process-resources, compile, process-test-resources, test-compile, test, package 和 install。

> **扩展**
>
> 你可能想知道，对于我们的应用程序，为什么要创建这些项目和模块。
>
> ### 如何选择 jar 模块名称
>
> 关于 Maven 结构，对于非部署模块来说，最佳名称通常强调功能目的、业务创建的特定概念，或者是产品驱动（例如 cloudstreetmarket-chart、cloudstreetmarket-report、cloudstreetmarket-user-management 等）。这种策略使得相关管理更简单，因为我们可以推断新的模块是否需要另一个模块。考虑控制层、服务层和 DAO 层，在宏观上并无必要，还可能会导致设计干扰或循环依赖。这些技术子组件（服务、DAO 等）是否以 Java 包而不是 jar 包依赖的形式出现在每个模块，要视需要而定。
>
> ### 如何选择可部署模块的名称
>
> 为可部署的模块（war）选择名字，与为 jar 包模块选择名字有些不同。可部署的文档必须考虑可扩展性和潜在的负载平衡。可以这样假设，那些以返回 HTML 内容为目标的请求，要能与返回 REST 内容的应用区分开来。
>
> 基于这样的假设，在本章的实例中，我们希望将 war 一分为二。这样做可能会加重在两个网络应用程序之间保持 Web 会话方面的问题，稍后将会就此问题进行讨论。
>
> ### 为什么要创建核心模块
>
> 说到创建核心模块的原因，首先确定的是，在 cloudstreetmarket 应用程序以及公司共享的项目中，将会有 POJO、例外、常量、枚举，以及一些用于几乎所有模块和应用的服务。如果某一概念是针对于一个已创建的功能模块，它一定不属于核心模块。
>
> 接着，最好由粗粒度入手，再逐步细化，而不是考虑那些可能需要以不同的方式去实现的甚至不会执行的模块。在本书的例子中，作为一个初创项目，并不是说必须实现 5 到 10 个功能才能构成此应用程序的核心业务。

> **其他**
>
> - 建议安装 Code Style Formatters。由 Save Event 触发，通过这些格式化程序，能够让代码样式自动与预定义完全一样。在一个团队中，使用这种格式化程序非常方便，因为在使用版本控制工具比较两个文件时，能确保相同的呈现。

## 安装Spring、Spring MVC和Web结构

在本节中，我们将通过继承向 pom.xml 文件添加第三方依赖项。我们将加载 Spring 应用上下文并创建应用的第一个控制器，最后，在 Tomcat 中部署并启动 Web 应用程序。

## 1 企业级Spring应用的搭建

### 准备

现在，我们已经准备好 Eclipse 并正确配置了 Maven，可以愉快地开始了。我们需要在 pom.xml 中指定所有必需的 Spring 依赖，同时需要设置 Spring 使之为每个模块加载并检索上下文。

我们还需要整理并选择性地公开 Web 资源，例如 JSP、JavaScript 文件、CSS 文件等。完成此配置后，不出意外的话，Tomcat 服务器将会显示一个静态的欢迎页面来宣告配置完成！

### 实现

第一步涉及父项目。

1. 为这些父项目定义依赖关系和构建选项，步骤如下所述。

   1) 在 chapter_1 源代码目录中打开 cloudstreetmarket-parent 的 pom.xml 文件，切换到 **pom.xml** 选项卡（在主窗口下面）。把 cloudstreetmarket-parent 的 pom.xml 文件中的 `<properties>`、`<dependencyManagement>` 和 `<build>` 代码段复制并粘贴过来。然后，针对 zipcloud-paren 重复此操作。

   2) 在 chapter_1 源代码目录中打开 zipcloud-parent 的 pom.xml 文件，切换到 **pom.xml** 选项卡。

   3) 复制并粘贴 zipcloud-parent 的 pom.xml 文件的 `<properties>` 和 `<dependencyManagement>` 代码段。在前面一节中，已经成功地复制了 `<build>` 部分。

2. 接下来，为 Web 模块定义依赖关系和构建选项。

   1) 在 chapter_1 源代码目录中打开 cloudstreetmarket api 的 pom.xml 文件，然后切换到 **pom.xml** 选项卡。

   2) 复制并粘贴 cloudstreetmarket api 的 pom.xml 文件的 `<build>` 和 `<dependencies>` 代码段。

   3) 针对 cloustreetmarket-webapp 重复以上操作。

   4) 在 chapter_1 源代码目录中打开 cloudstreetmarket webapp 的 pom.xml 文件，然后切换到 **pom.xml** 选项卡。

   5) 复制并粘贴 cloudstreetmarket webapp 的 pom.xml 文件的 `<build>` 和 `<dependencies>` 代码段。

3. 为 jar 模块定义依赖关系。

   1) 在 chapter_1 源代码目录中打开 cloudstreetmarket-core 的 pom.xml 文件，然后切换到 **pom.xml** 选项卡。

   2) 将整个 `<dependencies>` 代码段复制到 cloudstreetmarket-core 的 pom.xml 文件。

4. 现在安置 Web 资源。

   1) 在 chapter_1 源代码目录中，复制并粘贴整个 src/main/webapp/* 目录到 cloudstreetmarket-webapp 项目中。需要保证 webapp 目录结构与 chapter_1 源代码完全相同。

   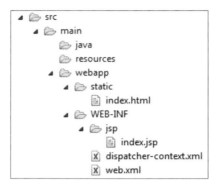

   2) 针对 cloudstreetmarket-api 执行相同的操作。从 chapter_1 源代码目录复制并粘贴整个 src/main/webapp/* 目录到 cloudstreetmarket-api 项目中。需要保证 webapp 目录结构与 chapter_1 源代码完全相同。

   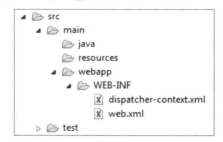

5. 接下来设置 Web 模块的运行时选项。

   1) 在 Eclipse 中，右键单击 cloudmarket-api 项目。
   2) 选择 Properties 菜单项。
   3) 在导航面板上选择 Targeted Runtimes。
   4) 在中间的窗口中勾选 Server Apache Tomcat v8.0 选项。
   5) 单击 OK 按钮，然后在 cloudstreetmarket-webapp 上重复此 5 步操作。

    index.jsp 文件中的一些 Eclipse 警告信息会在这步之后消失。

   如果项目中仍有警告信息，可能是因为 Eclipse Maven 配置与本地仓库没有同步。

6. 清理当前的项目警告信息（如果有的话），执行以下步骤。

   1) 在项目层次结构中选择所有项目，除了服务器，如下图所示。

   2) 在选中的项目上单击鼠标右键，然后在 Maven 菜单中单击 Update Project 命令。此时，Warnings 窗口应该会消失！

7. 至此，让我们部署 war 并启动 Tomcat。

   执行以下操作，在 Eclipse 中添加 servers 视图。

   1) 选择 Window | Show view | Other 菜单项。
   2) 打开 Server 目录并选择服务器。在界面上可以看到新建的选项卡，如下图所示。

   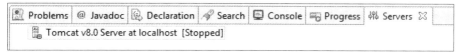

8. 执行以下操作，部署 Web 文件。

   1) 在刚刚创建的视图上，右键单击 Tomcat v8.0 Server at localhost 服务器，并选择 Add and Remote 菜单项。
   2) 在 Add and Remove 窗口中，选择那两个可用的存档文件夹并单击 Add 按钮，然后单击 Finish 按钮。

9. 为了在 Tomcat 中启动应用程序，需要完成以下步骤。

   1) 在 Servers 视图中，右键单击 Tomcat v8.0 at localhost 服务器，然后单击 Start 按钮。
   2) 在 Console 视图中，可以在末尾看到以下内容。

```
INFO: Starting ProtocolHandler ["http-nio-8080"]
Oct 20, 2014 11:43:44 AM org.apache.coyote.AbstractProtocol start
INFO: Starting ProtocolHandler ["ajp-nio-8009"]
Oct 20, 2014 11:43:44 AM org.apache.catalina.startup.Cata.. start
INFO: Server startup in 6898 ms
```

 滚动查看这些日志，不应该出现任何异常信息！

最后，用浏览器访问 http://localhost:8080/portal/index.html，可以看到下图所示的 HTML 内容。

一个静态 HTML 页面，这就是本章的学习成果。在本书中，你将发现，我们并没有降低 Sping MVC 对于环境和上下文的重要性。

### 说明

在本节中，我们已经了解了 Web 资源以及与 Spring、Spring MVC 和 Web 环境相关的 Maven 依赖。现在，我们将了解 Maven 依赖和插件管理的执行方式，然后讨论 Spring Web 应用程序上下文以及 Web 资源的整理和打包。

#### Maven 依赖的继承

在父项目和子模块之间有两种依赖继承策略，它们都是在父项目中实现的。一方面，我们可以直接在 `<dependencies>` 节点定义这些依赖项，通过这种方式形成一个基本的继承。另一方面，要建立一个托管继承，可以定义 `<dependencies>` 节点作为 `<dependencyManagement>` 的子节点。下面来看看两者之间的差异。

#### 基本继承

对于基本继承，在父 pom.xml 文件中指定的所有依赖项会被子模块的相同属性自动继承（范围、版本、打包类型等），除非重写它们（使用相同的 `groupId/artifactId` 重新定义这些依赖项）。

一方面，这使我们能够在需要的模块中使用需要的依赖版本。另一方面，这将最终导致在子模块中出现非常复杂的依赖模式和庞大的 pom.xml 文件。此外，管理外部传递依赖带来的版本冲突也是一件痛苦的事情。

>  从 Maven 2.0 开始，传递依赖会自动导入。

在这种继承类型中，没有外部依赖的标准。

### 托管继承

通过使用 `<dependencyManagement>`，在父 pom.xml 文件中定义的依赖关系不会自动继承到子模块。然而，这些依赖属性（范围、版本、打包类型等）从父依赖项的定义中被抽取出来，因此，可以重新定义这些属性。

这一过程驱使我们倾向于集中的依赖定义，所有的子模块使用相同版本的依赖关系，除非需要一个自定义的特定依赖。

### 涵盖第三方依赖

在复制的依赖项之中，你可能已经注意到一些 Spring 模块、一些测试、Web、日志，等等。

这个想法是从一个基本的 Web 开发工具框架开始的，由所有的 Spring 模块加强。当我们面对特殊情况时，将访问实际上包括的大多数依赖关系。

### Spring 框架依赖模型

如下面这幅来自 spring.io 网站的图片所示，目前 Spring 框架由 20 个被分为不同领域的模块组成。

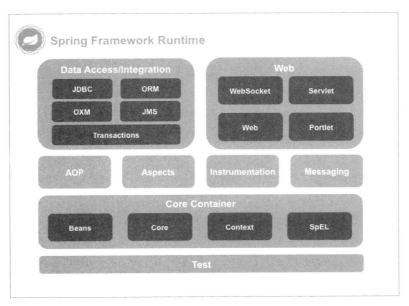

# Spring MVC 实战

这些模块已经作为托管依赖包含在父 POM 中，这使我们在以后能够方便快捷地挑选需要的部分，缩小了 war 的选择范围。

**Spring MVC 依赖**

在 Spring-webmvc jar 中，Spring MVC 模块是自成体系的。Spring MVC 是 Web 应用中的一个基本元素，它处理传入的客户端请求并监控来自控制者的业务操作，并且提供了大量的工具和接口以便按照客户端期望的格式做出响应。

所有这些工作流程伴随着 Spring-webmvc jar 输出 HTML 内容或 Web 服务。

Spring MVC 完全集成在 Spring 框架中，其所有组件都是考虑 Spring 架构选择的标准。

**使用 Maven 属性**

在每个父 pom.xml 文件中，我们定义了 <properties> 段作为 <project> 节的一部分。这些属性是绑定到某个项目的用户定义属性，但也可以在 Maven Profile 选项中定义这些属性。和变量一样，在 POMs 中引用属性时，使用 ${ 属性名 } 的方式。

对于属性名的定义有一个规范：使用句点作为单词分隔符。这除了是一个规范以外，还是访问用户定义变量和构成 Maven 模型的对象属性的统一符号。Maven 模型是 Maven 的公共接口（从项目级别开始）。

POM 的 XML Schema Definition（XSD，可扩展标记语言架构）是从 Maven 模型生成的。它看起来抽象，但归根结蒂，Maven 模型只是一套带有 getter 和 setter 的 POJO。可以访问下面的 URL，看一看 Maven 模型的 JavaDoc 来明确概念，特别是 pom.xml 文件（构建、依赖项、插件等）。

http://maven.apache.org/ref/3.0.3/maven-model/apidocs/index.html

综上所述，我们可以检索在 POM 中定义的节点值，使用以 getter 作为目标的基于分隔符的表达式语言在 Maven 模型层次结构中定位。

例如，${project.name} 引用当前的 project.getName()，${project.parent.groupId} 对应当前的 project.getParent().getGroupId()，等等。

定义用户属性使之匹配 Maven 模型的现有路径，是一种重写其值的方法。在 project.build.sourceEncoding 中也是这么做的。

Maven 还支持在 settings.xml 中定义属性，例如 ${settings.localRepository}；以及环境变量，例如 ${env.JAVA_HOME}；还有 Java 系统属性，例如 ${java.class.path}、${java.version}、${user.home} 或 ${user.name}。

**Web 资源**

在前面，我们从 chapter_1 的源代码中复制/粘贴了整个 src/main/webapp 目录。

webapp 目录名是 Maven 的规范。在 Eclipse 中的 webapp 目录不需要标记为构建路径的源目录，因为它将创建一个用于静态文件的复杂且无用的包层次结构。更好的办法是，作为一个简单的目录树显示。

webapp 目录必须作为应用程序的文档根目录，并定位在 WAR 的根级别上。在 webapp 下的公共静态 Web 资源，如 HTML 文件、Javascript、CSS 和图像文件，可以放在指定的子目录和结构中。然而，正如 Servlet 3.0 规范所描述的，WEB-INF 目录在应用的层次结构中是一个特定的目录。其所有内容不能从应用外部访问，可以用 servlet 代码调用 ServletContext 上的 getResource 或 getResourceAsStream 来访问。规范还介绍了 WEB-INF 目录的内容包括以下项目。

- /WEB-INF/web.xml，部署描述文件。
- /WEB-INF/classes/ 目录用于 servlet 和实用程序类。在这个目录下的类必须可用于应用程序的类加载器。
- /WEB-INF/lib/*.jar 用于 Java 归档文件，包括打包到 JAR 文件中的 Servlet、Bean、静态资源和 JSP，以及其他对 Web 应用程序有用的实用程序类。Web 应用程的类加载器必须能够任意加载这些归档文件中的类。

建议在 WEB-INF 目录中创建一个 jsp 目录，这样不通过明确定义的控制器就无法直接指向 JSP 文件。

JSP 应用程序确实存在，而且根据定义它们不会遵循这种做法。这种类型的应用程序可能适用于某些需求，但它们既没有显著推动 MVC 模式的应用，也没有过于分离关注点。

要在 Web 应用程序中使用 JSP，必须在 web.xml 中启用该功能，并将 org.apache.jasper.servlet.JspServlet 类型的 Servlet 定义映射到 JSP 文件位置。

**目标运行时环境**

前面已经接触过 index.jsp 文件中的警告，我们通过将目标运行时添加到项目中来对它们进行排序。而且，Tomcat 带有 Eclipse Compiler for Jave，作为一个 JAR 库。若要执行 JSP 编译，tomcat8\lib 目录必须包含以下 JAR 库：jsp-api、servlet-api 和 el-api，等等。在 Eclipse 模拟器中为一个项目指定目标运行时，并预测应用程序从外部 Tomcat 容器运行的情况（通过那些库设置），这也解释了为什么在给定范围的父 POM 中定义 jsp-api 和 el-api 的依赖关系。

**Spring 的 Web 应用上下文**

在 web.xml 文件中，我们定义了一个特殊类型的 Servlet，Spring MVC DispatcherServlet，并将其命名为 spring。这个 servlet 涵盖了宽泛的 /* URL 模式。下一章将重新讨论 DispatcherServlet。

DispatcherServlet 有自己的发现算法来构建 WebApplicationContext。可选的初始

化参数 contextConfigLocation 用于指向 dispatcher-context.xml 文件。这个参数覆盖 DispatcherServlet 发现逻辑中定义的 WebApplicationContext 的默认预期文件名和路径 (/WEB-INF/{servletName}-servlet.xml)。

将 load-on-startup 属性设置为 1，一旦 servlet 容器准备好，将加载一个新的 WebApplicationContext，并只作用于正在启动的 servlet。现在，不必等待第一个客户端请求加载 WebApplicationContext。

Spring WebApplicationContext 文件通常用来定义或重写 Spring MVC 为 Web 应用程序提供的配置和 Bean。

在 web.xml 文件中，设置了一个 org.sfw.web.context.ContextLoaderListener 监听器。此监听器用于启动和关闭另一个 Spring ApplicationContext（容器生命周期中最初的）。

为了方便地加载多个 Spring 文件，可以使用类路径的表示法（相对的）和在资源路径中使用星号（*），如下所示。

```
<context-param>
  <param-name>contextConfigLocation</param-name>
  <param-value>classpath*:/META-INF/spring/*-config.xml</param-value>
</context-param>
```

这样，能够加载上下文中遇到的所有匹配标准符号和位置的文件。这种方法的可取之处在于一致性，以及在底层 jar 中定位上下文文件的方式。

所有匹配的上下文文件聚合后，创建了一个具有更广范围的 ApplicationContext 根，并且 WebApplicationContext 继承它。我们在根上下文定义的 Bean 对 WebApplicationContext 上下文是可见的。如果需要的话我们可以重写，但 DispatcherServlet 上下文的 Bean 对根上下文是不可见的。

### 插件

Maven 首先是一个插件执行框架。Maven 运行的每个任务对应一个插件。插件具有一个或多个目标，它们分别与生命周期各阶段相关联。与依赖关系相似，插件也是由 groupId、artifactId 和一个版本号组成。当 Maven 遇到不在本地仓库中的插件时，就会下载它。另外，对于指定版本的 Maven 目标，默认情况下有许多匹配生命周期阶段的插件。这些插件都冻结在固定版本上，因此需要重写它们的定义，以获得一个更新的版本或更改其默认行为。

### Maven 编译器插件

maven-compiler-plugin 是一个 Maven 核心插件。核心插件意味着它们的目标在 Maven 核心阶段（清理、编译、测试等）被触发。非核心插件涉及打包、报告、实用工具等。最好重新定义 maven-compiler-plugin 来控制使用哪个版本的编译器，或者触发一些外部工具的动作（实际上 m2eclipse 项目管理工具就是这样做的）。

顾名思义，Maven 编译器插件用于编译 Java 源代码。因此，它使用 `javax.tools.Java-Compiler` 类，并有两个目标：`compiler:compile`（被触发作为编译阶段的一部分，来编译 java/main 源代码类）和 `compiler:testCompile`（被触发作为测试编译阶段的一部分，来编译 java/test 源代码类）。

**Maven surefire 插件**

maven-sure re-plugin 也是一个 Maven 核心插件，它只有一个目标：`surefire:test`。它作为默认生命周期（测试阶段）的一部分被调用，用于在应用程序中运行单元测试。它生成的报告（*.txt 或 *.xml）默认位于 `${basedir}/target/surefire-reports` 目录。

**Maven enforcer 插件**

maven-enforcer-plugin 对于定义项目的关键环境条件十分有用。它有两个目标：`enforcer:enforce`（默认情况下绑定在验证阶段，每个模块执行一次定义的规则）和 `enforcer:display-info`（显示执行规则时检测到的信息）。

最有趣的标准规则可能是 `DependencyConvergence`，它分析所有使用的依赖（直接的和传递的）。遇到版本分歧时，将突出显示相关内容并停止构建。当我们面对这种冲突时，只需简单地从下面的选项里进行选择：

- 从类路径中排除最低版本
- 不升级依赖项

我们再来谈谈 `<pluginManagement>` 节，它和 maven-enforcer-plugin 相关联。在这种情况下，因为 m2eclipse 不支持这个插件，若要避免在 Eclipse 中出现警告，必须添加此节以便 m2eclipse 跳过执行目标。

**Maven war 插件**

使用 maven-war-plugin，可以在 Web 的 POM 中进行重新定义。我们已经再次重写了这个插件用于打包 Web 模块的默认行为。对于一个非 Maven 标准的项目结构，这无疑是必需的。

有时可能想以不同的方式打包 Web 资源（控制其在 IDE 中如何组织）；出于某种原因，可能需要从 war 包去除一些资源；或者想为构建的 war 给定名字，以便 servlet 容器可以使用它匹配应用程序 URL 中的特定上下文路径（/api 和 /app 等）。这个插件的主要用途是过滤、移动 Web 资源和管理生成的 war。

默认情况下，Web 资源复制到 WAR 根目录。要重写默认目标目录，请指定目标路径 *。

## 扩展

这是一个相当广泛的概念，自然需要更深入的兴趣。

- 关于 Maven 管理依赖项的方式，建议浏览这个主题的 Maven 文档：
  http://maven.apache.org/guides/introduction/introduction-todependency-mechanism.html
- Sonatype 电子书对 Maven 属性进行了较全面的介绍：
  https://books.sonatype.com/mvnref-book/reference/resourcefiltering-sect-properties.html#resource-filtering-sectsettings-properties
- Maven 模型 API 文档：
  http://maven.apache.org/ref/3.0.3/maven-model/apidocs/index.html
- 关于本章提到的 servlet 3.0 规范，以及更多关于 web.xml 文件定义和 WebArchive 结构的信息可以在这里查询：
  http://download.oracle.com/otn-pub/jcp/servlet-3.0-fr-eval-oth-JSpec/servlet-3_0-final-spec.pdf
- 最后，更多关于 Maven 插件的信息，建议查阅 Maven 列表：
  http://maven.apache.org/plugins

### 其他

- 来自 Pivotal 的 spring.io 网站上，尤其是 Spring Framework 概述页面，可以查看最新内容或了解关键概念。
  http://docs.spring.io/spring-framework/docs/current/springframework-reference/html/overview.html

### Maven checkstyle 插件

还有一个足够有趣且值得在此强调的插件是 maven-checkstyle-plugin。当团队不断壮大时，有时需要保证某些开发实践的维护，或者可能需要维护特定的安全相关的编码实践。和 maven-enforcecer-plugin 一样，maven-checkstyle-plugin 使我们的构建能够防范这种类型的违规。

查阅 Maven 文档可以了解更多关于这个插件的信息：

http://maven.apache.org/plugins/maven-checkstyle-plugin

# 2 使用Spring MVC设计微服务架构

本章主要内容：

- 使用简单的 URL 映射配置控制器
- 使用 ViewResolver 配置回退控制器
- 使用 Bootstrap 创建并定制响应式单页面 Web 设计
- 使用 JSTL 在视图中显示模型
- 定义通用的 WebContentInterceptor
- 使用 AngularJS 设计客户端 MVC 模式

## 引言

在开始学习本章内容之前需要掌握第 1 章所介绍的各个知识点。第 1 章介绍了有关所要构建的交易平台的基础知识，还创建了本书各章经常会用到的模块化工具集。

本章将会加速产品的开发过程，构建出整个责任链（Chain of Responsibilitie），并勾勒出微服务架构的蓝图。重申一次，我们将会为后续章节的展开创建一个必要的结构。

## 用户体验范式

在过去的几年间，前端领域发生了翻天覆地的变化。随着 HTML5 与 CSS3、针对移动端的通用开发平台（iOS 与 Android 等）以及大量互联设备的出现，开发者群体迎来了越来越多的机会。开源领域中，新的 JavaScript 库不断涌现，使得我们难以跟上技术发展的脚步。

不过，这场变革还是在向着积极的方向迈进！它瞄准了客户与用户体验。当前的用户需要通过桌面电脑、笔记本电脑、电视机、平板电脑、移动设备（不久之后还有汽车等）与产品进行交互。不过，网络连接速度还是存在着较大的差异，从每秒 150 兆字节到每秒只有几字节。用户还希望用上离线特性，或是还算不错的用户体验。显然，这种复杂性为改善用户体验带来了新的挑战。

由于可通过不同的方式与用户建立连接，因此用户也越来越多地暴露在了垃圾邮件、推销、广告与市场营销面前。有趣的是，人们对吸引自己注意力的每一条消息都非常敏感。我们要花上几秒钟来确定某个内容是不是值得看，因此大家都不喜欢差劲的设计。人们的要求越来越高，每个厂家都不得不遵循最新的 UX 标准来与用户交互。

### 微服务架构

通过向公众开放 API，一些互联网组织（Facebook、Twitter 及 Amazon 等）在社交、图像与开发等方面受益匪浅，这种 IT 基础设施的巨变现在越来越成为一些小公司与初创公司的立足之本了。

现代架构为客户端提供了文档化的 Public API 与设备相关的安装包：移动应用或在特定情况下传递的响应式 HTML 内容。REST API 对于更加自治的物联网模块也是适用的。

也许，我们应该重点考虑如何处理服务端的负载，不过越来越多的计算任务开始转移到客户端；REST 架构本身就是无状态的，因此能够很好地支持可伸缩性。

## 使用简单URL映射配置控制器

本节介绍 Spring MVC 控制器及其最简单的实现。

### 准备

通过本书后续章节（尤其是第 3 章），你会发现 Spring MVC 非常适于构建 REST API，而这里先将重点放在如何创建一个能在响应信息中显示一些内容的控制器。

从本节开始，我们将会使用 GIT 来追踪开发 cloudstreetmarket 应用的每一次迭代。完成初始的搭建后，你会发现后续升级将会变得非常顺畅。

### 实现

本节分为两部分：安装 GIT 与配置 GIT。

#### 下载与安装 GIT

1. 访问 GIT 下载页面 https://git-scm.com/download，根据开发环境（Mac OS X、Windows、Linux 或 Solaris）选择正确的版本并下载。
2. 要想在 Linux 与 Solaris 上安装 GIT，请通过系统原生的包管理器执行建议的安装命令。

在 Mac OS X 中，双击下载的 dmg 文件，将包文件提取到硬盘上。进入文件目录，双击

pkg 文件。所有选项都保持默认值，一步接着一步操作，直到出现的安装成功界面，然后关闭该界面。

在 Windows 中，执行下载的程序，根据以下提示进行操作（未提及的选项保持默认设置即可）。

- Adjusting your PATH environment：选择 Use Git from the Windows Command Prompt 选项
- Choosing the SSH executable：选择 Use OpenSSH 选项
- Configuring the line endings conversions：选择 Checkout Windows-style 与 commit Unix-style line endings 选项
- Configuring the terminal emulator to use Git Bash：选择 Use Windows' default console window
- Configuring experimental performance tweaks：不要勾选 Enable file system caching 复选框

最后单击 Finish 按钮完成安装。

要想进行验证，打开终端窗口并输入如下命令：

```
git -version
```

该命令会显示已安装程序的版本号。上述安装示例基于 GIT 2.6.3。

### 在 Eclipse 中配置 GIT

1. 首先通过终端初始化本地仓库。进入工作空间（将 <home-directory> 替换为实际的路径）：

   ```
   cd <home-directory>/workspace
   ```

2. 输入如下命令在当前位置创建一个本地 GIT 仓库：

   **git init**

3. 输入如下命令：

   **git remote add origin https://github.com/alex-bretet/cloudstreetmarket.com**

4. 接下来输入如下命令：

   **git fetch**

5. 选择两个父项目（如下图所示），并右键单击其中一个，选择 Team | Add to Index。

```
▷ 📁 cloudstreetmarket-api [cloudstreetmarket.com NO-HEAD]
▷ 📁 cloudstreetmarket-core [cloudstreetmarket.com NO-HEAD]
▷ 📁 cloudstreetmarket-parent [cloudstreetmarket.com NO-HEAD]
▷ 📁 cloudstreetmarket-webapp [cloudstreetmarket.com NO-HEAD]
▷ 📁 > Servers [cloudstreetmarket.com NO-HEAD]
▷ 📁 zipcloud-core [cloudstreetmarket.com NO-HEAD]
▷ 📁 zipcloud-parent [cloudstreetmarket.com NO-HEAD]
```

6. 在右上角的面板中单击 Git perspective 图标（如下图所示）。

如果这里没有显示 Git 透视图，单击 按钮添加。

7. 从左侧的层次结构中（Git 透视图）选择 Add an existing local Git repository。

8. 这时会弹出一个窗口，定位到刚才所创建的 Git 仓库位置（应该是当前工作空间目录）。

9. 现在，Git 透视图中应该会出现一个新的仓库。

10. 如下图所示，右键单击选项并选择 Checkout 来查看 origin/v1.x.x 的最新版本。

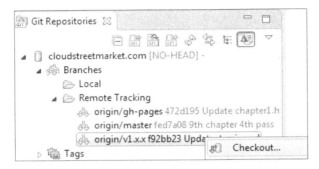

11. 在弹出的窗口中，参照下图进行设置。

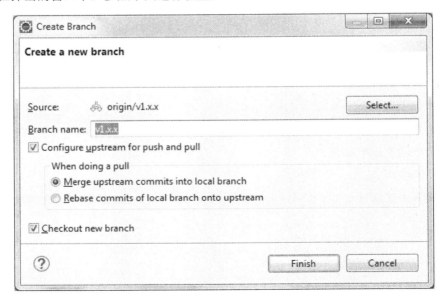

## 2 使用Spring MVC设计微服务架构

12. 实际的工作空间现在应该与分支 v1.x.x 保持同步（如下图所示）。该分支反映了第 1 章结束时的状态。

    ```
    ▷ ▦ > cloudstreetmarket-api [cloudstreetmarket.com v1.x.x]
    ▷ ▦ > cloudstreetmarket-core [cloudstreetmarket.com v1.x.x]
    ▲ ▦ > cloudstreetmarket-parent [cloudstreetmarket.com v1.x.x]
       ▷ ▦ JRE System Library [JavaSE-1.8]
          ▦ Server Library [Tomcat v8.0] (unbound)
       ▷ 🗁 > cloudstreetmarket-api
       ▷ 🗁 > cloudstreetmarket-core
       ▷ 🗁 > cloudstreetmarket-webapp
          🗋 pom.xml
    ▷ ▦ > cloudstreetmarket-webapp [cloudstreetmarket.com v1.x.x]
    ▷ 🗁 > Servers [cloudstreetmarket.com v1.x.x]
    ▷ ▦ > zipcloud-core [cloudstreetmarket.com v1.x.x]
    ▷ ▦ > zipcloud-parent [cloudstreetmarket.com v1.x.x]
    ```

13. 右键单击 zipcloud-parent，选择 **Run as | Maven clean** 与 **Run as | Maven install** 菜单项。接下来，对 `cloudstreetmarket-parent` 执行相同的操作。每次执行完毕后都会出现 `BUILD SUCCESS` 字样。

14. 最后，右键单击一个项目并选择 **Maven | Update Project** 菜单项。选中工作空间中的所有项目并单击 **OK** 按钮。

15. 如果还有项目显示红色的警告信息，则需要重新设置 cloudstreetmarket-api 与 cloustreetmarket-webapp 的目标运行时环境（方法同本书第 1 章的"为 Eclipse 配置 Java 8，Maven 3 和 Tomcat 8"节中步骤 7 所述）。

16. 打开终端窗口，输入如下命令进入本地 GIT 仓库。

    ```
    cd <home-directory>/workspace
    ```

17. 输入如下命令。

    ```
    git pull origin v2.2.1
    ```

18. 重复第 13 与 14 步（在每次改动后，都需要重复这两步）。

19. 在 cloudstreetmarket-webapp 模块中，出现了一个新的包。

    ```
    edu.zipcloud.cloudstreetmarket.portal.controllers
    ```

20. 在包中，创建了一个 InfoTagController 类，代码如下。

    ```
    @Controller
    @RequestMapping("/info")
    public class InfoTagController {
      @RequestMapping("/helloHandler")
      @ResponseBody
    ```

```
   public String helloController(){
      return "hello";
   }
}
```

21. 确保将这两个 war 部署到 Tomcat 服务器中。启动 Tomcat 服务器并通过浏览器访问 http://localhost:8080/portal/info/helloHandler。

>  页面上显示的 HTML 内容就是一个简单的 hello。

22. 在 cloudstreetmarket-webapp/src/main/webapp/WEB-INF/dispatcher-context.xml 文件中，添加如下 Bean 定义：

```
<bean id="webAppVersion" class="java.lang.String">
  <constructor-arg value="1.0.0"/>
</bean>
```

23. 在 InfoTagController 类中添加如下方法与成员。

```
@Autowired
private WebApplicationContext webAppContext;
private final static LocalDateTime startDateTime =
  LocalDateTime.now();
private final static DateTimeFormatter DT_FORMATTER =
  DateTimeFormatter.ofPattern("EEE, d MMM yyyy h:mm a");
@RequestMapping("/server")
@ResponseBody
public String infoTagServer(){
  return new StringJoiner("<br>")
    .add("-----------------------------------")
    .add(" Server: "+
    webAppContext.getServletContext().getServerInfo())
    .add(" Start date: "+
    startDateTime.format(DT_FORMATTER))
    .add(" Version: " +
    webAppContext.getBean("webAppVersion"))
    .add("-----------------------------------")
    .toString();
}
```

24. 现在，使用浏览器访问 http://localhost:8080/portal/info/server。

>  页面上显示的 HTML 内容如下：
> ```
> --------------------------------------------------
> Server: Apache Tomcat/8.0.14
> Start date: Sun, 16 Nov 2014 12:10 AM
> Version: 1.0.0
> --------------------------------------------------
> ```

## 说明

本节首先来整体了解一下 Spring MVC 框架，接下来研究如何通过 `DispatcherServlet`、控制器级别的注解以及方法处理程序签名来配置控制器。

### Spring MVC 概览

Spring MVC 实现了两种常见的设计模式：前端控制器模式与 MVC 模式。

#### 前端控制器

对于前端控制器系统，在设计时会为所有传入的请求公开一个单独的入口点。在 Java Web 环境中，这个入口点通常是个 Servlet——这个特别的 Servlet 会将请求分派并委托给其他组件处理。

>  对于 Spring MVC 来说，这个特别的 Servlet 就是 `DispatcherServlet`。

Servlet 是 Java Web 的标准，它们与预定义的 URL 路径相关联，并在部署描述符（即 `web.xml` 文件）中注册。解析完部署描述符后，Servlet 容器（比如 Apache Tomcat）就能够识别出声明的 Servlet 及其 URL 映射。在运行期间，Servlet 容器会拦截每个 HTTP 客户端请求并为每个请求创建一个新的线程。这些线程将使用 Java 转换的请求与响应对象来调用匹配的 Servlet。

#### MVC 设计模式

MVC 设计模式是一种架构风格，它整体描述了一个应用，提倡在请求线程必须经过的三个不同层次之间要有明确分离的关注点，这三个层次分别是**模型**、**视图**与**控制器**——更准确地说是控制器、模型，然后是视图。

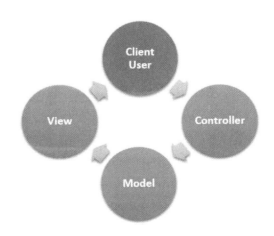

当客户端请求被 Servlet 容器拦截时,它会被路由到 DispatcherServlet。DispatcherServlet 会将请求发送给一个控制器(一个控制器方法处理程序),该控制器具有与请求状态匹配的配置(如果能够找到匹配的)。

控制器负责业务逻辑、模型的生成,并最终选择一个用于模型和响应的视图。在这个视图中,模型会展现出一个由控制器处理的密集数据结构,并将其发送给视图进行可视化呈现。

但是,这三个组件(模型、视图与控制器)也可以在宏观尺度上作为独立的静态层进行可视化。每个组件都是一个层次,也是一个独立构成,它们是整体的一部分。**控制器**层包含了所有注册的控制器以及 Web 拦截器与转换器;模型生成层(以及业务逻辑层)包含了业务服务与数据访问组件;视图层包含了模板(例如 JSP)以及其他 Web 客户端组件。

**Spring MVC 流程**

Spring MVC 流程可以通过下图来描述。

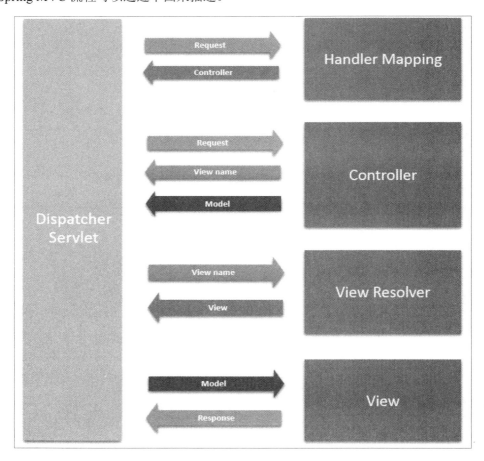

本节之前曾提到过，Spring MVC 实现了前端控制器模式，入口点是 DispatcherServlet。DispatcherServlet 依赖于 HandlerMapping 实现。根据不同策略与特性，HandlerMapping 能够解析出适用于某个请求的控制器方法处理程序。

当 DispatcherServlet 有了控制器方法处理程序后，就会将请求指派给它。方法处理程序会将一个视图名（或是视图本身）以及填充好的模型数据返回给 DispatcherServlet。

通过视图名，DispatcherServlet 会请求 ViewResolver 的实现来查找并选择视图。

通过请求、视图与模型，DispatcherServlet 就具备了构建客户端响应所需的一切。通过所有这些元素对视图进行处理后，会将响应返回给 Servlet 容器。

### DispatcherServlet——Spring MVC 入口点

如前所述，DispatcherServlet 位于 Spring MVC 的中心位置，它会拦截针对应用某个预先定义的 URL 路径的客户端请求，将其映射到隶属于业务逻辑（控制器、拦截器、过滤器等）的处理程序。它还提供了一套工具，这些工具以 Bean 的形式出现，用于解决 Web 开发中的常见问题和需求，例如实现集中且模块化的视图层、处理国际化与主题方案、处理异常等。

最重要的是，DispatcherServlet 是一个 Servlet，在 web.xml 中定义，也具有 Servlet 配置与 Servlet 映射。如下代码所示：

```
<servlet>
  <servlet-name>spring</servlet-name>
    <servlet-class>
      org.springframework.web.servlet.DispatcherServlet
  </servlet-class>
  <load-on-startup>1</load-on-startup>
</servlet>
<servlet-mapping>
  <servlet-name>spring</servlet-name>
  <url-pattern>/*</url-pattern>
</servlet-mapping>
```

在我们的应用 cloudstreetmarket-webapp 中，DispatcherServlet 被命名为 spring，并且覆盖了应用的全部上下文路径：/*。

我们已经看到，每个 DispatcherServlet 都有一个作用域受限的 WebApplicationContext，它继承自根 ApplicationContext。

在默认情况下，对于 WebApplicationContext 来说，Spring MVC 会在 /WEB-INF 目录中查找名为 {servletName}-servlet.xml 的配置文件。不过，我们通过初始化参数 context-ConfigLocation 改写了这个默认名字与位置：

```
<servlet>
  <servlet-name>spring</servlet-name>
```

```xml
    <servlet-class>
      org.springframework.web.servlet.DispatcherServlet
    </servlet-class>
    <init-param>
      <param-name>contextConfigLocation</param-name>
      <param-value>/WEB-INF/dispatcher-context.xml</param-value>
    </init-param>
    <load-on-startup>1</load-on-startup>
</servlet>
<servlet-mapping>
    <servlet-name>spring</servlet-name>
    <url-pattern>/*</url-pattern>
</servlet-mapping>
```

在 web.xml 中，你会看到根应用上下文（classpath*:/META-INF/spring/*-config.xml），从 ContextLoaderListener 开始：

```xml
<listener>
  <listener-class>
    org.springframework.web.context.ContextLoaderListener
  </listener-class>
</listener>
```

### 注解定义控制器

Spring MVC 控制器是客户端请求真正开始被业务逻辑代码进行处理的地方。从 Spring 2.5 开始，我们可以在控制器上使用注解，这样就无须在配置文件中将其显式声明为 Bean 了。这使得其实现变得更易于扩展和理解。

#### @Controller

@Controller 注解会将一个类标记为 Web 控制器，它仍是展现层的 Spring Stereotype。定义 Spring Stereotype 的主要目的在于让目标类型或是方法能够在 Spring 类路径扫描时被发现，这是通过如下命令激活的：

```xml
<context:component-scan base-package="edu.zipcloud.
cloudstreetmarket.portal"/>
```

该注解并没有太多的自定义逻辑。如果不在乎应用层次变乱，还可以通过其他 Stereotype 注解（@Component 或 @Service）来运行控制器。

#### @RequestMapping

@RequestMapping 注解在控制器类或是控制器方法上定义处理程序。DispatcherServlet 会在相关的类中寻找这些注解。@RequestMapping 注解背后的主要想法是在类级别上定义一个主路径映射，并在方法上对 HTTP 请求方法、头、参数及媒体类型进行限制。

为了实现这种限制，@RequestMapping 注解在其圆括号中接收逗号分隔的参数。

请参见如下示例：

@RequestMapping(value="/server", method=RequestMethod.GET)

下表列出了 @RequestMapping 的可用参数。

| 参数与类型 | 使用说明（来自 JavaDoc） |
| --- | --- |
| name (String) | 为映射指定一个名字 |
| value (String[]) | 路径映射 URI（比如 /myPath.do），也支持 Ant 风格的路径模式（比如 /myPath/*.do） |
| | 路径映射 URI 可以包含针对局部属性、系统属性与环境变量的占位符（比如 /${connect}） |
| | 实现了 URI 模板的路径可以访问 URL 中所选的部分，这是通过模式、变量、占位符与矩阵变量（参见有关 URI 模板的章节）来做到的 |
| | 在方法级别上还支持相对路径（比如 edit.do），这要求在类型级别上指定好主映射 |
| method(RequestMethod[]) | GET、POST、HEAD、OPTIONS、PUT、PATCH、DELETE 与 TRACE |
| params (String[]) | 一系列 myParam=myValue 风格的表达式 |
| | 可以通过 != 运算符对表达式取反，例如 myParam!=myValue |
| headers(String[]) | 一系列 My-Header=myValue 风格的表达式 |
| | 只支持指定的头（比如 My-Header，可以是任何值） |
| | 也支持对头取反（比如 !My-Header，指定的头不应该出现在请求中） |
| | 诸如 Accept 与 Content-Type 这样的头也支持媒体类型通配符（*） |
| consumes(String[]) | 映射请求的可用媒体类型 |
| | 仅在 {@code Content-Type} 与媒体类型之一匹配时才能映射 |
| | 也支持表达式取反（比如 !text/xml） |
| produces(String[]) | 映射请求的可生成媒体类型 |
| | 仅在 {@code Accept} 与媒体类型之一匹配时才能映射 |
| | 也支持表达式取反（比如 !text/plain），它匹配除 text/plain 之外所有带有 {@code Accept} 的请求 |

所有这些参数既可以用在类型级别上，也可以用在方法级别上。当用于类型级别上时，所有方法级别的参数会继承父级别的参数并缩小范围。

### 控制器方法处理程序签名

控制器方法处理程序由几个部分共同构成。下面是另一个 Spring MVC 处理程序示例。

```
@RequestMapping(value="/index")
public ModelAndView getRequestExample(ServletRequest request){
    ModelAndView mav = new ModelAndView();
    mav.setViewName("index");
    mav.addObject("variable1", new ArrayList<String>());
    return mav;
}
```

前面介绍了如何使用 @RequestMapping 注解。对于方法签名来说，只能将该注解放在返回类型之前。

**支持的方法参数类型**

为处理程序方法而声明特定的参数类型，会使 Spring 自动将对外部对象的引用注入其中。对象与请求的生命周期、会话或应用配置有关。好处在于这些对象的作用域只针对于方法，参数类型如下表所示。

| 支持的参数 | 使用说明 | 包 |
| --- | --- | --- |
| `ServletRequest / HttpServletRequest` | 注入 Servlet 请求 / 响应 | `javax.servlet.http.*` |
| `ServletResponse / HttpServletResponse` | | |
| `HttpSession` | 注入绑定到 Servlet 请求的 HTTP 会话。如果为空，Spring 会新建一个。如果要在多个请求之间共享会话，需要在 AbstractController 或 RequestMappingHandlerAdapter 上设置 synchronizeOnSession | |
| `WebRequest / NativeWebRequest` | 注入一个包装器，用于访问请求参数以及请求 / 会话属性 | `org.springframework.web.context.request.*` |
| `Locale` | 使用配置的 LocaleResolver 注入请求的区域设置 | `java.util.*` |
| `InputStream / Reader` `OutputStream / Writer` | 提供对请求 / 响应有效内容的直接访问 | `java.io.*` |
| `HttpMethod` | 注入当前请求的方法 | `org.springframework.http.*` |
| `Principal` | 使用 Spring 安全上下文，注入授权账号 | `java.security.*` |
| `HttpEntity<?>` | Spring 通过 HttpMessageConverter 将入站请求转换并注入自定义类型。它还提供对请求头的访问 | `org.springframework.http.*` |

续表

| 支持的参数 | 使用说明 | 包 |
| --- | --- | --- |
| Map | 实例化一个 BindingAwareModelMap，在视图中使用 | java.util.* |
| Model | | org.springframework.ui.* |
| ModelMap | | |
| RedirectAttributes | 注入并重新填充请求重定向时所带的属性与 Flash 属性的映射 | org.springframework.web.servlet.mvc.support.* |
| Errors | 将参数的验证结果注入参数列表开头 | org.springframework.validation.* |
| BindingResult | | |
| SessionStatus | 可以通过 setComplete（Boolean）做标记，来标识会话的完结。该方法会清除使用 @SessionAttributes 定义在类型级别上的会话属性 | org.springframework.web.bind.support.* |
| UriComponentsBuilder | 注入 Spring URI 构建器 UriComponentsBuilder | org.springframework.web.util.* |

**支持的方法参数注解**

Spring MVC 为方法处理程序参数设计了一套原生注解，它们可用于配置控制器方法（与传入请求或尚未建立的响应相关）的 Web 行为。它们抽象出了便捷的 Spring MVC 功能，例如请求参数绑定、URI 路径变量绑定、请求负载注入参数、HTML 表单参数绑定等。

| 支持的注解参数 | 使用说明 | 包 |
| --- | --- | --- |
| @PathVariable | 将 URI 模板变量注入参数 | org.springframework.web.bind.annotation.* |
| @MatrixVariable | 将 URI 路径部分中的"名称 - 数值"信息注入参数中 | |
| @RequestParam | 将特定的请求参数注入参数中 | |
| @RequestHeader | 将特定的请求 HTTP 头注入参数中 | |
| @RequestBody | 可以直接访问注入参数中的请求负载 | |
| @RequestPart | 将多部分 / 表单数据编码请求的特定部分（meta-data、file-data 等）的内容注入匹配类型的参数（MetaData、MultipartFile 等）中 | |
| @ModelAttribute | 使用 URI 模板自动填充模型的属性。该绑定是在方法处理程序处理前执行的 | |

# Spring MVC 实战

需要将这些注解放到待填充的方法参数前：

```
@RequestMapping(value="/index")
public ModelAndView getRequestExample(@RequestParam("exP1") String exP1){
    ModelAndView mav = new ModelAndView();
    mav.setViewName("index");
    mav.addObject("exP1", exP1);
    return mav;
}
```

### 支持的返回类型

Spring MVC 拥有不同的控制器方法返回类型，我们可以通过它指定向客户端发送的响应，也可以指定必要的配置以便定位一个临时的视图层或是向其中填入各种变量。根据所要做的事情或实际的应用状态，通常有下表所示的选择。

| 支持的返回类型 | 使用说明 | 包 |
| --- | --- | --- |
| Model | Spring MVC 会为每个处理程序方法创建一个 Model 接口的实现。Model 对象需要手工在处理程序方法中进行填充，或通过 @ModelAttribute 填充。要渲染的视图需要通过 RequestToViewNameTranslator 映射到请求上 | org.springframework.ui.* |
| ModelAndView | 模型的一个包装器对象，它拥有一个视图和视图名。如果提供了视图名，Spring MVC 会尝试解析相关联的视图，否则将渲染嵌入的视图。模型对象需要手工在方法内填充，或使用 @ModelAttribute 填充 | |
| Map | 支持自定义的模型实现。要渲染的视图需要通过 RequestToViewNameTranslator 映射到请求上 | java.util.* |
| View | 支持自定义视图对象的渲染。Spring MVC 会为处理程序方法创建一个 Model 接口的实现。模型对象需要手工在方法内填充，或使用 @ModelAttribute 填充 | org.springframework.web.servlet.* |
| String | 如果未在处理程序方法上指定 @ResponseBody 注解，则返回的字符串会被作为视图名称进行处理（即视图标识符） | java.lang.* |
| HttpEntity<?> / ResponseEntity<?> | 两个包装器对象，用于简化对响应头和被 Spring 转换的响应体的管理（通过 HttpMessageConverters） | org.springframework.http.* |
| HttpHeaders | 为 HEAD 响应提供了一个包装器对象 | org.springframework.http.* |

续表

| 支持的返回类型 | 使用说明 | 包 |
|---|---|---|
| `Callable<?>` | 当线程由 Spring MVC 控制时，可以异步生成一个类型化对象 | `java.util.concurrent.*` |
| `DeferredResult<?>` | 当线程不受 Spring MVC 控制时，可以异步生成一个类型化对象 | `org.springframework.web.context.request.async.*` |
| `ListenableFuture<?>` | | `org.springframework.util.concurrent.*` |
| `void` | 当视图由 `RequestToViewNameTranslator` 在外部进行解析或方法直接在响应中输出时 | |

### 扩展

在 `InfoTagController.infoTagServer()` 方法处理程序中，我们在返回类型前使用了 `@ResponseBody` 注解。该注解来自于 REST 相关的工具。如果不需要处理视图，`@ResponseBody` 指令会使用注册的 Spring 转换器将返回的对象编排为期望的格式（XML 和 JSON 等），然后将编排的内容写入响应主体（作为响应负载）。

对于没有其他配置的 `String` 对象来说，它会将其内容打印到响应主体中。我们还可以通过 `ResponseEntity<String>` 返回类型来实现相同的目标。

## 使用ViewResolver配置回退控制器

本节将会介绍与控制器相关的一些高级概念与工具，例如 ViewResolvers、URI 模板模式以及 Spring MVC 参数注入等。本节内容本身比较简单，不过篇幅较大。

### 准备

我们将会基于上一节的代码库状态继续进行开发（之前已经从远程仓库拉取了 v2.2.1 标记），主要内容就是创建一个控制器及其处理程序方法。

### 实现

1. 在 **cloudstreetmarket-webapp** 模块 和 `edu.zipcloud.cloudstreetmarket.portal.controllers` 包中，如下 `DefaultController` 已创建。

```
@Controller
public class DefaultController {
  @RequestMapping(value="/*",
    method={RequestMethod.GET,RequestMethod.HEAD})
  public String fallback() {
    return "index";
  }
}
```

 稍后将会详细介绍该方法处理程序是如何作为回退拦截器使用的。

2. 打开浏览器，访问 http://localhost:8080/portal/whatever 或 http://local-host:8080/portal/index，应该会看到之前的 HTML 内容。

## 说明

本节再次使用了 @RequestMapping 注解，只不过没有使用固定的 URI 作为路径值，而是使用了一种开放模式（回退）。此外，还使用了之前没有使用过的视图解析器。

### URI 模板模式

模板这个词在 Spring 术语中经常被提到。它通常指的是对 Spring API 提供的通用支持，使之能够实例化以完成特定的实现或自定义（例如，用于生成 REST HTTP 请求的 REST 模板、用于发送 JMS 消息的 JMS 模板、用于生成 SOAP Web 服务请求的 WS 模板，以及 JDBC 模板等）。它们在开发者与需要的 Spring 核心特性之间搭建了一座"桥梁"。

在这种情况下，URI 模板可以通过模式与变量为控制器端点配置通用的 URI。我们可以实例化 URI 构建器，让它实现 URI 模板，不过开发者更多地会使用 URI 模板中对 @RequestMapping 注解所提供的支持。

## 2 使用Spring MVC设计微服务架构

**Ant 风格路径模式**

我们使用了如下类型的模式来定义回退处理程序方法的路径值：

`@RequestMapping(value="/*", ...)`

该示例使用了 * 通配符，这样，应用显示名称后面以 / 开始的请求 URI 都会被该方法处理。通配符可以匹配字符、单词或单词序列。可以参考如下示例：

`/portal/1, /portal/foo, /portal/foo-bar`

注意，在最后一个序列中要使用另一个斜杠：

`/portal/foo/bar`

注意下表中所示的差别。

| /* | 该层次的所有资源与目录 |
|---|---|
| /** | 该层次及子层次的所有资源与目录 |

我们在 cloudstreetmarket-webapp 应用中有意使用了单个通配符。对于其他类型的应用来说，更好的做法是将每个不匹配的 URI 都重定向到一个默认值。在本章这个严格遵循 REST 的单页面应用中，当某个资源找不到时，较好的做法是返回客户端一个 404 错误。

在路径模式末尾使用通配符并非唯一选择。如果需要，我们还可以实现如下类型的模式：

`/portal/**/foo/*/bar`

（上述路径模式并非针对回退目的。）

Spring MVC 会比较所有匹配的路径模式，并从中选择最具体的一个。

 在控制器类型级别，我们并未指定 @RequestMapping。如果指定了，那么在方法级别上所指定的路径就会被拼接到类型级别的路径上（缩小了范围）。

例如，如下定义为回退控制器定义了路径模式 /portal/default/*。

```
@RequestMapping(value="/default"...)
@Controller
public class DefaultController...{
    @RequestMapping(value="/*"...)
    public String fallback(Model model) {...}
}
```

**路径模式比较**

如果给定的 URL 匹配多个注册的路径模式，Spring MVC 就会进行路径模式比较，以选择将请求映射到哪个处理程序。

 Spring MVC 会选择最为具体的模式。

第一个标准是比较路径模式中变量与通配符的数量：拥有最少变量与通配符的模式被认为是最具体的。对于变量与通配符数量相同的两个路径模式，拥有最少通配符的就是最具体的；如果通配符数量相同，那么路径最长的就是最具体的。最后，拥有双重通配符的模式总是不如没有通配符的模式具体。

为了说明这一点，参看如下示例，从上到下为最具体到最不具体：

```
/portal/foo
/portal/{foo}
/portal/*
/portal/{foo}/{bar}
/portal/default/*/{foo}
/portal/{foo}/*
/portal/**/*
/portal/**
```

**ViewResolvers**

在 `cloudstreetmarket-webapp` 的 `dispatcher-context.xml` 中，我们定义了 `viewResolver` Bean：

```
<bean id="viewResolver"
class="org.springframework.web.servlet.view.InternalResourceViewResolver">
  <property name="viewClass" value="org.springframework.web.
    servlet.view.JstlView" />
  <property name="prefix" value="/WEB-INF/jsp/" />
  <property name="suffix" value=".jsp" />
</bean>
```

`viewResolver` Bean 是预先定义好的类的一个具体实例，这个类用于组织并统一视图层集合。在我们的配置中，`viewResolver` Bean 是 `InternalResourceViewResolver` 的一个实例，它可以处理 JSP 页面、JSTL 与磁贴。这个类还继承了 `UrlBasedViewResolver`，可以在应用资源间导航，并将逻辑视图名绑定到视图资源文件上。这个功能使得我们无须创建其他映射。

在我们的配置中，定义了视图仓库（`/WEB-INF/jsp/*.jsp`），可以直接通过字符串 `index` 来引用 `index.jsp`。

更好的做法是在 `/WEB-INF` 下创建 JSP 仓库，这样 JSP 就不会公开出去了。相对于 JSP 模板，我们还可以通过视图解析器 `VelocityViewResolver` 与 `FreeMarkerViewResolver` 来使用 **Velocity** 和 **Freemarker**。

稍后，在构建 REST API 时将会介绍 `ContentNegotiatingViewResolver`。

### 扩展

本节重点介绍 @PathVariable 注解，该注解用于控制器方法处理程序参数（上一节中已经介绍过了）。

#### 使用 @PathVariable 读取 URI 模板模式中的变量

接下来的几个示例将会用到方法级别的 @RequestMapping 注解。这些注解有时会与方法处理程序参数上的 @PathVariable 相关。先来看看下面这个示例：

```
@RequestMapping(value="/example/{param}")
public HttpEntity<String> example(@PathVariable("param") String parameter) {
  return new HttpEntity<>(parameter);
}
```

如前所述，@PathVariable 告诉 Spring MVC 在何处以及如何实现来自请求 URI 的参数注入。框架会解析当前的 URI 模板模式，抽取出名为 `param` 的变量，然后将当前 URI 中的匹配值注入目标方法参数。

我们还声明了一个 `HTTPEntity` 作为响应来返回。该 `HTTPEntity` 是 `String` 泛型类型的一个包装器。在方法处理程序中，我们会通过必要的 `String` 元素来实例化这个包装器。

如果调用了 `/portal/example/foo` URI，那么字符串 `foo` 将作为返回的 `HTTPEntity` 响应体。

借助于另一个有用的特性，还可以通过如下 @PathVariable 声明来实现上面的场景：

```
@RequestMapping(value="/example/{param}")
public HttpEntity<String> example(@PathVariable String param) {
  return new HttpEntity<>(param);
}
```

> 无须向注解提供值，Spring MVC 在默认情况下会查找 URI 模板模式，寻找与目标参数同名的变量。

接下来将会继续探讨与 @RequestMapping 和 @PathVariable 相关的其他特性。

## 使用Bootstrap创建并自定义响应式单页面Web设计

Bootstrap 是个 UI 框架，最初由 Twitter 的 Mark Otto 与 Jacob Thornton 创建。它是个样式、图标与行为的奇妙集合，用于定义和丰富各种组件。Bootstrap 提供了一种简单、合理且统一的模式来定义样式。之前并不存在与 Bootstrap 类似的其他产品。如果没有使用过 Bootstrap，那么你会非常兴奋地看到可以如此快速地通过 DOM 定义来获得视觉反馈。

# Spring MVC 实战

2014 年 6 月，Bootstrap 成为 GitHub 排行第一的项目，拥有 73 000 多颗星、27 000 多个派生，其文档读起来非常顺畅。

## 准备

本节将会使用 Bootstrap，通过其既有的模板为我们的 CloudStreet Market 项目搭建网页设计的基础设施。我们将会重新编写 `index.jsp` 页面，渲染出更棒的欢迎页面，如下图所示。

## 实现

本节涉及 3 个主要步骤：

- 安装 Bootstrap 主题
- 自定义 Bootstrap 主题
- 创建响应式内容

在 Eclipse 的 Git 透视图中，检出最新版本的分支 `v2.x.x`，如下图所示。

## 2 使用Spring MVC设计微服务架构

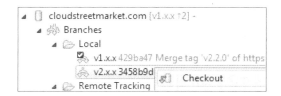

### 安装 Bootstrap 主题

1. 在 chapter_2 目录中，你会看到 freeme.zip 压缩包。它是个响应式的 Bootstrap 模板，可以免费下载。该压缩包下载自 bootstrapmaster.com 网站。

2. 在压缩包中，包含一个 css 目录、一个 js 目录、一个 img 目录，以及一个 index.html 文件。使用浏览器打开 index.html 文件，结果如下图所示。

我们将该模板作为 webapp 模块的基础。

3. 将 freeme/js 目录中的所有 JavaScript 文件复制到 /cloudstreetmarket-webapp/src/main/webapp/js 目录中。

4. 将 freeme/css 目录中的所有 CSS 文件复制到 /cloudstreetmarket-webapp/src/main/webapp/css 目录中。

5. 将 freeme/img 目录中的所有图片复制到 /cloudstreetmarket-webapp/src/main/webapp/img 目录中。

6. 将 freeme/index.html 文件的内容复制并粘贴到 /cloudstreetmarket-webapp/src/main/webapp/WEB-INF/jsp/index.jsp 文件中，编码格式为 UTF-8。

7. 此外，将 freeme/licence.txt 文件复制并粘贴到 /cloudstreetmarket-webapp/src/main/webapp/WEB-INF/jsp 目录中。

8. 打开浏览器，访问 http://localhost:8080/portal/index，显示的内容会与之前看到的一样，不过这些内容现在是由我们的应用所提供的了。

## 自定义 Bootstrap 主题

本小节将会详细介绍为了让下载的模板能为我所用，需要做哪些事情。

1. 将 cloudstreetmarket-webapp\src\main\webapp\img\logos 目录下的所有图片删除，并替换为 6 张新图片，表示本应用以及全书所使用的技术产品的品牌。

2. 修改 cloudstreetmarket-webapp 模块中的 index.jsp 文件。

    1) 将如下两行代码添加到文件顶部：

    ```
    <%@ page contentType="text/html;charset=UTF-8" language="java" %>
    <%@ page isELIgnored="false" %>
    ```

    2) 将 `<!-- start: Meta -->` 部分替换为如下内容。

    ```
    <!-- start: Meta -->
    <meta charset="utf-8">
    <title>Spring MVC: CloudST Market</title>
    <meta name="description" content="Spring MVC CookBook: Cloud Street Market"/>
    <meta name="keywords" content="spring mvc, cookbook, packt publishing, microservices, angular.js" />
    <meta name="author" content="Your name"/>
    <!-- end: Meta -->
    ```

    3) 将 `<!--start: Logo -->` 部分替换为如下内容。

    ```
    <!--start: Logo -->
    <div class="logo span4">
      CLOUD<span class="sub">ST</span><span>Market</span>
    </div>
    <!--end: Logo -->
    ```

    4) 修改导航菜单定义。

    ```
    <ul class="nav">
      <li class="active"><a href="index">Home</a></li>
      <li><a href="markets">Prices and markets</a></li>
      <li><a href="community">Community</a></li>
      <li><a href="sources">Sources</a></li>
      <li><a href="about">About</a></li>
      <li><a href="contact">Contact</a></li>
    </ul>
    ```

    5) 删除 `<!-- start: Hero Unit -->` 与 `<!-- start: Flexslider -->` 部分，将导

航菜单（<!--end: Navigation-->）后面的 <div class="row"> 置为空。

```
<!-- start: Row -->
<div class="row"></div>
<!-- end: Row -->
```

6) 将 <!-- end Clients List --> 后面的 <!-- start: Row --> 到 <!-- end: Row --> 部分连同 <hr> 一并删除。

7) 将页脚部分 <!-- start: Footer Menu --> 到 <!-- end:Footer Menu --> 替换为如下内容。

```
<!-- start: Footer Menu -->
<div id="footer-menu" class="hidden-tablet hidden-phone">
  <!-- start: Container -->
  <div class="container">
    <!-- start: Row -->
    <div class="row">
      <!-- start: Footer Menu Logo -->
      <div class="span1">
      <div class="logoSmall">CLOUD<span
      class="sub">ST</span><span>M!</span>
        </div>
        </div>
      <!-- end: Footer Menu Logo -->
      <!-- start: Footer Menu Links-->
      <div class="span10" >
      <div id="footer-menu-links">
      <ul id="footer-nav" style="margin-left:35pt;">
        <li><a href="index">Home</a></li>
        <li><a href="markets">Prices and
        markets</a></li>
      <li><a
      href="community">Community</a></li>
      <li><a href="sources">Sources</a></li>
      <li><a href="about">About</a></li>
      <li><a href="contact">Contact</a></li>
      </ul>
      </div>
      </div>
      <!-- end: Footer Menu Links-->
      <!-- start: Footer Menu Back To Top -->
      <div class="span1">
      <div id="footer-menu-back-to-top">
        <a href="#"></a>
        </div>
```

```
          </div>
          <!-- end: Footer Menu Back To Top -->
        </div>
        <!-- end: Row -->
      </div>
      <!-- end: Container -->
    </div>
    <!-- end: Footer Menu -->
```

8) 将 `<!-- start: Photo Stream -->` 到 `<!-- end: PhotoStream -->` 部分替换为如下内容。

```
<!-- start: Leaderboard -->
<div class="span3">
  <h3>Leaderboard</h3>
  <div class="flickr-widget">
    <script type="text/javascript" src=""></script>
    <div class="clear"></div>
  </div>
</div>
<!-- end: Leaderboard -->
```

9) 修改版权部分，这也是对 index.jsp 文件所做的最后一处修改。

3. 在之前复制的 cloudstreetmarket-webapp/src/main/webapp/css/style.css 文件中，添加如下类。

```
.logo{
  font-family: 'Droid Sans';    font-size: 24pt;    color: #666;
  width:157pt; font-weight:bold; margin-top:18pt;
  margin-left:10pt; height:30pt;
}
.logo span{
   position:relative;float:right; margin-top: 3pt; font-weight:normal;
font-family: 'Boogaloo';
  font-style:italic; color: #89C236; padding-right: 3pt;
}
.logo .sub {
  vertical-align: super;   font-style:normal;font-size: 16pt;
  font-family: 'Droid Sans';   font-weight:bold; position:absolute;
  color: #888;    margin:-4pt 0 -4pt 0;
}
.logoSmall{
  font-family: 'Droid Sans';   font-size: 16pt; color: #888;
  width:80pt;   font-weight:bold; margin-top:10pt;
  height:20pt; margin-right:30pt;
}
```

```css
.logoSmall span{
  position:relative;    float:right; margin-top: 3pt;
  font-weight:normal;   font-family: 'Boogaloo';
  font-style:italic;    color: #89C236;
}
.logoSmall .sub {
  vertical-align: super;
  font-style:normal;    font-size: 10pt;   font-family: 'Droid Sans';
  font-weight:bold;     position: absolute;  color: #666;
  margin:-2pt 0 -4pt 0;
}
```

4. 修改完毕，重启 Tomcat，调用之前的 URL http://localhost:8080/portal/index，结果如下图所示。

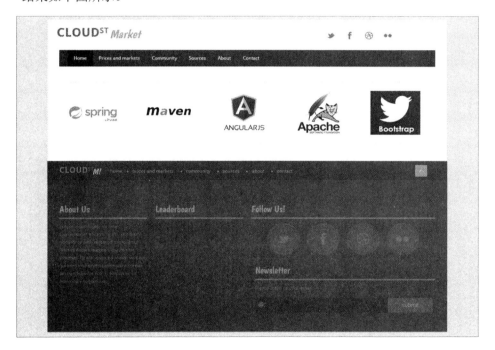

### 创建响应式内容

本节将重点介绍如何在欢迎页面显示响应式内容。通过响应式设计，内容将以适合于设备尺寸和方向的样式渲染。

1. 修改 index.jsp 文件。

   1) 向 &lt;div class="row"&gt; 中添加如下内容。

```
<div class='span12'>
  <div class="hero-unit hidden-phone"><p>Welcome to
  CloudStreet Market, the educational platform.</p></div>
</div>
<div class='span5'>
    <div id='landingGraphContainer'></div>
    <div id='tableMarketPrices'>
      <table class="table table-hover table-condensed
      table-bordered table-striped">
        <thead>
          <tr>
            <th>Index</th>
            <th>Value</th>
            <th>Change</th>
          </tr>
        </thead>
        <tbody>
    <tr>
        <td>Dow Jones-IA</td><td>17,634.74</td>
        <td class='text-success'><b>-
          18.05</b></td>
         </tr>
         ...
         <tr>
           <td>FTSE MIB</td><td>18,965.41</td>
           <td class='text-error'><b>-
             182.86</b></td>
         </tr>
         ...
       </tbody>
     </table>
   </div>
</div>
<div id="containerCommunity" class='span7'>
  <div id="divRss3"></div>
</div>
```

> 在之前添加的 landingGraphContainer 中，我们插入了一个生成的图表，它会渲染过去一天中指定市场的变化情况。该图表使用了 morris.js 库 (http://morrisjs.github.io/morris.js)，它也依赖于 raphael.js 库 (https://cdnjs.com/libraries/raphael)。

2) 在文件最后部分，向 `<!-- start: Java Script -->` 至 `<!-- end: Java Script -->` 部分添加如下内容。

## 2 使用Spring MVC设计微服务架构

```
<script src="js/jquery-1.8.2.js"></script>
<script src="js/bootstrap.js"></script>
<script src="js/flexslider.js"></script>
<script src="js/carousel.js"></script>
<script def src="js/custom.js"></script>
<script src="js/FeedEk.js"></script>
<script src="js/raphael.js"></script>
<script src="js/morris.min.js"></script>
<script>
$(function () {
    var financial_data = [
      {"period": "08:00", "index": 66},{"period": "09:00", "index": 62},
      {"period": "10:00", "index": 61},{"period": "11:00", "index": 66},
      {"period": "12:00", "index": 67},{"period": "13:00", "index": 68},
      {"period": "14:00", "index": 62},{"period": "15:00", "index": 61},
      {"period": "16:00", "index": 61},{"period": "17:00", "index": 54}
    ];
    Morris.Line({
      element: 'landingGraphContainer',
      hideHover: 'auto', data: financial_data,
      ymax: 70, ymin: 50,
      pointSize: 3, hideHover:'always',
      xkey: 'period', xLabels: 'month',
      ykeys: ['index'], postUnits: '',
      parseTime: false, labels: ['Index'],
      resize: true, smooth: false,
      lineColors: ['#A52A2A']
    });
});
</script>
```

2. 从其各自的网站将morris.min.js与raphael.js库复制并粘贴到cloudstreetmarket-webapp\src\main\webapp\js目录中。

3. 回到index.jsp文件。

   1) 向之前创建的<div id='containerCommunity'>中添加如下内容。

```
<div id="divRss3">
  <ul class="feedEkList">
    <li>
    <div class="itemTitle">
      <div class="listUserIco">
        <img src='img/young- lad.jpg'>
      </div>
      <span class="ico-white ico-up-arrow
```

```
                    listActionIco actionBuy"></span>
                <a href="#">happyFace8</a> buys 6 <a
                href="#">NXT.L</a> at $3.00
                <p class="itemDate">15/11/2014 11:12 AM</p>
            </div>
        </li>
        <li>
            <div class="itemTitle">
                <div class="ico-user listUserIco"></div>
                <span class="ico-white ico-down-arrow
                    listActionIco actionSell"></span>
                <a href="#">actionMan9</a> sells 6 <a
                href="#">CCH.L</a> at $12.00
                <p class="itemDate">15/11/2014 10:46    AM</p>
            </div>
        </li>
        ...
    </ul>
</div>
```

2) 这里使用了 feedEk jQuery 插件，它带有自己的 CSS 与 JavaScript 文件。

4. cloudstreetmarket-webapp\src\main\webapp\js 目录包含了与 feedEk jQuery 插件相关的 FeedEk.js 文件。可以从 http://jquery-plugins.net/FeedEk/FeedEk.html 找到该插件。

5. cloudstreetmarket-webapp\src\main\webapp\css 目录也有相关的 FeedEk.css 文件。

6. 在 index.jsp 文件的 <!-- start: CSS --> 注释下，添加 FeedEk css 引用。

   `<link href="css/FeedEk.css" rel="stylesheet">`

7. 在 style.css 文件的第一个媒体查询定义（(@media only screen 与 (min-width: 960px)）前添加如下样式定义。

```
.listUserIco {
    background-color:#bbb;
    float:left;
    margin:0 7px 0 0;
}
.listActionIco {
    float:right;
    margin-top:-3px;
}
.actionSell {
    background-color:#FC9090;
}
```

```
.actionBuy {
    background-color:#8CDBA0;
}
#landingGraphContainer{
    height:160px;
    padding: 0px 13px 0 10px;
}
.tableMarketPrices{
    padding: 13px 13px 0 15px;
}
```

8. 最后，将两个新图片（资料图片）添加到 `cloudstreetmarketwebapp\src\main\webapp\img` 目录中。

9. 动态调整浏览器窗口大小，看看 `http://localhost:8080/portal/index` 的渲染效果。你会看到一个响应式且适应窗口大小的显示结果，如下图所示。

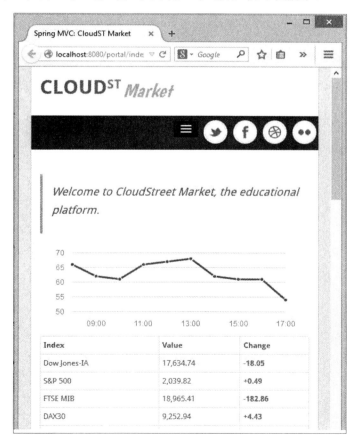

## 说明

为了理解 Bootstrap 部署结构，这里回顾一下如何将其作为一个预先设计好的主题进行安装。接下来会探讨 Bootstrap 框架的一些关键特性（不仅仅是那些已经实现的特性），这是因为在一个单页面示例中，通常只会用到框架的少量特性。

### 主题安装

我们所获取的主题只不过是一个经典的静态主题，你可以在互联网上找到成千上万个主题，它们是由 Web 设计师制作并以免费或收费的形式发布的。我们所使用的主题由基本的 HTML 文件、一个 JS 目录、一个 CSS 目录以及一个 IMG 目录所构成。

主题的安装是非常直观的，只需将 JavaScript 文件、CSS 文件以及图片放到应用的相应目录下即可。

Bootstrap 的核心特性位于 `bootstrap.js`、`bootstrap.css` 及 `bootstrap-responsive.css` 中，不要直接修改这些文件。

### Bootstrap 亮点

实现的主题（FreeME）使用了 Bootstrap 2。下面回顾一下该模板所实现的以及项目所需要的一些特性。

#### Bootstrap 脚手架

Bootstrap 脚手架有助于根据一个栅格模型来设计 HTML 结构。后面将会介绍 Bootstrap 在这个主题上所采用的一些策略。

#### 栅格系统与响应式设计

Bootstrap 提供了一个样式框架来处理特定页面的栅格系统。关键点在于，默认情况下，栅格系统由 12 列构成，并且针对于 940px 宽的非响应式容器设计。

Bootstrap 的响应式特性由 `<meta name="viewport"...>` 标签以及导入的 `boostrap-responsive.css` 文件所激活，容器宽度可以从 724px 延伸到 1170px。

此外，当低于 767px 时，列将变成流式，并垂直堆叠起来。

这些 Bootstrap 规范定义了相当严格的约束，但 Bootstrap 以某种方式为其实现创建了易于理解的设计一致性。

对于我们的模板来说，视口元标签内容如下所示。

## 2 使用Spring MVC设计微服务架构

```
<meta name="viewport" content="width=device-width, initial-scale=1,
maximum-scale=1">
```

如果不熟悉这个标签，这里简单介绍一下。其主要目的是定义特定于设备的尺寸，根据这些尺寸来定义规则，针对于不同方向与不同设备进行内容渲染。绑定于样式定义的这些规则被称为媒体查询。可以在 **style.css** 文件中看到媒体查询的示例：

```
/* Higher than 960 (desktop devices)
=======================================================
============= */
@media only screen and (min-width: 960px) {
...
  #footer-menu {
    padding-left: 30px;
    padding-right: 30px;
    margin-left: -30px;
    margin-right: -30px;
  }
...
}
```

只有当设备宽度大于 960px 时，该媒体查询才会覆盖 id footer-menu 的样式。

### 定义列

为了在栅格系统中定义列，Bootstrap 要求使用标记为 row 类元素的 row div。接下来定义被自定义 span* 类元素标记的子 div，其中的 * 代表要处理的 12 列栅格的细分。

例如，考虑下图所示的两个可能的设计。

左侧的两列可通过如下 DOM 定义来渲染。

```
<div class="row">
  <div class="span4">...</div>
```

```
    <div class="span8">...</div>
</div>
```

右侧的两列可通过如下 DOM 定义来渲染。

```
<div class="row">
  <div class="span6">...</div>
  <div class="span6">...</div>
</div>
```

这样，欢迎页的栅格实际上就如下图所示。

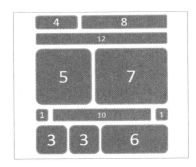

**偏移与嵌套**

偏移可以将一列移动一个或多个不可见的列宽度。例如，考虑如下代码片段。

```
<div class="row">
  <div class="span6">...</div>
  <div class="span4 offset2">...</div>
</div>
```

上述 DOM 定义对应于下图所示的列。

一列还可以嵌套进另一列中，从而重新定义了一个新行。新创建的列的总数必须与父列大小相对应。

```
<div class="row">
  <div class="span6">
    <div class="row">
      <div class="span2">...</div>
      <div class="span4">...</div>
    </div>
  </div>
</div>
```

#### 流式栅格

之前曾提到过,在 Boostrap 2 中,当宽度小于 767px 时,列将变成流式且垂直堆叠。模板栅格可以由静态改为流式的,只需将 .row 类改为 .row-fluid 即可。这时就不再使用固定像素的列了,转而使用百分比。

### Bootstrap CSS 辅助功能

Bootstrap 还提供了一些预先设计好的元素,例如按钮、图标、表格、表单以及一些辅助功能,来支持排版与图像显示。

#### 统一的按钮

可以通过 <a> 与 <button> 标签创建默认样式的按钮,只需添加 .btn 类元素。所创建的带有渐变效果的默认灰色按钮可以修改为不同的颜色。例如,在**默认情况**下,有如下组合:

- .btn .btn-primary:生成具有醒目效果的深蓝色按钮,用于标识出主要动作。
- .btn .btn-info:生成具有温和效果的蓝绿色按钮。
- .btn .btn-success:生成带有积极意味的绿色按钮。
- .btn .btn-warning:生成带有警告色彩的橙色按钮。
- .btn .btn-danger:生成带有危险意味的红色按钮。
- .btn .btn-inverse:生成带有白色文本的黑色按钮。
- .btn .btn-link:生成链接,同时保留按钮行为。

这些按钮的大小是可变的,只需添加 .btn-large、.btn-small 或 .btn-mini 类即可,如下图所示。

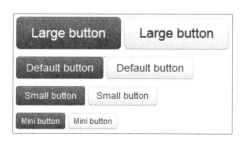

设置按钮的 disabled 属性会禁用该按钮。与之类似,可以通过添加 .disabled 类来禁用通过 <a> 标记的按钮。我们虽然还没有使用过按钮,不过现在介绍也是非常适合的,因为它是一个很棒的特性,很多时候都会用到。

#### 图标

Bootstrap 2 自带了 140 多个深灰色图标,由 Glyphicons 提供,如下图所示。

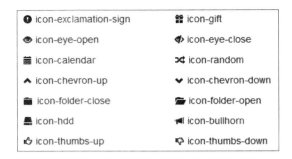

 这些图标通常都是收费的，不过作为 Bootstrap 产品的一部分而免费使用。Bootstrap 要求在使用时附带一个可选的反向链接指向 http://glyphicons.com。

所有这些图标可以通过使用 <i> 标签内的简单类从 DOM 中提取，例如 <i class="icon-search"></i>。

令人惊奇之处在于你可以将这些图标嵌入到每个适合的 Bootstrap 中。例如，这个按钮定义会生成下图所示的结果：<a class="btn btn-mini" href="#"><i class="icon-star"></i> Star</a>。

### 表格

我们之前已经为市场活动概览实现了一个 Bootstrap 表格，如下代码所示：

```
<table class="table table-hover table-condensed table-bordered
  table-striped">
  <thead>
    <tr><th>Index</th>
        <th>Value</th>
        <th>Change</th></tr>
  </thead>
  <tbody>
      <tr><td>...</td>
        <td>...</td>
        <td>...</td>
    </tr>
  </tbody>
</table>
```

就像我们使用自定义类来复写按钮类一样，我们定义了一个带有 .table 类的通用 Bootstrap

表格，接下来就可以使用如下自定义类了：

- `.table .table-hover`：在 `<tbody>` 中的表格行上启用悬停状态。
- `.table .table-condensed`：让表格更加紧凑。
- `.table .table-bordered`：向表格添加边框与圆角。
- `.table .table-striped`：向 `<tbody>` 中的表格行添加斑马条纹。

### Bootstrap 组件

框架中还有其他预先设计好的元素，我们称之为组件。组件有很多，例如下拉列表、按钮组、面包屑、分页、导航栏、标签与徽章、缩略图、警告、进度条等。下面介绍其中一部分。

#### 导航栏

Bootstrap 导航栏对基本的导航菜单提供了支持。在默认情况下，它们并不是固定于页面顶部的，必须将其放到 `.container` 中。代码如下所示：

```
<div class="navbar navbar-inverse">
  <div class="navbar-inner">
    ...
    <ul class="nav">
      <li class="active"><a href="index">Home</a></li>
      <li><a href="markets">Prices and markets</a></li>
      <li><a href="community">Community</a></li>
      <li><a href="sources">Sources</a></li>
      <li><a href="about">About</a></li>
      <li><a href="contact">Contact</a></li>
    </ul>
    ...
```

导航栏最基本的特性就是可激活的链接，如下图所示。

上述示例可通过如下 DOM 定义来实现：

```
<ul class="nav">
    <li class="active"><a href="#">Home</a></li>
    <li><a href="#">Link</a></li>
</ul>
```

强烈建议读者阅读 Bootstrap 文档，其中详细介绍了如何实现其他特性。例如，Bootstrap 提供了如下工具：

- 表单元素，例如输入框、搜索框与提交按钮。

- 不同的定位变化，例如固定到顶端（.navbar-fixed-top）、固定到底部（.navbar-fixed-bottom），随着页面一起滚动的导航栏（.navbar-static-top）。
- 可折叠的响应式导航栏（.nav-collapse.collapse），能够节省页面空间。借助于 data-toggle HTML5 属性，可以实现动态处理而无须额外的 JavaScript 配置。

**Hero 单元**

在所提供的模板中定义了一个 Hero 单元。我们对其进行了稍许移动以适合自己的响应式需求。它是个轻量级、灵活的组件，能够展现出网站上的关键内容。

> Welcome to CloudStreet Market, the educational platform.

上述示例可通过如下 DOM 定义来实现：

```
<div class="hero-unit"><p>Welcome to CloudStreet Market, the
educational platform.</p></div>
```

**警告**

Bootstrap 警告可以快速为警告消息或其他上下文消息生成预先定义好的样式。Bootstrap 警告带有一个**可选**的关闭按钮（会隐藏警告而无须额外的 JavaScript 配置）。代码如下所示：

```
<div class="alert">
    <button type="button" class="close" data-dismiss="alert">&times;</
    button>
    <strong>Warning!</strong> Best check yo self, you're not looking
    too good.
</div>
```

上述定义会生成下图所示的输出。

> Warning! Best check yo self, you're not looking too good.          ×

警告是通过在 <div> 标签中使用类 .alert 来定义的，可以通过它来设置上下文的颜色，它还提供了额外的复写类，如 .alert-success、.alert-info 及 .alert-error 等。

**徽章与标签**

Bootstrap 标签非常适合于装饰内容，它们在渲染列表或表格方面尤为出色。下图列出了各种上下文场景。

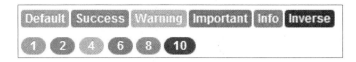

这里的标签是通过如下代码定义的：

```
<span class="label">Default</span>
<span class="label label-success">Success</span>
<span class="label label-important">Important</span>
…
```

徽章可以通过如下代码定义：

```
<span class="badge">1</span>
<span class="badge badge-warning">4</span>
<span class="badge badge-important">6</span>
…
```

### 扩展

相对于 Bootstrap 本身的内容来说，以上的介绍只能算是管中窥豹。重申一次，Bootstrap 官方文档写得非常棒，也非常容易理解。

请访问 http://getbootstrap.com 查看框架最新版的文档，访问 http://getbootstrap.com/2.3.2 可查看本书项目中所用的版本文档。

后续章节中将会实现更多的特性，并且会对重点内容进行讲解。

### 其他

如果喜欢 Bootstrap 并且想在项目中使用它，那就需要考虑 3.0 版了。

 Bootstrap 3 并不是直接向前兼容 Bootstrap 2，不过它实现了一个类似的栅格系统和一些差别不大的标记。

- **Bootstrap 3 新特性**：下面是从 Bootstrap 2 到 Bootstrap 3 的一些重要变化。
- **新的扁平化设计**：新的设计中，按钮、导航栏与其他菜单上不再使用 3D 与纹理了，它们让位于全新的扁平化风格，不再有渐变。当然，这也是与全球的设计趋势保持一致。
- **列名 span\* 被重命名为 col-\***：除了不再使用 row-fluid 类以减少混淆外（现在，所有行自动就是流式的了），列名模式也进行了改造，确保一致性。
- **移动优先**：框架的响应式特性现在被放到了 bootstrap.js 与 bootstrap.css 文件中（不再有 bootstrap-responsive.js 和 bootstrap-responsive.css 了）。现在可以通过一组新的特定于设备的类来直接从 DOM 进行媒体查询了。

# 使用JSTL在视图中显示模型

本节将会介绍如何通过数据来填充 Spring MVC 视图，以及如何在视图中渲染这些数据。

## 准备

现在，我们还没有任何数据可以在视图中显示。出于这一目的，我们创建了三个 DTO 和两个服务层，并将其接口注入控制器。

这里有两个假的服务实现，其目的在于生成一些假数据。我们使用 Java Server Tags Library（JSTL）与 JSP Expression Language（JSP EL）在 JSP 的正确位置处渲染服务端数据。

## 实现

1. 检出 v2.x.x 分支后（见上一节），几个新组件现在能够显示在 **cloudstreetmarket-core** 模块中：两个接口、两个实现、一个枚举和三个 DTO。代码如下所示：

   ```java
   public interface IMarketService {
     DailyMarketActivityDTO getLastDayMarketActivity(String string);
     List<MarketOverviewDTO> getLastDayMarketsOverview();
   }
       public interface ICommunityService {
       List<UserActivityDTO> getLastUserPublicActivity(int number);
   }
   ```

   如你所见，它们引用了三个已创建的 DTO：

   ```java
   public class DailyMarketActivityDTO {
     String marketShortName;
     String marketId;
     Map<String, BigDecimal> values;
     Date dateSnapshot;
     ... //and constructors, getters and setters
   }
   public class MarketOverviewDTO {
     private String marketShortName;
     private String marketId;
     private BigDecimal latestValue;
     private BigDecimal latestChange;
     ... //and constructors, getters and setters
   }
   public class UserActivityDTO {
     private String userName;
     private String urlProfilePicture;
     private Action userAction;
   ```

```
    private String valueShortId;
    private int amount;
    private BigDecimal price;
    private Date date;
    ... //and constructors, getters and setters
}
```

最后一个 DTO 引用了 Action 枚举：

```
public enum Action {
  BUY("buys"), SELL("sells");
  private String presentTense;
    Action(String present){
  presentTense = present;
  }
    public String getPresentTense(){
    return presentTense;
  }
}
```

此外，之前在 cloudstreetmarket-webapp 中创建的 DefaultController 被修改成了下面这样：

```
@Controller
public class DefaultController {
  @Autowired
  private IMarketService marketService;
  @Autowired
  private ICommunityService communityService;
  @RequestMapping(value="/*",
  method={RequestMethod.GET,RequestMethod.HEAD})
  public String fallback(Model model) {
    model.addAttribute("dailyMarketActivity",
      marketService.getLastDayMarketActivity("GDAXI"));
    model.addAttribute("dailyMarketsActivity",
      marketService.getLastDayMarketsOverview());
    model.addAttribute("recentUserActivity",
      communityService.getLastUserPublicActivity(10));
    return "index";
  }
}
```

下面是两个虚拟实现：

```
@Service
public class DummyMarketServiceImpl implements
  IMarketService {
    private DateTimeFormatter formatter =
```

```java
        DateTimeFormatter.ofPattern("yyyy-MM-dd HH:mm");
    public DailyMarketActivityDTO
    getLastDayMarketActivity(String string){
    Map<String, BigDecimal> map = new HashMap<>();
    map.put("08:00", new BigDecimal(9523));
    map.put("08:30", new BigDecimal(9556));
    ...
    map.put("18:30", new BigDecimal(9758));
    LocalDateTime ldt = LocalDateTime.parse("2015-04-10 17:00", formatter);
    return new DailyMarketActivityDTO("DAX 30","GDAXI",
      map, Date.from(ldt.toInstant(ZoneOffset.UTC)));
  }
    @Override
  public List<MarketOverviewDTO>
    getLastDayMarketsOverview() {
      List<MarketOverviewDTO> result = Arrays.asList(
      new MarketOverviewDTO("Dow Jones-IA", "DJI", new
        BigDecimal(17810.06), new BigDecimal(0.0051)),
      ...
      new MarketOverviewDTO("CAC 40", "FCHI", new
        BigDecimal(4347.23), new BigDecimal(0.0267))
    );
    return result;
  }
}
  @Service
public class DummyCommunityServiceImpl implements
    ICommunityService {
  private DateTimeFormatter formatter =
  DateTimeFormatter.ofPattern("yyyy-MM-dd HH:mm");
    public List<UserActivityDTO>
    getLastUserPublicActivity(int number){
      List<UserActivityDTO> result = Arrays.asList(
      new UserActivityDTO("happyFace8", "img/younglad.
        jpg", Action.BUY, "NXT.L", 6, new
        BigDecimal(3), LocalDateTime.parse("2015-04-10 11:12", formatter)),
      ...
       new UserActivityDTO("userB", null, Action.BUY,
        "AAL.L", 7, new BigDecimal(7),
        LocalDateTime.parse("2015-04-10 13:29", formatter))
      );
    return result;
  }
}
```

修改 index.jsp，在 **graph container** 下添加如下内容：

```
<div class='morrisTitle'>
  <fmt:formatDate
    value="${dailyMarketActivity.dateSnapshot}"
    pattern="yyyy-MM-dd"/>
</div>
<select class="form-control centeredElementBox">
  <option value="${dailyMarketActivity.marketId}">
    ${dailyMarketActivity.marketShortName}
  </option>
</select>
```

市场概览表，特别是主体部分，已添加：

```
<c:forEach var="market" items="${dailyMarketsActivity}">
  <tr>
    <td>${market.marketShortName}</td>
    <td style='text-align: right'>
      <fmt:formatNumber type="number" maxFractionDigits="3"
        value="${market.latestValue}"/>
    </td>
    <c:choose>
      <c:when test="${market.latestChange >= 0}">
      <c:set var="textStyle" scope="page" value="text-success"/>
      </c:when>
      <c:otherwise>
        <c:set var="textStyle" scope="page"
          value="text-error"/>
      </c:otherwise>
    </c:choose>
      <td class='${textStyle}' style='text-align: right'>
        <b><fmt:formatNumber type="percent" maxFractionDigits="2"
          value="${market.latestChange}"/>
      </b>
    </td>
  </tr>
</c:forEach>
```

添加容纳社区活动的容器：

```
<c:forEach var="activity" items="${recentUserActivity}">
  <c:choose>
    <c:when test="${activity.userAction == 'BUY'}">
     <c:set var="icoUpDown" scope="page" value="ico-up-arrow
       actionBuy"/>
    </c:when>
    <c:otherwise>
      <c:set var="icoUpDown" scope="page" value="ico-down- arrow
        actionSell"/>
```

```
        </c:otherwise>
      </c:choose>
      <c:set var="defaultProfileImage" scope="page" value=""/>
      <c:if test="${activity.urlProfilePicture == null}">
      <c:set var="defaultProfileImage" scope="page" value="ico-user"/>
      </c:if>
    <li>
    <div class="itemTitle">
      <div class="listUserIco ${defaultProfileImage}">
        <c:if test="${activity.urlProfilePicture != null}">
      <img src='${activity.urlProfilePicture}'>
</c:if>
</div>
  <span class="ico-white ${icoUpDown}
    listActionIco"></span>
<a href="#">${activity.userName}</a>
${activity.userAction.presentTense} ${activity.amount}
  <a href="#">${activity.valueShortId}</a>
  at $${activity.price}
    <p class="itemDate">
      <fmt:formatDate value="${activity.date}" pattern="dd/MM/yyyy
      hh:mm aaa"/>
    </p>
    </div>
    </li>
</c:forEach>
```

在文件最后，硬编码的 JavaScript 数据现在由来自于服务端的数据进行填充：

```
<script>
  var financial_data = [];
  <c:forEach var="dailySnapshot"
    items="${dailyMarketActivity.values}">
  financial_data.push({"period": '<c:out
    value="${dailySnapshot.key}"/>', "index": <c:out
    value='${dailySnapshot.value}'/>});
  </c:forEach>
</script>
<script>
  $(function () {
    Morris.Line({
      element: 'landingGraphContainer',
      hideHover: 'auto', data: financial_data,
      ymax: <c:out
        value="${dailyMarketActivity.maxValue}"/>,
      ymin: <c:out
```

```
            value="${dailyMarketActivity.minValue}"/>,
        pointSize: 3, hideHover:'always',
        xkey: 'period', xLabels: 'month',
        ykeys: ['index'], postUnits: '',
        parseTime: false, labels: ['Index'],
        resize: true, smooth: false,
        lineColors: ['#A52A2A']
    });
});
</script>
```

### 说明

这些修改并不会对 UI 进行多少改进,但是实现了视图层的数据供给。

### 数据处理方法

下面回顾一下服务端的数据供给实现。

#### 通过接口注入服务

预测应用需要为网页提供动态数据,因此我们将两个服务层 marketService 与 communityService 注入控制器中。问题在于我们并没有一个合适的数据访问层(第 4 章将会对此进行介绍)。不过,我们需要将控制器与后端数据连接起来以渲染网页内容。

连接控制器需要与服务层保持松耦合。本章采用了创建假服务实现(Dummy Service Implementations)的方法,设计这种连接时使用了接口。接下来通过 Spring 在服务依赖中注入了期望的实现,其类型与相关的接口保持一致。

```
@Autowired
private IMarketService marketService;
@Autowired
private ICommunityService communityService;
```

注意上面的 IMarketService 与 ICommunityService,这里并没有写成 DummyCommunityServiceImpl 与 DummyMarketServiceImpl。否则,在切换到真正的实现时,就只能绑定到这些类型上了。

#### Spring 如何选择虚拟实现

Spring 在 **cloudstreetmarket-core** 上下文文件 csmcore-config.xml 中选择这些实现。我们之前定义了这些 Bean:

```
<context:annotation-config/>
<context:component-scan base-package="edu.zipcloud.cloudstreetmarket.core" />
```

Spring 会扫描与包 edu.zipcloud.cloudstreetmarket.core 相匹配的所有类型，从中找出构造型（stereotype）与配置注解。

按照相同的方式，`DefaultController` 使用 `@Controller` 注解进行标记，两个虚拟实现类使用 `@Service` 来标记，这是个 Spring 构造型。在检测到的构造型与 bean 中，虚拟实现是唯一可用于注入配置的。

```
@Autowired
private IMarketService marketService;

@Autowired
private ICommunityService communityService;
```

每个字段只有一个匹配项，Spring 会在没有任何额外配置的情况下选择它们。

### 用于视图层的 DTO

我们使用 DTO 在 JSP 中获取变量。在同时维护多个 Web 服务版本时，公开的 DTO 是非常有用的。更为普遍的是，当目标与指向对象存在显著差异时，应该实现 DTO。

我们将在以后实现**实体**（Entities）。建议不要在渲染或特定于版本的逻辑中使用这些实体，而是将其推迟到专门针对此目的的层中。

然而，要特别说明的是，创建 DTO 层会产生与类型转换相关的大量样板代码（影响两端、其他层以及测试等）。

### 假服务实现

`DummyMarketServiceImpl` 实现的 `getLastDayMarketActivity` 方法构建了一个活动映射（由静态的每日时间及对应的市场指标值构成）。它返回了一个新的 `DailyMarketActivityDTO` 实例（通过该映射构建），它最终是个包装器，承载着某一市场或指标（例如 DAX 30）的每日活动信息。

`getLastDayMarketsOverview` 方法返回一个 `MarketOverviewDTOs` 列表，它也是通过硬编码数据构建的，模拟了几个市场（指标）的每日活动概况。

`DummyCommunityServiceImpl` 实现的 `getLastUserPublicActivity` 方法返回一个 `UserActivityDTO` 实例列表，它模拟了最后 6 个登录用户的活动。

### 在控制器中装配模型

本章前面提出了可能的方法处理程序参数，我们已经了解到它可以作为参数注入模型。该模型可以使用方法中的数据来填充，然后透明地传递给期望的视图。

这正是我们在 `fallback` 方法处理程序中所做的。我们将服务层的三个结果传递给了三个变量，`dailyMarketActivity`、`dailyMarketsActivity` 与 `recentUserActivity`，这样就可以在视图中使用它们了。

### 使用 JSP EL 渲染变量

我们可以通过 JSP Expression Language 访问存储在 JavaBeans 组件中的应用数据。访问变量使用 ${…} 符号，例如 ${recentUserActivity} 和 ${dailyMarketActivity.marketShortName}，即 JSP EL 表达式。

在访问对象的属性时（例如 marketShortName 或 dailyMarketActivity），要记住的重要一点是对象所属的类必须为目标属性提供 JavaBeans 标准 getter。

换句话说，dailyMarketActivity.marketShortName 引用的是 MarketOverviewDTO 类中的如下方法：

```
public String getMarketShortName() {
  return marketShortName;
}
```

#### 隐式对象

JSP EL 提供了一些隐式对象，可作为 JSP 中的快捷方式使用，无须任何声明或在模型中进行预填充。在这些隐式对象中，不同作用域 pageScope、requestScope、sessionScope 与 applicationScope 反映了相关作用域中的属性映射。

例如，参见如下属性：

```
request.setAttribute("currentMarket", "DAX 30");
request.getSession().setAttribute("userName", "UserA");
request.getServletContext().setAttribute("applicationState", "FINE");
```

可以在 JSP 中通过如下方式访问：

```
${requestScope["currentMarket"]}
${sessionScope["username"]}
${applicationScope["applicationState"]}
```

其他一些有用的隐式对象包括：请求头映射 header（用法是 ${header["Accept-Encoding"]}）、请求 cookie 映射 cookies（用法是 ${cookie["SESSIONID"].value}）、请求参数映射 param（用法是 ${param["paramName"]}），以及上下文初始化参数映射（来自 web.xml）initParam（用法是 ${initParam["ApplicationID"]}）。

最后，JSP EL 提供了几个基本的运算符：

- **算数运算符**：+、-（二元运算符）、*、/ 与 div、% 与 mod，及 -（一元运算符）。
- **逻辑运算符**：and、&&、or、|| 、not 与 !。
- **关系运算符**：==、eq、!=、ne、<、lt、>、gt、<=、ge、>= 与 le。（比较运算可以用于与其他值进行比较，或者 Boolean、String、整型，以及浮点型常量。）

- **空**：空运算符是个前缀运算符，可用于确定某个值是否为 null 或为空。
- **条件**：A ? B : C。（根据 A 的求值结果来计算 B 或 C。）

以上运算符说明摘自 JavaEE 5 指南。

### 使用 JSTL 渲染变量

JSP Standard Tag Library（JSTL，JSP 标准标签库）是一个针对 JSP 页面的工具集合。它并非 Java Web 的全新特性，不过依然得到了应用。

在需要显示逻辑关系时，或需要在视图层格式化数据以及构建层次结构时，最常使用的标签可能就是 Core 与 I18N 了。

| 范围 | 功能 | 标签 | 说明 |
| --- | --- | --- | --- |
| Core | 变量支持 | c:set<br>c:remove | 在作用域中设置或取消设置一个变量 |
| | 流程控制 | c:choose<br>　　c:when<br>　　c:otherwise | 实现条件块 IF/THEN/ELSE |
| | | c:if | 实现条件块 IF |
| | | c:forEach | 迭代集合类型 |
| | | c:forTokens | 迭代标记，通过提供的分隔符进行分割 |
| | URL 管理 | c:import<br>　　c:param | 解析 URL，将其内容导入页面、变量（var）或变量读取器（varReader）。可以通过 param 向底层资源传递参数 |
| | | c:redirect<br>　　c:param | 重定向 URL，可以传递参数 |
| | | c:url<br>　　c:param | 创建 URL，可以指定参数 |
| | 其他 | c:catch | 捕获块中抛出的异常 |
| | | c:out | 获取一个表达式或变量 |

## 2 使用Spring MVC设计微服务架构

续表

| 范围 | 功能 | 标签 | 说明 |
|---|---|---|---|
| I18N | 区域设置 | fmt:setLocale<br>fmt:requestEncoding | 在特定的作用域中存储区域设置<br>设置页面 HTTP 请求的编码类型 |
| | 消息 | fmt:bundle<br>fmt:message<br>    fmt:param<br>fmt:setBundle | 设置特定标签或作用域的绑定<br>获取消息、输出其内容、传递可选参数 |
| | 数字与日期格式化 | fmt:formatNumber<br>fmt:formatDate<br>fmt:parseDate<br>fmt:parseNumber<br>fmt:setTimeZone<br>fmt:timeZone | 以不同格式输出不同内容。传递日期与数字<br>为特定的标签与作用域设置时区 |

上面只列出了 JSTL 的部分功能，访问 Java EE 指南可以了解更多信息：

http://docs.oracle.com/javaee/5/tutorial/doc/bnakc.html

**JSP 标签库指令**

如果打算使用上述标签，那么首先需要将适合的指令包含进 JSP 页面中：

```
<%@ taglib uri="http://java.sun.com/jsp/jstl/core" prefix="c" %>
<%@ taglib uri="http://java.sun.com/jsp/jstl/fmt" prefix="fmt" %>
```

## 其他

### JSP EL 延伸

JSP EL 的特性还有很多，请阅读 Oracle 指南了解详情：

http://docs.oracle.com/javaee/5/tutorial/doc/bnahq.html

### JavaBeans 标准延伸

前面在使用 JSP EL 时提到了 JavaBeans 标准，可以通过 Oracle 指南了解关于 JavaBeans 的更多信息：

http://docs.oracle.com/javaee/5/tutorial/doc/bnair.html

### JSTL 延伸

如前所述，可以通过 Java EE 指南了解关于 JSTL 模块的更多信息：

http://docs.oracle.com/javaee/5/tutorial/doc/bnakc.html

## 定义通用WebContentInterceptor

在本节中,重点介绍如何为控制器实现一个 WebContentInterceptor 父类(superclass,也称超类)。

### 准备

我们要创建一个控制器父类,并将其注册为 WebContentInterceptor。该父类可以全局控制会话并管理缓存选项。这有助于我们通过框架和其他潜在的拦截器理解请求生命周期。

### 实现

1. 注册一个默认的 WebContentInterceptor,可以通过如下方法完成其特定配置。

```
<mvc:interceptors>
  <bean id="webContentInterceptor"
  class="org.sfw.web.servlet.mvc.WebContentInterc eptor">
    <property name="cacheSeconds" value="0"/>
    <property name="requireSession" value="false"/>
    ...
  </bean>
<mvc:interceptors>
```

 在我们的应用中,注册了自定义的 WebContentInterceptors 来覆盖默认行为。

2. 在代码库中(依然是之前检出的 v2.x.x 分支),cloudstreetmarket-api 有一个新的 CloudstreetApiWCI 类。

```
public class CloudstreetApiWCI extends
  WebContentInterceptor {
  public CloudstreetApiWCI(){
    setRequireSession(false);
    setCacheSeconds(0);
  }
  @Override
  public boolean preHandle(HttpServletRequest request,
    HttpServletResponse response, Object handler) throws
    ServletException {
      super.preHandle(request, response, handler);
      return true;
  }
  @Override
  public void postHandle(HttpServletRequest request,
```

```
    HttpServletResponse response, Object handler, ModelAndView
    modelAndView) throws Exception {
  }
  @Override
  public void afterCompletion(HttpServletRequest request,
    HttpServletResponse response, Object handler, Exception
    ex) throws Exception {
  }
}
```

3. cloudstreetmarket-webapp 中还有一个类似的 CloudstreetWebAppWCI。

```
public class CloudstreetWebAppWCI extends
  WebContentInterceptor {
  public CloudstreetWebAppWCI(){
    setRequireSession(false);
    setCacheSeconds(120);
    setSupportedMethods("GET","POST", "OPTIONS", "HEAD");
  }
  @Override
  public boolean preHandle(HttpServletRequest request,
    HttpServletResponse  response, Object handler) throws
    ServletException {
      super.preHandle(request, response, handler);
      return true;
  }
  @Override
  public void postHandle(HttpServletRequest request,
    HttpServletResponse response, Object handler,
    ModelAndView   modelAndView) throws Exception {
  }
  @Override
  public void afterCompletion(HttpServletRequest request,
  HttpServletResponse response, Object handler, Exception
  ex) throws Exception {
  }
}
```

4. 在 cloudstreetmarket-webapp 中，DefaultController 与 InfoTagController 现在都继承自 CloudstreetWebAppWCI。

```
public class InfoTagController extends CloudstreetWebAppWCI {
...
}
public class DefaultController extends CloudstreetWebAppWCI {
...
}
```

5. 在 **cloudstreetmarket-webapp** 中，`dispatcher-context.xml` 上下文文件注册了拦截器。

```
<mvc:interceptors>
  <bean class="edu.zc...controllers.CloudstreetWebAppWCI">
    <property name="cacheMappings">
      <props>
        <prop key="/**/*.js">86400</prop>
        <prop key="/**/*.css">86400</prop>
        <prop key="/**/*.png">86400</prop>
        <prop key="/**/*.jpg">86400</prop>
      </props>
    </property>
  </bean>
</mvc:interceptors>
```

6. 在 **cloudstreetmarket-api** 的 `dispatcher-context.xml` 中注册了另一个拦截器。

```
<mvc:interceptors>
  <bean class="edu.zc...controllers.CloudstreetApiWCI"/>
</mvc:interceptors>
```

7. 最后，在这两个 `dispatcher-context.xml` 中，为 RequestMappingHandlerAdapter Bean 注入 `synchronizeOnSession` 属性。

```
<bean class="org.sfw...annotation.RequestMappingHandlerAdapter">
    <property name="synchronizeOnSession" value="true"/>
</bean>
```

### 说明

在每个 Web 模块中，我们都为控制器创建一个父类。例如，在 **cloudstreetmarket-webapp** 模块中，`InfoTagController` 与 `DefaultController` 现在都继承自 `CloudstreetWebAppWCI` 父类。

### 控制器通用行为

除了 `WebContentInterceptor` 的功能外，如果与配置（应用或业务）相关，那么更好的做法是在控制器间共享通用的逻辑与属性，目的是避免创建另一个服务层。稍后会通过具体实现来说明这是定义用户上下文的绝佳位置。

`WebContentInterceptor` 通过其 `WebContentGenerator` 父类提供了一些很棒的用于请求与会话管理的工具，稍后会介绍。作为拦截器，必须先注册，这正是我们在上下文文件中添加两个 `<mvc:interceptors>` 的原因所在。

### 全局会话控制

`WebContentInterceptor` 会处理请求，它提供了用于控制应用该如何响应 HTTP 会话的能力。

### 请求会话

`WebContentInterceptor` 通过 `WebContentGenerator` 提供了 `setRequireSession(boolean)` 方法，这样在处理请求时可以决定是否需要会话。

如果没有会话绑定到请求上（例如会话过期了），控制器就会抛出 `SessionRequiredException` 异常。在这种情况下，定义一个全局的 `ExceptionHandler` 是比较好的做法。在构建 REST API 时，我们会创建一个全局异常映射。在默认情况下，会话不是必需的。

### 同步会话

另一个有趣的特性是 `synchronizeOnSession` 属性，前面已经在 `RequestMappingHandlerAdapter` 定义中将其设为 `true`。当设为 `true` 时，会话对象会被序列化，对其的访问是在一个同步块中进行的。这样就可以实现对相同会话的并发访问了，并且能够避免使用多个浏览器窗口或页签时可能会出现的问题。

### Cache 头管理

借助我们在构建 `CloudstreetWebAppWCI` 与 `CloudstreetApiWCI` 时所用的 `setCacheSeconds(int)` 方法，`WebContentInterceptor` 与 `WebContentGenerator` 可以管理一系列与缓存相关的响应头。如果设为 0，会在响应中添加额外的头，例如 **Pragma**、**Expires** 及 **Cache-control** 等。

我们还在配置级别定义了针对静态文件的自定义缓存：

```
<props>
  <prop key="/**/*.js">86400</prop>
  <prop key="/**/*.css">86400</prop>
  <prop key="/**/*.png">86400</prop>
  <prop key="/**/*.jpg">86400</prop>
</props>
```

所有的静态资源都会通过这种方式缓存 24 小时，这要归功于本地 `WebContentInterceptor.preHandle` 方法。

## HTTP 方法支持

我们还对 HTTP 方法定义了高层次的限制，可以在控制器级别通过 `@RequestMapping` 方法属性对其进行限制。访问被禁止的方法会导致 405 HTTP 错误：`Method not supported`。

### 高层次拦截器

在 `dispatcher-context.xml` 的拦截器注册部分，我们并未对要操纵的拦截器定义路径映射。这是因为在默认情况下，Spring 会将双通配符 `/**` 应用到这种独立的拦截器定义上。

并不是因为我们让 `DefaultController` 扩展了一个拦截器，拦截器才会作用于控制器

@RequestMapping 的路径上。拦截器的注册只能通过配置文件进行。如果需要修改路径映射，可以通过如下方式复写注册信息：

```xml
<mvc:interceptors>
  <mvc:interceptor>
    <mvc:mapping path="/**"/>
    <bean class="edu.zc.csm.portal...CloudstreetWebAppWCI">
      <property name="cacheMappings">
        <props>
          <prop key="/**/*.js">86400</prop>
          <prop key="/**/*.css">86400</prop>
          <prop key="/**/*.png">86400</prop>
          <prop key="/**/*.jpg">86400</prop>
        </props>
      </property>
    </bean>
  </mvc:interceptor>
</mvc:interceptors>
```

我们还复写了 WebContentInterceptor 的 preHandle、postHandle 与 afterCompletion 方法，这样就可以在控制器请求处理前后定义与操作相关的通用业务了。

**请求生命周期**

贯穿于拦截器，每个请求都会根据如下生命周期进行处理：

- 准备请求上下文
- 定位控制器的处理程序
- 执行拦截器的 preHandle 方法
- 调用控制器的处理程序
- 执行拦截器的 postHandle 方法
- 处理异常
- 处理视图
- 执行拦截器的 afterCompletion 方法

为了更好地理解这个过程，特别是出现异常时的处理，可以研读下图所示的工作流程图。

## 2 使用Spring MVC设计微服务架构

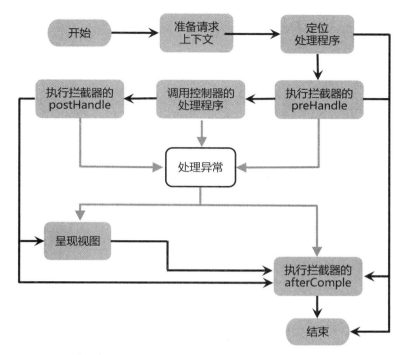

引用自：Spring And Hibernate，Santosh Kumar K

从上图中可以看到：

- 如果所有拦截器的 `preHandle` 方法没有抛出异常，那么控制器处理程序就会被调用。
- 当控制器处理程序执行完毕并且没有抛出异常，同时前面拦截器的 `postHandler` 方法没有抛出异常，那么该拦截器的 `postHandler` 方法就会被调用。
- 如果前面拦截器的 `afterCompletion` 没有抛出异常，那么该拦截器的 `afterCompletion` 总会被调用。

显然，如果没有注册拦截器，那么上述过程依然适用，只不过省略掉拦截器相关的执行步骤。

### 扩展

关于 `WebContentGenerator` 类，这里多介绍一下。

#### WebContentGenerator 更多特性

`WebContentGenerator` 是 `WebContentInterceptor` 的父类。在 JavaDoc 的页面（http://docs.spring.io/spring/docs/current/javadoc-api/org/springframework/web/servlet/

Spring MVC 实战

support/WebContentGenerator.html）上可以看到如下说明：
- 三个常量（String）METHOD_GET、METHOD_POST 与 METHOD_HEAD 分别表示 GET、POST 与 HEAD 值。
- 一些与缓存相关的方法，如 setUseExpiresHeader、setUseCacheControlHeader、setUseCacheControlNoStore、setAlwaysMustRevalidate 与 preventCaching。

此外，通过 WebApplicationObjectSupport，WebContentGenerator 还提供了以下功能：
- 通过 getServletContext() 直接访问 ServletContext，而无须请求和响应对象。
- 通过 getTempDir() 访问 Servlet 容器提供的、当前 Web 应用的临时目录。
- 通过 getWebApplicationContext() 访问 WebApplicationContext。
- 此外，还提供了一些工具来设置和初始化 ServletContext 与 WebApplicationContext，虽然这些工具一开始旨在由框架内部所用。

## 其他

前面快速学习了 Web 缓存，这个领域存在大量自定义的情况与标准。此外，Spring MVC 3.1 引入了新的 RequestMappingHandlerAdapter，理解这个变化还是很有帮助的。

### Web 缓存

可以通过下面这个全面的缓存指南了解关于 Web 缓存的更多信息：

https://www.mnot.net/cache_docs

### Spring MVC 3.1 引入的新 @RequestMapping 支持类

我们已在 dispatcher-context.xml 中使用过 RequestMappingHandlerAdapter 及其 Bean 定义了。这个 Bean 是 Spring MVC 3.1 的一个新特性，用于取代之前的 AnnotationMethodHandlerAdapter。此外，支持类 DefaultAnnotationHandlerMapping 现已被 RequestMappingHandlerMapping 取代。

本书第 4 章将会深入介绍 RequestMappingHandlerAdapter。

同时，也可以关注一下官方的变更声明：

http://docs.spring.io/spring-framework/docs/3.1.x/spring-frameworkreference/html/mvc.html#mvc-ann-requestmapping-31-vs-30

# 使用AngularJS设计客户端MVC模式

本节介绍如何安装和配置 AngularJS 来管理单页面 Web 应用。

## 2 使用Spring MVC设计微服务架构

### 准备

本节将会介绍如何不通过 JSP 中的渲染逻辑来构建 DOM，我们现在使用 AngularJS 完成相同的工作。

虽然现在还没有可供前端查询所用的 REST API，不过我们暂时通过 JSP 来构建所需的 JavaScript 对象，就好像它们是由 API 提供的一样。

AngularJS 是一个开源的 Web 应用框架，它对构建单页面应用提供了支持，而单页面应用可以直接适应微服务架构的要求。AngularJS 第 1 版发布于 2009 年，目前由 Google 和开源社区共同维护。

AngularJS 本身是个庞大的主题，作为框架，它既有深度，也有广度。对 AngularJS 的完整介绍超出了本书的范围，并不符合本书的目的。由于这个原因，本节打算重点介绍对应用有所帮助的框架细节与特性等信息。

### 实现

#### 创建 DOM 与模块

1. 还是基于之前检出的 v2.x.x 分支，在 index.jsp 页面中向 HTML 标签添加一个 Angular 指令。

   ```
   <HTML ng-app="cloudStreetMarketApp">
   ```

2. 将 AngularJS JavaScript 库（angular.min.js，下载自 https://angularjs.org）放到 cloudstreetmarket-webapp/src/main/webapp/js 目录中。

   在 index.jsp 页面中，向 landingGraphContainer 添加一个包装器 landingGraph-ContainerAndTools div，同时添加一个选择框和一个 ng-controller="homeFinan-cialGraphController"。

   ```
   <div id='landingGraphContainer' ngcontroller="
     homeFinancialGraphController">
       <select class="form-control centeredElementBox">
         <option value="${dailyMarketActivity.marketId}">
         ${dailyMarketActivity.marketShortName}</option>
       </select>
   </div>
   ```

   按照如下方式修改整个 tableMarketPrices div。

   ```
   <div id='tableMarketPrices'>
       <script>
         var dailyMarketsActivity = [];
         var market;
       </script>
   ```

```
      <c:forEach var="market"
        items="${dailyMarketsActivity}">
      <script>
        market = {};
        market.marketShortName = '${market.marketShortName}';
        market.latestValue =
          (${market.latestValue}).toFixed(2);
        market.latestChange =
          (${market.latestChange}*100).toFixed(2);
        dailyMarketsActivity.push(market);
      </script>
      </c:forEach>
<div>
<table class="table table-hover table-condensed tablebordered
  table-striped" data-ngcontroller='
  homeFinancialTableController'>
    <thead>
      <tr>
        <th>Index</th>
        <th>Value</th>
        <th>Change</th>
      </tr>
    </thead>
    <tbody>
        <tr data-ng-repeat="value in financialMarkets">
        <td>{{value.marketShortName}}</td>
        <td style="textalign:
          right">{{value.latestValue}}</td>
        <td class='{{value.style}}' style="textalign: right">
        <strong>{{value.latestChange}}%</strong>
        </td>
      </tr>
    </tbody>
  </table>
  </div>
</div>
```

接下来，修改 `<div id="divRss3">` div。

```
<div id="divRss3">
  <ul class="feedEkList" data-ngcontroller='
    homeCommunityActivityController'>
    <script>
      var userActivities = [];
      var userActivity;
    </script>
```

```
      <c:forEach var="activity"
        items="${recentUserActivity}">
      <script>
        userActivity = {};
        userActivity.userAction = '${activity.userAction}';
        userActivity.urlProfilePicture =
          '${activity.urlProfilePicture}';
        userActivity.userName = '${activity.userName}';
        userActivity.urlProfilePicture = '${activity.urlProfilePicture}';
        userActivity.date = '<fmt:formatDate ="${activity.date}"
          pattern="dd/MM/yyyy hh:mm aaa"/>';
        userActivity.userActionPresentTense =
          '${activity.userAction.presentTense}';
        userActivity.amount = ${activity.amount};
        userActivity.valueShortId = '${activity.valueShortId}';
        userActivity.price = (${activity.price}).toFixed(2);
        userActivities.push(userActivity);
      </script>
      </c:forEach>
    <li data-ng-repeat="value in communityActivities">
    <div class="itemTitle">
    <div class="listUserIco
      {{value.defaultProfileImage}}">
      <img ng-if="value.urlProfilePicture"
        src='{{value.urlProfilePicture}}'>
    </div>
    <span class="ico-white {{value.iconDirection}}
      listActionIco"></span>
      <a href="#">{{value.userName}}</a>
      {{value.userActionPresentTense}} {{value.amount}}
      <a href="#">{{value.valueShortId}}</a> at
        {{value.price}}
      <p class="itemDate">{{value.date}}</p>
      </div>
    </li>
  </ul>
</div>
```

图像生成部分不见了，被替换成了如下代码。

```
<script>
  var cloudStreetMarketApp =
    angular.module('cloudStreetMarketApp', []);
  var tmpYmax = <c:out
    value="${dailyMarketActivity.maxValue}"/>;
  var tmpYmin = <c:out
```

```
            value="${dailyMarketActivity.minValue}"/>;
</script>
```

图像生成部分被放到了三个自定义的 JavaScript 文件中，下面是其声明。

```
<script src="js/angular.min.js"></script>

<script src="js/home_financial_graph.js"></script>
<script src="js/home_financial_table.js"></script>
<script src="js/home_community_activity.js"></script>
```

接下来看看这三个自定义的 JavaScript 文件。

### 模块定义组件

1. 如前所述，三个自定义的 JavaScript 文件位于 cloudstreetmarket-webapp/src/main/webapp/js 目录中。
2. 第 1 个文件 home_financial_graph.js 与图形有关，它创建了一个工厂，其最终目的是拉取并提供数据。

```
cloudStreetMarketApp.factory("financialDataFactory",
  function () {
  return {
      getData: function (market) {
        return financial_data;
      },
      getMax: function (market) {
        return tmpYmax;
      },
      getMin: function (market) {
        return tmpYmin;
      }
    }
});
```

该文件还创建了一个控制器。

```
cloudStreetMarketApp.controller('homeFinancialGraphController',
  function ($scope, financialDataFactory){
  readSelectValue();
  drawGraph();
  $('.form-control').on('change', function (elem) {
    $('#landingGraphContainer').html('');
    readSelectValue()
    drawGraph();
  });
  function readSelectValue(){
    $scope.currentMarket = $('.form-control').val();
```

```
    }
    function drawGraph(){
      Morris.Line({
        element: 'landingGraphContainer',
        hideHover: 'auto',
        data:
          financialDataFactory.
          getData($scope.currentMarket),
        ymax:
          financialDataFactory.getMax($scope.currentMarket),
        ymin:
          financialDataFactory.getMin($scope.currentMarket),
        pointSize: 3,
        hideHover:'always',
        xkey: 'period', xLabels: 'time',
        ykeys: ['index'], postUnits: '',
        parseTime: false, labels: ['Index'],
        resize: true, smooth: false,
        lineColors: ['#A52A2A']
      });
    }
});
```

第2个文件home_financial_table.js与市场概览表格相关。就像home_financial_graph.js一样，它创建了一个工厂。

```
cloudStreetMarketApp.factory("financialMarketsFactory",
    function () {
    var data=[];
    return {
        fetchData: function () {
          return data;
        },
        pull: function () {
        $.each( dailyMarketsActivity, function(index, el ) {
          if(el.latestChange >=0){
            dailyMarketsActivity[index].style='text-success';
          }
          else{
            dailyMarketsActivity[index].style='text-error';
          }
        });
        data = dailyMarketsActivity;
      }
    }
});
```

home_financial_table.js 也有自己的控制器。

```
cloudStreetMarketApp.controller('homeFinancialTableController',
function ($scope, financialMarketsFactory){

    financialMarketsFactory.pull();

    $scope.financialMarkets =
      financialMarketsFactory.fetchData();
});
```

3. 第3个，也是最后一个文件，home_community_activity.js 与社区活动表格相关。它定义了一个工厂。

```
cloudStreetMarketApp.factory("communityFactory", function () {
  var data=[];
  return {
      fetchData: function () {
        return data;
      },
      pull: function () {

        $.each( userActivities, function(index, el ) {
        if(el.userAction =='BUY'){
          userActivities[index].iconDirection='ico-up-arrow actionBuy';
          }
          else{
          userActivities[index].iconDirection='ico-downarrow actionSell';
        }
        userActivities[index].defaultProfileImage='';
        if(!el.urlProfilePicture){
          userActivities[index].defaultProfileImage='icouser';
        }
        userActivities[index].price='$'+el.price;
        });
        data = userActivities;
        }
    }
});
```

下面是其控制器。

```
cloudStreetMarketApp.controller('homeCommunityActivityController',
  function ($scope, communityFactory){
    communityFactory.pull();
    $scope.communityActivities =
      communityFactory.fetchData();
});
```

## 2 使用Spring MVC设计微服务架构

> 说明
>
> 为了更好地理解 AngularJS 部署的运行方式,我们来看看 AngularJS 是如何启动的,以及 Angular 模块(app)是如何启动的。接下来,我们来看看 AngularJS 控制器与工厂,最后是 Angular 指令。

### 每个 HTML 文档一个应用

当 DOM 加载时,AngularJS 会自动初始化。

 文档对象模型(DOM)是用于与 HTML、XHTML 对象交互的跨平台约定。当浏览器加载一个网页时,它会为该网页创建一个文档对象模型。

AngularJS 会在 DOM 中查找 ng-app 声明,以便将模块绑定到 DOM 元素上并启动这个模块(autobootstrap)。对于每个 HTML 文档来说,只能有一个应用(或模块)自启动。如果需要的话,可以在每个文档中定义多个应用并手工启动它们。但 AngularJS 社区建议只将一个应用绑定到 HTML 或 BODY 标签上。

#### 模块自启动

我们的应用是自启动的,因为 HTML 标签引用了它:

```
<HTML ng-app="cloudStreetMarketApp">
```

另外,由于模块已被创建(直接在 HTML 文档的 <script> 元素中创建的):

```
var cloudStreetMarketApp= angular.module('cloudStreetMarketApp', []);
```

 注意模块创建中的空数组,可以将依赖注入模块中。稍后将会详细介绍 AngularJS 的依赖注入。

#### 手工启动模块

如前所述,我们可以手工启动应用,特别是在想要控制初始化流程,或是一个文档中有多个应用的情况下。代码如下所示。

```
angular.element(document).ready(function() {
    angular.bootstrap(document, ['myApp']);
});
```

### AngularJS 控制器

AngularJS 控制器是框架的核心部分,会监控前端的所有数据变化。控制器绑定到一个 DOM 元素,并且对应于界面上一个功能性和可见的区域。

现在,我们已经为市场图表、市场列表与社区活动定义了三个控制器。我们还需要为菜单和页脚元素定义控制器。

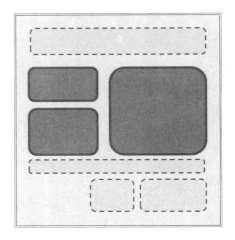

DOM 绑定是通过 ng-controller 指令实现的。

```
<div ng-controller="homeFinancialGraphController">
  <table data-ng-controller='homeFinancialTableController'>
  <ul data-ng-controller='homeCommunityActivityController'>
```

每个控制器都有一个作用域,该作用域会在控制器声明时作为函数参数传递进去。我们可以以对象的形式读取和修改它。

```
cloudStreetMarketApp.controller('homeCommunityActivityController',
function ($scope, communityFactory){
  ...
  $scope.communityActivities = communityFactory.fetchData();
  $scope.example = 123;
}
```

### 双向 DOM 作用域绑定

作用域会与控制器所绑定的 DOM 区域保持同步。AngularJS 管理着 DOM 与控制器作用域之间的双向数据绑定。这可能是最为重要的 AngularJS 特性。

 AngularJS 模型是控制器的作用域对象。与 Backbone.js 不同,Angular 中并没有真正的视图层,因为模型直接反映在 DOM 中。

可以使用 {{…}} 符号渲染 DOM 中的作用域变量内容。例如,在 DOM 中可以通过 {{example}} 来获取 $scope.example 变量。

## 2　使用Spring MVC设计微服务架构

### AngularJS 指令

指令也是 AngularJS 的一项重要特性，它们提供了直接与 DOM 绑定的能力。我们可以创建自己的指令，也可以使用内置的指令。

在本书中会尽可能多地介绍指令，下面先介绍一些目前已使用的。

#### ng-repeat

为了迭代 communityActivities 与 financialMarkets 集合，我们定义了一个局部变量名作为循环的一部分，而且每个条目都可以通过 {{…}} 符号单独访问。代码如下所示。

```html
<li data-ng-repeat="value in communityActivities">
  <div class="itemTitle">
    <div class="listUserIco {{value.defaultProfileImage}}">
     <img ng-if="value.urlProfilePicture"
       src='{{value.urlProfilePicture}}'>
    </div>
    ...
  </div>
</li>
```

#### ng-if

该指令可以根据条件删除、创建或重新建立整个 DOM 元素或 DOM 层次结构。

在下面的示例中，当用户没有使用自定义头像时，{{value.defaultProfileImage}} 变量会渲染 CSS 类 ".ico-user"（用于显示默认的通用图片）。当用户提供了头像时，系统会装配 value.urlProfilePicture 变量，因此满足了 ng-if 条件，在 DOM 中会创建 <img> 元素。代码如下所示。

```html
<div class="listUserIco {{value.defaultProfileImage}}">
  <img ng-if="value.urlProfilePicture"
    src='{{value.urlProfilePicture}}'>
</div>
```

### AngularJS 工厂

工厂用于获取新的对象实例。我们之前使用过工厂作为数据生成器，接下来还会使用它们来作为服务与控制器之间的服务协调器与中间层。服务会从服务端 API 中拉取数据。代码如下所示。

```
cloudStreetMarketApp.factory("communityFactory", function () {
  var data=[];
  return {
      fetchData: function () {
      return data;
```

97

```
          },
          pull: function () {
          $.each( userActivities, function(index, el ) {
            if(el.userAction =='BUY'){
              userActivities[index].iconDirection='ico-up-arrow actionBuy';
            }
            else{
              userActivities[index].iconDirection='ico-downarrow actionSell';
            }
            userActivities[index].defaultProfileImage='';
            if(!el.urlProfilePicture){
              userActivities[index].defaultProfileImage='icouser';
            }
            userActivities[index].price='$'+el.price;
          });
          data = userActivities;
          }
       }
});
```

在该工厂中,定义了两个函数——pull()与fetchData(),用于装配和获取数据。

```
cloudStreetMarketApp.controller('homeCommunityActivityController',
  function ($scope, communityFactory){
    communityFactory.pull();
    $scope.communityActivities = communityFactory.fetchData();
});
```

控制器加载后,会调用pull()与fetchData()将数据加载进$scope.communityActivities。这些操作只会执行一次。

> 我们的工厂作为依赖被注入控制器声明中:
>
> cloudStreetMarketApp.controller('homeCommunityActivityController',
> function ($scope, communityFactory)

### 依赖注入

在我们的工厂、控制器与模块定义中,使用了AngularJS的依赖注入来处理组件的生命周期和依赖。

AngularJS使用了一个注入器来执行配置好的注入。有三种依赖注入的方式,如下所述。

- 使用内联数组。

```
cloudStreetMarketApp.controller('homeCommunityActivityController',
  ['$scope', 'communityFactory', function ($scope, communityFactory){
```

```
    communityFactory.pull();
    $scope.communityActivities =
      communityFactory.fetchData();
}]);
```

- 使用 $inject 属性。

```
var homeCommunityActivityController = function ($scope,
communityFactory){
    communityFactory.pull();
    $scope.communityActivities = communityFactory.fetchData();
}
homeCommunityActivityController.$inject = ['$scope',
  'communityFactory'];
cloudStreetMarketApp.controller('homeCommunityActivityController',
homeCommunityActivityController);
```

- 使用隐式模式，根据函数参数名来注入。

```
cloudStreetMarketApp.controller('homeCommunityActivityController',
  function ($scope, communityFactory){
    communityFactory.pull();
    $scope.communityActivities = communityFactory.fetchData();
});
```

虽然我们大多数时候都在使用隐式模式和内联数组模式，不过值得注意的是，在使用 JavaScript 精简版时，无法使用隐式依赖注入模式。

## 其他

本节对 AngularJS 进行了简要介绍。当应用中用到了 REST API 并提供更多特性时，我们还会继续深挖 AngularJS 的特性。

AngularJS 现在越来越流行，其背后有着活跃的社区提供支持。其核心想法与实现基于显式的 DOM，针对与应用进行交互提供了全面且简单的方式。

AngularJS 的文档写得非常详尽：https://docs.angularjs.org。

网上也有不少教程和视频可供参考：

- http://www.w3schools.com/angular
- http://tutorials.jenkov.com/angularjs
- https://egghead.io

# 3

# Java持久化与实体

本章主要内容：
- 在 Spring 中配置 Java 持久化 API（JPA）
- 定义有用的 EJB3 实体和关系
- 使用 JPA 和 Spring Data JPA

## 引言

Java 持久化 API（JPA）是一项规范，自 2006 年（JPA 1.0）至 2013 年（JPA 2.1）由一个专家群体发布了多个版本。JPA 历来都是 EJB 3.0 规范的一部分，随 JEE5 发布。

除了 Enterprise JavaBeans（EJB）升级之外，JPA 几乎是一项彻底的重新设计。当时，对象关系映射解决方案（如 Hibernate）和 J2EE 应用服务器（如 WebSphere、JBoss）的领导者均参与其中，毫无疑问，整体的结果变得更加简单。各种类型的 EJB（有状态、无状态、实体）目前是简单 Java 对象（Plain Old Java Objects，POJO），具有许多以注解形式呈现的特定元数据。

## 实体的优势

实体在 EJB3 模型中起着关键作用。作为 POJO，可用于应用的各个层。

在理想情况下，实体代表业务域内可以识别的功能性单元。规范是一个实体代表数据库表中的一行。作为 POJO，实体可以依赖继承（IS-A 关系），具有属性（HAS-A 关系），与数据库模式的通常描述相同。通过这些关系，实体与其他实体建立了连接。这些连接使用 @Annotations 描述，形成实体元数据。

必须将实体视为数据库表中的一行，相当于应用中的元素。JPA 可将这一元素及其整个生态系统作为 Java 对象层次结构来操作，并这样持久化保存。

实体以令人惊异的方式推动了持久层（减少了需要维护的硬编码 SQL 查询的数量），同时简化了服务层和转换层。由于能够穿越各层（甚至在视图中使用），实体极大地驱动着应用中使用的特定领域的名称和概念（方法、类、属性）。实体间接地关注着核心要点，强行保持着应用概念与数据库概念之间的一致性。

从一开始便具有一个稳定、精心设计的架构显然是一个优势。

 JPA 在 UI 应用程序上呈现出惊人的性能和可维护性成果。然而，如果用于完成批量数据库操作，JPA 可能并不总是符合性能预期。有时比较明智的做法是考虑 JDBC 直接访问。

## 实体管理器及持久化上下文

前面已经提到，一个实体可与其他实体建立关系。为了能够在实体上进行操作（从数据库中读取、更新、删除与持久化），可以使用一个预生成 SQL 查询的底层 API。该 API 在持久化提供者（Hibernate、TopLink 等）中为 EntityManager。一旦它为应用程序加载了对象，便可以依靠它来管理应用的生命周期。

在继续学习之前我们还需要回顾有关 EntityManager 的一组概念。一旦 EntityManager 在数据库读取（显示或隐式）操作中得到实体实例，实体便被管理。通过整套托管实体的概念聚合，形成 JPA 持久化上下文。持久化上下文中始终只有一个通过标识符（@Id 或唯一 ID 类）加以辨别的实体实例。

如果实体由于某种原因而未被管理，就称其为游离的实体（可理解为从持久性上下文分离）。

## 在Spring中配置Java持久化API

前面已经学习了 JPA、JPA 的作用以及使用实体的优势，接下来着重介绍如何配置 Spring 应用对其进行处理。

### 准备

正如前面所说的，JPA 是一项规范，只需为应用选择一个符合标准的持久化提供者（Hibernate、OpenJPA、TopLink 等）或数据库提供者，没有特殊要求。

在 Spring 中通过定义 **DataSource** 和 **EntityManagerFactory** 这两个 Bean 完成 JPA 配置。然后，可选的 `Spring Data JPA` 库提供了 JPA 数据存储的抽象，这样能够大大简化一些数据库操作。

## 实现

1. 从 Eclipse 的 **Git Perspective** 中检出 v3.x.x 分支的最新版本。
2. 正如前文所述,我们已在 Spring 配置文件(core 模块内)csmcore-config.xml 中加入了若干 Bean:

```xml
<jpa:repositories base-package="edu.zc.csm.core.daos" />
<bean id="dataSource" class="org.sfw.jdbc.datasource.DriverManagerDataSource>
  <property name="driverClassName">
  <value>org.hsqldb.jdbcDriver</value>
  </property>
  <property name="url">
  <value>jdbc:hsqldb:mem:csm</value>
  </property>
  <property name="username">
  <value>sa</value>
  </property>
</bean>

<bean id="entityManagerFactory" class="org.sfw.orm.jpa.LocalContainerEntityManagerFactoryBean">
    <property name="persistenceUnitName" value="jpaData"/>
    <property name="dataSource" ref="dataSource" />
    <property name="jpaVendorAdapter">
    <beanclass="org.sfw.orm.jpa.vendor.
      HibernateJpaVendorAdapter"/>
    </property>
    <property name="jpaProperties">
    <props>
        <prop key="hibernate.dialect">
          org.hibernate.dialect.HSQLDialect
        </prop>
        <prop key="hibernate.show_sql">true</prop>
        <prop key="hibernate.format_sql">false</prop>
        <prop key="hibernate.hbm2ddl.auto">create-drop</prop>
        <prop key="hibernate.default_schema">public</prop>
    </props>
    </property>
</bean>
```

3. 最后,在父项目和核心项目中加入以下依赖:
    - org.springframework.data:spring-data-jpa (1.0.2.RELEASE)
    - org.hibernate.javax.persistence:hibernate-jpa-2.0-api (1.0.1.Final)
    - org.hibernate:hibernate-core (4.1.5.SP1)

加入这个依赖会导致 Maven Enforcer plugin 插件与 jboss-logging 之间的版本冲突。这也是 `jboss-logging` 被第三方库排除并被单独引用为一个依赖的原因：

- `org.hibernate:hibernate-entitymanager` (4.1.5.SP1)

因为 `jboss-logging` 也被这个第三方库排除，它现在被单独引用为一个依赖：

- `org.jboss.logging:jboss-logging` (3.1.0.CR1)
- `org.hsqldb:hsqldb` (2.3.2)
- `org.javassist:javassist` (3.18.2-GA)
- `org.apache.commons:commons-dbcp2` (2.0.1)

**说明**

下面将介绍三块配置内容：DataSource Bean、EntityManagerFactory Bean 和 Spring Data JPA。

### Spring 管理的 DataSource Bean

由于创建数据库连接是一个耗费时间的过程，尤其是通过网络层时，所以明智的做法是共享和重用打开的连接或连接池，`DataSource` 负责优化这些连接的使用。它是一项可扩展性指示元，并且是数据库与应用之间的一个高度可配置接口。

在我们的示例中，Spring 管理 DataSource 的方式与其他 Bean 的管理方式相同。DataSource 可通过应用创建，或者从 JNDI 查找中远程访问（如果选择放弃容器的连接管理）。在这两种情况下，Spring 将会管理已配置的 Bean，提供程序所需的代理。

在我们的示例中，还使用了 Apache Common DBCP 2 DataSource（2014 年发布）。

在运行环境中，切换到基于 JNDI 的 DataSource 是一个好主意，例如原生的 Tomcat JDBC 池。Tomcat 网站上清楚地表明在高并发系统上使用 Tomcat JDBC 池代替 DBCP1.x 会显著提升性能。

### EntityManagerFactory Bean 及其持久化单元

顾名思义，`EntityManagerFactory Bean` 生成实体管理器。EntityManagerFactory 的配置决定着实体管理器的行为。`EntityManagerFactory Bean` 的配置反映一个持久化单元的配置。在 Java EE 环境中，可在 `persistence.xml` 文件内定义和配置一个或多个持久化单元，该文件在应用程序归档文件中是唯一的。

在 Java SE 环境（本书示例情况）中，`persistence.xml` 文件对于 Spring 是可选的。`EntityManagerFactory Bean` 的配置几乎完全覆盖了持久化单元的配置。因此，持久性单元和

# Spring MVC 实战

EntityManagerFactory Bean 的配置既可以单独声明被覆盖的实体，也可以扫描程序包找出这些实体。

>  持久性单元可以被看成水平扩展生态系统中的子分区。产品可分解为各个功能区的 war（网络档案文件）。功能区可用持久性单元定界的实体选择来表示。重要的一点是避免创建重叠不同持久性单元的实体。

### Spring Data JPA 配置

我们现在要使用 Spring Data JPA 项目中一些非常有用的工具，这些工具旨在简化持久层的开发（和维护）。最有意思的工具大概是数据存储的抽象。你会发现，为某些数据库查询提供实现是可选的。如果符合声明中的标准，则仓库接口的实现会在运行时通过方法签名生成。

例如，Spring 将推断以下方法 signature 的实现（如果 User 实体具有 String userName 字段）：

**List<User> findByUserName(String username);**

在 Spring Data JPA 上的另一个 Bean 配置的扩展示例如下：

```
<jpa:repositories base-package="edu.zipcloud.cloudstreetmarket.core.daos"
    entity-manager-factory-ref="entityManagerFactory"
    transaction-manager-ref="transactionManager"/>
```

如上所示，Spring Data JPA 中含有一个自定义命名空间，使我们能够定义以下数据仓库 Bean。该命名空间的配置如下：

- 必须在该命名空间内提供 base-package 属性，以限制对于 Spring Data 仓库的查找。
- 如果在 ApplicationContext 中仅配置了一个 EntityManagerFactory Bean，则 entity-manager-factory-ref 属性是可选的。它显式连接 EntityManagerFactory，与检测到的仓库配用。
- 如果在 ApplicationContext 中仅配置了一个 PlatformTransactionManager Bean，则 transaction-manager-ref 属性也是可选的。它显式连接 PlatformTransactionManager，与检测到的仓库配用。

有关该配置的更多详细信息，请访问项目网站：

http://docs.spring.io/spring-data/jpa/docs/1.4.3.RELEASE/reference/html/jpa.repositories.html

### 其他

- **HikariCP DataSource**：HikariCP（源自 BoneCP）是一个开源 Apache v2 许可项目。与

其他 DataSource 相比，它的速度和可靠性更好。在选择 DataSource 时，也应该考虑该产品。欲了解更多相关信息，请访问 https://brettwooldridge.github.io/HikariCP。

## 定义有用的EJB3实体和关系

本节这个主题至关重要，因为一个设计良好的映射能够防止错误的产生，节省大量的时间，并对性能产生很大的影响。

### 准备

本节将展示应用所需的大部分实体，并为了更好地演示而选择了几种实现技术（从继承型到关系）。接下来的小节将解读相关的原理与处理方法，以及与实体定义有关的思考。

### 实现

以下步骤演示了如何在应用中创建实体。

1. 本小节所进行的所有修改基于新包 edu.zipcloud.cloudstreetmarket.core.entities。首先，创建三个简单实体。

   □ User 实体：

```
@Entity
@Table(name="user")
public class User implements Serializable{
  private static final long serialVersionUID = 1990856213905768044L;
  @Id
  @Column(nullable = false)
  private String loginName;
  private String password;
  private String profileImg;

@OneToMany(mappedBy="user", cascade = {CascadeType.ALL},
  fetch = FetchType.LAZY)
@OrderBy("id desc")
private Set<Transaction> transactions = new LinkedHashSet< >();
...
}
```

   □ Transaction 实体：

```
@Entity
@Table(name="transaction")
public class Transaction implements Serializable{
  private static final long serialVersionUID = -6433721069248439324L;
```

```java
    @Id
    @GeneratedValue
    private int id;

    @ManyToOne(fetch = FetchType.EAGER)
    @JoinColumn(name = "user_name")
    private User user;

    @Enumerated(EnumType.STRING)
    private Action type;

    @OneToOne(fetch = FetchType.EAGER)
    @JoinColumn(name = "stock_quote_id")
    private StockQuote quote;
    private int quantity;
    ...
}
```

- Market 实体:

```java
@Entity
@Table(name="market")
public class Market implements Serializable {
    private static final long serialVersionUID = - 6433721069248439324L;
    @Id
    private String id;
    private String name;

@OneToMany(mappedBy = "market", cascade = { CascadeType.ALL },
   fetch = FetchType.EAGER)
private Set<Index> indices = new LinkedHashSet<>();
...
}
```

2. 然后，创建一些更复杂的实体类型，例如抽象的 Historic 实体：

```java
@Entity
@Inheritance(strategy = InheritanceType.SINGLE_TABLE)
@DiscriminatorColumn(name = "historic_type")
@Table(name="historic")
public abstract class Historic {

    private static final long serialVersionUID = - 802306391915956578L;

    @Id
    @GeneratedValue
    private int id;
```

```java
    private double open;

    private double high;

    private double low;

    private double close;

    private double volume;

    @Column(name="adj_close")
    private double adjClose;

    @Column(name="change_percent")
    private double changePercent;

    @Temporal(TemporalType.TIMESTAMP)
    @Column(name="from_date")
    private Date fromDate;

    @Temporal(TemporalType.TIMESTAMP)
    @Column(name="to_date")
    private Date toDate;

    @Enumerated(EnumType.STRING)
    @Column(name="interval")
private QuotesInterval interval;
...
    }
```

创建两个子类型：HistoricalIndex 和 HistoricalStock。

```java
    @Entity
    @DiscriminatorValue("idx")
    public class HistoricalIndex extends Historic implements Serializable {

    private static final long serialVersionUID = -802306391915956578L;

    @ManyToOne(fetch = FetchType.EAGER)
    @JoinColumn(name = "index_code")
    private Index index;
...
}
@Entity
@DiscriminatorValue("stk")
```

```java
public class HistoricalStock extends Historic implements Serializable {

    private static final long serialVersionUID = -802306391915956578L;

    @ManyToOne(fetch = FetchType.LAZY)
    @JoinColumn(name = "stock_code")
    private StockProduct stock;

    private double bid;
    private double ask;
    ...
}
```

3. 创建 Product 实体及其 StockProduct 子类型：

```java
@Entity
@Inheritance(strategy = InheritanceType.TABLE_PER_CLASS)
public abstract class Product {
    private static final long serialVersionUID = - 802306391915956578L;
    @Id
    private String code;
    private String name;
    ...
}

@Entity
@Table(name="stock")
public class StockProduct extends Product implements Serializable{
    private static final long serialVersionUID = 1620238240796817290L;
    private String currency;
    @ManyToOne(fetch = FetchType.EAGER)
    @JoinColumn(name = "market_id")
    private Market market;
    ...
}
```

4. 实际上，在财经领域内，无法直接购买指数（例如标准普尔 500 或纳斯达克指数）。因此，指数没有被视为产品：

```java
@Entity
@Table(name="index_value")
public class Index implements Serializable{
    private static final long serialVersionUID = - 2919348303931939346L;
    @Id
    private String code;
    private String name;
```

```
    @ManyToOne(fetch = FetchType.EAGER)
    @JoinColumn(name = "market_id", nullable=true)
    private Market market;

    @ManyToMany(fetch = FetchType.LAZY)
    @JoinTable(name = "stock_indices",
      joinColumns={@JoinColumn(name = "index_code")},
      inverseJoinColumns={@JoinColumn(name ="stock_code")})
    private Set<StockProduct> stocks = new LinkedHashSet<>();
    ...
}
```

5. 最后，创建 Quote 抽象实体及其两个子类，StockQuote 和 IndexQuote（虽然指数不是产品，但可以从中得到即时快照，并且，之后将调用 Yahoo! 财经数据提供者获取这些即时报价）：

```
@Entity
@Inheritance(strategy = InheritanceType.TABLE_PER_CLASS)
public abstract class Quote {
    @Id
    @GeneratedValue(strategy = GenerationType.TABLE)
    protected Integer id;
    private Date date;
    private double open;

    @Column(name = "previous_close")
    private double previousClose;
    private double last;
    ...
}

@Entity
@Table(name="stock_quote")
public class StockQuote extends Quote implements Serializable{
    private static final long serialVersionUID = - 8175317254623555447L;
    @ManyToOne(fetch = FetchType.EAGER)
    @JoinColumn(name = "stock_code")
    private StockProduct stock;
    private double bid;
    private double ask;
    ...
}

@Entity
@Table(name="index_quote")
public class IndexQuote extends Quote implements Serializable{
```

```
    private static final long serialVersionUID = - 8175317254623555447L;

    @ManyToOne(fetch = FetchType.EAGER)
    @JoinColumn(name = "index_code")
    private Index index;
    ...
}
```

### 说明

下面将讨论一些已在构建关系映射中用到的基本概念和高级概念。

### 实体要求

API 认可的实体需要满足以下条件：

- 必须在类型级别上使用 @Entity 进行注解。
- 具有一个基本类型或复杂类型定义的**标识符**。大多数情况下，基本标识符就可以满足要求（特定实体字段上用 @Id 注解）。
- 必须定义为 public，不得声明为 final。
- 具有默认构造器（显式或隐式）。

### 映射模式

数据库和 Java 对象都具有特定概念。默认情况下，配置的实体元数据注解描述了关系映射。

### 映射表

一个实体类映射到一张表。类型级别上未指定 @Table(name="xxx") 注解会将实体类映射到以实体名称命名的表（默认命名）。

> Java 的类命名标准是骆驼式命名法（CamelCased，又称驼峰命名法），第一个字母大写。该命名方案与数据库表格命名标准事实上并不匹配。为此，通常使用 @Table 注解。

@Table 注解也具有可选的 schema 属性，能够将表绑定到 SQL 查询的模式内（例如，public.user.ID）。该 schema 属性将会覆盖默认模式的 JPA 属性，该属性可在持久化单元上进行定义。

### 映射列

与表名一样，列映射到字段需使用 @Column (name="xxx") 注解指定。该注解也是可选的，未指定该注解将会使映射恢复到默认命名模式，即字面上为由大小写字母构成的字段名称（对于单个单词往往是一个不错的选择）。

实体类字段不得定义为 public。并且，需要牢记的是，几乎可以存储所有标准 Java 类型（原始类型、包装类型、字符串、字节或字符数组、枚举型）和大数值类型，例如 BigDecimals 或 BigIntegers，以及 JDBC 时间类型（java.sql.Date，java.sql.TimeStamp）和可序列化的对象。

### 注解字段或 getter

实体字段（如果未标记为 @Transient）与数据库行所具有的每一列保持一致。列映射也可从 getter 进行定义（不必具有对应字段）。

@Id 注解定义了实体标识符。同样，在字段或 getter 上定义该 @Id 注解定义了表列是否应由字段或 getter 映射。

使用 getter 访问模式时，当 @Column 注释未指定，列名称的默认命名模式使用 JavaBeans 属性命名标准（例如，getUser() getter 与 user 列对应）。

### 映射主键

正如先前看到的一样，@Id 注解定义实体标识符。持久化上下文始终只会管理一个具有单个标识符的实体实例。

实体类上的 @Id 注解必须映射为表的持久化标识符，也就是主键。

### 标识符生成

@GeneratedValue 注解实现从 JPA 级别生成 ID。直到对象持久化，该值才会被填充。@GeneratedValue 注解有一个用于配置生成方法的 strategy 属性（例如，依赖于现有数据库序列）。

### 定义继承

我们已经定义了 Products、Historics 和 Quotes 子类型的实体继承。当两个实体足够接近可归纳到同一个概念中时，并且两个实体在应用中与一个父实体有关时，JPA 继承便有使用价值。

根据特定数据的持久化策略，继承映射可考虑不同的储存选项。JPA 使我们能够根据不同策略配置继承模型。

### 单表（single-table）策略

该策略在模式上期待或创建一个具有辨别字段的大表。该表承载着父实体字段，这些字段对于所有子实体而言是共同的，它也承载了所有子类的字段。因此，如果实体与一个子类型对应，将会填充指定字段，其他字段为空。

下图所示为具有 HISTORIC_TYPE 辨别器的 Historic 表。

| ID | OPEN | HIGH | LOW | CLOSE | VOL. | ADJ_CLOSE | CHANGE_PERC. | FROM_DATE | TO_DATE | INTERVAL | INDEX_CODE | STOCK_CODE | BID | ASK | HISTORIC_TYPE |
|---|---|---|---|---|---|---|---|---|---|---|---|---|---|---|---|
| 3 | 10046.58 | 3042.9 | 9813.99 | 9813.99 | | 9813.99 | -2.37 | 15/11/2014 08:00 | 15/11/2014 08:30 | MINUTE_30 | GDAXI | | | | idx |
| 4 | 9813.99 | 9813.99 | 9813.99 | 9823.65 | | 9823.65 | -0.24 | 15/11/2014 09:00 | 15/11/2014 09:30 | MINUTE_30 | GDAXI | | | | idx |
| 5 | 9823.65 | 9823.65 | 9823.65 | 9832.74 | | 9832.74 | -0.15 | 15/11/2014 09:30 | 15/11/2014 10:00 | MINUTE_30 | GDAXI | | | | idx |
| 6 | 2.76 | 2.8 | 2.76 | 2.8 | | 2.8 | 1.2 | 15/11/2014 11:30 | 15/11/2014 12:00 | MINUTE_30 | | NXT.L | 2.8 | 2.9 | stk |
| 7 | 2.8 | 2.86 | 2.8 | 2.86 | | 2.86 | 1.2 | 15/11/2014 12:00 | 15/11/2014 12:30 | MINUTE_30 | | NXT.L | 2.86 | 2.95 | stk |

### 一类一表（table-per-class）策略

该策略即：为具体实体使用指定表。这其中没有涉及辨别器，仅为子类型的特定表。这些表同时具有公用字段和指定字段。

例如，我们已针对 Quote 实体及其具体实体 StockQuote 和 IndexQuote 实现了下图所示的策略。

| ID | DATE | LAST | OPEN | PREVIOUS_CLOSE | ASK | BID | STOCK_CODE |
|---|---|---|---|---|---|---|---|
| 1 | 15/11/2014 11:12 | 3 | 2.9 | 2.8 | 3 | 2.9 | NXT.L |
| 2 | 15/11/2014 10:46 | 13 | 12 | 12 | 13 | 12 | CCH.L |
| 3 | 15/11/2014 10:46 | 9.5 | 9 | 9 | 9.5 | 9 | KGF.L |
| 4 | 15/11/2014 09:55 | 32 | 30 | 30 | 32 | 30 | III.L |
| 5 | 15/11/2014 09:50 | 15 | 14 | 14 | 15 | 14 | BLND.L |
| 6 | 15/11/2014 09:46 | 7 | 6 | 6 | 7 | 6 | AA.L |

| ID | DATE | LAST | OPEN | PREVIOUS_CLOSE | INDEX_CODE |
|---|---|---|---|---|---|
| 1 | 15/11/2014 09:46 | 6796.63 | 6797 | 6796.63 | ^FTSE |
| 2 | 13/11/2014 10:46 | 6547.8 | 6548 | 6547.8 | ^FTSE |

### 定义关系

实体能够通过类属性反映数据库外键和表到表的关系。

在应用程序端，由于这些关系通过实体管理器构建，因此绕过了大量开发过程。

#### 如何选择实体之间的关系

在讨论实体之间的关系之前，必须了解在 cloudstreet-market 应用中计划做些什么。

如本书第 1 章所述，我们将会从开放 API（Yahoo!）的提供者中拉取财经数据。针对这一步必须了解的是，每个 IP 或每个认证用户的调用频率是受限的。我们的应用程序也具有社区功能，将会共享财经数据。就财经数据提供者而言，对于给定股票，历史走势图和股票即时报价是两回事。我们必须处理两个概念，从而构建出数据库。

在我们的应用中，Users 能够通过执行 Transactions 买卖 Products（股票、基金、期权等）。

- 首先，通过下图了解用户/交易关系。

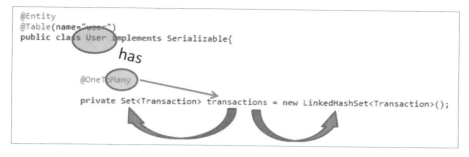

- User 实体可拥有多个 Transactions 实体。

在 User 类中，@OneToMany 关系注解的第二部分（Many 元素）控制着正在创建的属性类型。指定 Many 作为第二部分声明，源实体（User）可以拥有若干个目标实体（Transactions）。这些目标必须包装在集合类型中。如果源实体没有若干个目标，那么关系的第二部分必须为 One。

- Transaction 仅可拥有一个 User 实体。

在 User 类中，@OneToMany 关系的第一部分（@One 元素）为目标实体（若定义）中定义的关系注解的第二部分。必须了解目标实体是否能够拥有多个源实体，以便在源实体中完成注解。

- 然后，可以推导出两个注解：User 中的 @OneToMany 和 Transactions 中的 @ManyToOne。
- 如果不是 @ManyToMany 关系，就讨论单向关系。从数据库的角度来看，这意味着两个表中的其中一个具有目标为另一个表格的连接列。在 JPA 中，具有该连接列的表即关系的**持有者**。

实体要求必须通过 @JoinColumn 注解在关系上指定关系持有者。非持有者的实体必须为其关系注解提供目标为对立实体内对应 Java 字段名称的 mappedBy 属性。

- 这样可以在 Transaction 中解释关系：

```
@ManyToOne(fetch = FetchType.EAGER)
@JoinColumn(name = "user_name")
private User user;
```

Transaction 表中预计存在 user_name 列（或自动添加）。稍后将在"扩展"小节中讨论获取类型。

- User 实体中的关系定义如下：

```
@OneToMany(mappedBy="user", cascade ={CascadeType.ALL},
fetch = FetchType.LAZY)
@OrderBy("id desc")
private Set<Transaction> transactions = new
LinkedHashSet<>();
```

 @OrderBy 注解告诉 JPA 实现在其 SQL 查询中添加 ORDER BY 字句。

Index 实体拥有一个 Market 实体。我们已经确定，市场的划分参照地理区域（欧洲、美国、亚洲等），市场拥有若干个具体指数。

这看起来类似 @OneToMany/@ManyToOne 关系。由于预计 Index 表中存在 Market 列(Market 表中不存在 Index 列)，因此关系持有者是 Index 实体。

Product 具体实体（例如 StockProduct）和 Market 实体之间同样如此，不同点在于，由于应用程序中似乎并没有强制从 Market 中直接检索股票，因此 Market 实体端并没有声明关系。我们仅保留了持有者端。

对于 Quotes 具体实体(例如 StockQuote)和 Products 具体实体(例如 StockProduct)而言，一个报价对应一个产品。如果我们有兴趣从 Product 实体中检索 Quote，一个产品可能会有多个报价。关系持有者是 Quote 具体实体。

这个逻辑与之前的 IndexQuote 和 Index 是一样的。

事实上，对于 Index 和 StockProduct，指数（例如标准普尔 500、纳斯达克指数等）包含多个股票的股价，各个股票的价格共同作用得出指数值。因此，一个 Index 实体具有若干个潜在的 StockProduct 实体。此外，一个 StockProduct 也属于多个 Indices。这样看起来是一种双向关系。这里给出 Index 端的代码：

```
@ManyToMany(fetch = FetchType.LAZY)
@JoinTable(name = "stock_indices", joinColumns={@JoinColumn(name =
"index_code")}, inverseJoinColumns={@JoinColumn(name ="stock_code")})
private Set<StockProduct> stocks = new LinkedHashSet<>();
```

这种关系指定了一个额外的连接表（由 JPA 期望或生成）。这基本上是一张有两个连接列指向各个实体 @Ids 字段的表。

### 扩展

这里了解一下两个尚未解释的元数据属性：FetchType 属性和 Cascade 属性。

### FetchType 属性

我们已经知道，关系注解 @OneToOne、@OneToMany 和 @ManyToMany 可在 Fetch 属性中指定，例如 FetchType.EAGER 或 FetchType.LAZY。

如果选择 FetchType.EAGER 属性，关系在实体托管时将通过 entityManager 自动载入。JPA 执行的 SQL 查询总量显著增加，主要原因是每次都会载入一些并不需要的相关实体。如果在根实体上绑定了两个、三个或多个层次的实体，应该考虑将本地的一些字段切换到 FetchType.LAZY。

FetchType.LAZY 属性指定 JPA 实现在实体加载 SQL 查询时不填充字段值。当程序特别要求时（例如，在 HistoricalStock 实体中调用 getStock() 时），JPA 实现生成额外的异步 SQL 查询以填充 LAZY 字段。当使用 Hibernate 实现时，FetchType.LAZY 作为关系的默认获取类型。

重要的是考虑减轻关系载入，尤其对于集合。

### Cascade 属性

关系注解中提到的另一个属性是 Cascade。该属性接收 CascadeType.DETACH、CascadeType.MERGE、CascadeType.PERSIST、CascadeType.REFRESH、CascadeType.REMOVE 和 CascadeType.ALL 值。

该属性指定了当要求在主实体上执行操作（例如持久、更新、删除、查找等）时，JPA 实现应如何处理相关实体。该属性为可选属性，通常默认为无级联运算。

### 其他

定义实体继承还有第三种策略：

- **连接表（joined-table）继承策略**：我们尚未实现，但该策略与"一类一表"策略有点类似。不同点在于，JPA 创建或期望一个仅具有父实体列的表，并管理与该表的透明连接，而不是重复具体表中的父实体字段（列）。

## 使用JPA与Spring Data JPA

在本节中，我们将连接应用程序所需的业务逻辑。

由于前面已经完成了 JPA 和 Spring Data JPA 的配置，并且已经定义了实体及其关系，为省时省力，现在即可使用该模型。

### 实现

下面是相关操作步骤的介绍。

## Spring MVC 实战

1. 在 edu.zipcloud.cloudstreetmarket.core.daos 包中，有以下两个接口。

   ```
   public interface HistoricalIndexRepository {
     Iterable<HistoricalIndex> findIntraDay(String code, Date of);
     Iterable<HistoricalIndex> findLastIntraDay(String code);
     HistoricalIndex findLastHistoric(String code);
   }
   public interface TransactionRepository {
     Iterable<Transaction> findAll();
     Iterable<Transaction> findByUser(User user);
     Iterable<Transaction> findRecentTransactions(Date from);
     Iterable<Transaction> findRecentTransactions(int nb);
   }
   ```

2. 这两个接口有各自的实现。其中 HistoricalIndexRepositoryImpl 实现定义如下。

   ```
   @Repository
   public class HistoricalIndexRepositoryImpl implements
     HistoricalIndexRepository{

     @PersistenceContext
     private EntityManager em;

     @Override
     public Iterable<HistoricalIndex> findIntraDay(String code,Date of){
       TypedQuery<HistoricalIndex> sqlQuery = em.createQuery("from
       HistoricalIndex h where h.index.code = ? and h.fromDate
         >= ? and h.toDate <= ? ORDER BY h.toDate asc",
       HistoricalIndex.class);

       sqlQuery.setParameter(1, code);
       sqlQuery.setParameter(2, DateUtil.getStartOfDay(of));
       sqlQuery.setParameter(3, DateUtil.getEndOfDay(of));

       return sqlQuery.getResultList();
     }

     @Override
     public Iterable<HistoricalIndex> findLastIntraDay(String code) {
       return findIntraDay(code, findLastHistoric(code).getToDate());
     }

     @Override
     public HistoricalIndex findLastHistoric(String code){
        TypedQuery<HistoricalIndex> sqlQuery = em.createQuery("from
        HistoricalIndex h where h.index.code = ? ORDER BY
   ```

## 3 Java持久化与实体

```
    h.toDate desc", HistoricalIndex.class);
  sqlQuery.setParameter(1, code);
    return sqlQuery.setMaxResults(1).getSingleResult();
  }
}
```

TransactionRepositoryImpl 实现过程如下。

```
@Repository
public class TransactionRepositoryImpl implements
  TransactionRepository{
  @PersistenceContext
  private EntityManager em;
  @Autowired
  private TransactionRepositoryJpa repo;

  @Override
  public Iterable<Transaction> findByUser(User user) {
    TypedQuery<Transaction> sqlQuery = em.createQuery("from
    Transaction where user = ?", Transaction.class);
    return sqlQuery.setParameter(1, user).getResultList();
  }

  @Override
  public Iterable<Transaction> findRecentTransactions(Date from) {
    TypedQuery<Transaction> sqlQuery = em.createQuery("from
    Transaction t where t.quote.date >= ?", Transaction.class);
    return sqlQuery.setParameter(1, from).getResultList();
  }

  @Override
  public Iterable<Transaction> findRecentTransactions(int nb) {
    TypedQuery<Transaction> sqlQuery = em.createQuery("from
    Transaction t ORDER BY t.quote.date desc", Transaction.class);
    return sqlQuery.setMaxResults(nb).getResultList();
  }

  @Override
  public Iterable<Transaction> findAll() {
    return repo.findAll();
  }
}
```

3. dao 包中的其他接口没有明确定义实现。

# Spring MVC 实战

4. 以下 Bean 已添加到 Spring 配置文件中。

   ```
   <jdbc:initialize-database data-source="dataSource">
       <jdbc:script location="classpath:/METAINF/db/init.sql"/>
   </jdbc:initialize-database>
   ```

5. 最后一项配置允许应用程序**在启动时**执行已创建的 init.sql 文件。
6. pom.xml 文件中已添加了 cloudstreetmarket-core 模块，依赖于我们创建的 DateUtil 类的 zipcloud-core。
7. 为替换我们在第 2 章中创建的两个虚拟实现，创建 CommunityServiceImpl 和 MarketServiceImpl 实现。

   >  我们使用 @Autowired 注解在这些实现中注入了数据存储依赖，并使用已声明为 value 标识符的 Spring @Service 注解标记了这两个实现：
   >
   > @Service(value="marketServiceImpl")
   > @Service(value="communityServiceImpl")

8. 在 cloudstreetmarket-webapp 模块中，修改 @Autowired 字段内的 DefaultController，从而指向新的实现，而不再是虚拟实现。这是通过指定 @Autowired 字段上的 @Qualifier 注解实现的。
9. 启动服务器并访问主页 http://localhost:8080/portal/index，控制台应该记录了一些 SQL 查询，如下图所示。

此时，欢迎页面应保持不变。

> **说明**

下面通过几个细分部分对本节内容进行讲解。

### 注入 EntityManager 实例

本章前面部分已经提到，`entityManagerFactory` Bean 的配置反映了持久化单元的配置。

过去，实体管理器（EntityManager）被容器创建后需要去处理事务（用户或容器管理器事务）。

`@PersistenceContext` 是一个 JPA 注解，它能够注入 EntityManager 实例，生命周期由容器管理。在本书的案例中，Spring 发挥着这一作用。通过 EntityManager，我们能够与持久化上下文交互，获得托管或游离实体，并间接查询数据库。

### 使用 JPQL

使用 Java 持久化查询语言（JPQL）是查询持久化上下文的标准方式，并且，也能间接查询数据库。JPQL 的语法看上去和 SQL 相似，但需要在 JPA 管理的实体上进行操作。

你一定已经注意到了仓库中的这个查询：

`from Transaction where user = ?`

查询的 select 部分是可选的。参数可注入查询内，这一步的管理依赖于持久化提供者的实现。这些实现提供了 SQL 注入攻击保护（使用预处理语句）。以下示例显示出它在子实体属性过滤中是非常实用的：

`from Transaction t where t.quote.date >= ?`

在适当的场景下，这避免了声明 join 查询。我们仍可通过以下语句声明 JOIN：

`from HistoricalIndex h where h.index.code = ? ORDER BY h.toDate desc`

一些关键词（如 ORDER）可作为 JPQL 的一部分来操作 SQL 中通常提供的函数。在 JavaEE 6 权威指南（http://docs.oracle.com/javaee/6/tutorial/doc/bnbuf.html）中可以查看 JPQL 语法的完整关键词列表。

JPQL 从早先创建的 Hibernate 查询语言（HQL）中获得了启发。

### 使用 Spring Data JPA 减少样板代码

前面已在"实现"一节中介绍过，一些数据存储接口并没有明确定义实现。这是 Spring Data JPA 一个非常强大的特性。

#### 查询创建

我们对 `UserRepository` 接口的定义如下：

# Spring MVC 实战

```
@Repository
public interface UserRepository extends JpaRepository<User, String>{
  User findByUserName(String username);
  User findByUserNameAndPassword(String username, String password);
}
```

我们已经扩展了 `JpaRepository` 接口，传递了泛型类型 `User`（与该仓库相关的实体类型）和 `String`（用户标识符字段类型）。

通过扩展 `JpaRepository`，在 Spring Data JPA 中，`UserRepository` 能够通过简单声明方法签名来定义 Spring Data JPA 的查询方法。我们通过 `findByUserName` 和 `findByUserNameAndPassword` 方法完成了这一步。

Spring Data JPA 在运行时透明地创建了 `UserRepository` 接口的实现，它以我们在接口中命名方法的方式推断 JPA 查询。推断中使用了关键词和字段名称。

从 Spring Data JPA 文档中可以查到下图所示的关键词。

| Keyword | Sample | JPQL snippet |
| --- | --- | --- |
| And | findByLastnameAndFirstname | ... where x.lastname = ?1 and x.firstname = ?2 |
| Or | findByLastnameOrFirstname | ... where x.lastname = ?1 or x.firstname = ?2 |
| Between | findByStartDateBetween | ... where x.startDate between 1? and ?2 |
| LessThan | findByAgeLessThan | ... where x.age < ?1 |
| GreaterThan | findByAgeGreaterThan | ... where x.age > ?1 |
| After | findByStartDateAfter | ... where x.startDate > ?1 |
| Before | findByStartDateBefore | ... where x.startDate < ?1 |
| IsNull | findByAgeIsNull | ... where x.age is null |
| IsNotNull,NotNull | findByAge(Is)NotNull | ... where x.age not null |
| Like | findByFirstnameLike | ... where x.firstname like ?1 |
| NotLike | findByFirstnameNotLike | ... where x.firstname not like ?1 |
| StartingWith | findByFirstnameStartingWith | ... where x.firstname like ?1 (parameter bound with appended %) |
| EndingWith | findByFirstnameEndingWith | ... where x.firstname like ?1 (parameter bound with prepended %) |
| Containing | findByFirstnameContaining | ... where x.firstname like ?1 (parameter bound wrapped in %) |
| OrderBy | findByAgeOrderByLastnameDesc | ... where x.age = ?1 order by x.lastname desc |
| Not | findByLastnameNot | ... where x.lastname <> ?1 |
| In | findByAgeIn(Collection<Age> ages) | ... where x.age in ?1 |
| NotIn | findByAgeNotIn(Collection<Age> age) | ... where x.age not in ?1 |
| TRUE | findByActiveTrue() | ... where x.active = true |
| FALSE | findByActiveFalse() | ... where x.active = false |

如果没有在配置中指定，我们会回退到 JPA 数据仓库的默认配置，JPA 数据仓库注入单个 `EntityManagerFactory` Bean 和单个 `TransactionManager` Bean 的实例。

我们的自定义 `TransactionRepositoryImpl` 是一个同时使用 JPQL 自定义查询和 `JpaRepository` 实现的示例。正如你所料，`TransactionRepositoryImpl` 中自动连接的

TransactionRepositoryJpa 实现，继承了保存、删除和查找 Transaction 实体的若干方法。

我们还将使用这些方法提供的有趣分页功能，findAll() 方法就是其中之一。

**持久化实体**

Spring Data JPA 还指定了以下内容：可通过 CrudRepository.save(...) 方法保存实体；使用底层 JPA EntityManager 持久化或合并给定的实体；如果实体尚未持久化，Spring Data JPA 将通过调用 entityManager.persist(...) 方法保存实体；否则，将调用 entityManager.merge(...)。

这是我们将用于防止再次出现大量样板代码的方式。

### 扩展

围绕这一主题可以进行更多方面的探讨。

#### 使用原生 SQL 查询

我们尚未使用原生 SQL 查询，但将来会使用。由于有时绕过 JPA 层是高效性能的明智之选，了解如何实现是极其重要的。

以下链接为 Oracle 网站的一篇文章，内容与原生 SQL 查询有关：

http://www.oracle.com/technetwork/articles/vasiliev-jpql-087123.html

#### 事务

我们尚未在仓库实现中应用任何特定的事务配置。有关事务的更多信息，请参阅本书第 7 章。

### 其他

- Spring Data 仓库的自定义实现：在 TransactionRepositoryImpl 示例中，通过重新定义在 TransactionRepositoryJpa 中所需的方法，我们提出了一个用于创建数据仓库自定义实现的模式，它在某种程度上迫使我们保持中间代理。相关的 Spring 文档提出了能够解决这一问题的不同技术，可以访问以下网址查看有关该技术的详细介绍。
  http://docs.spring.io/spring-data/jpa/docs/current/reference/html/#repositories.custom-implementations

# 4

# 为无状态架构构建REST API

本章主要内容：
- 绑定请求与编排响应
- 配置内容协商（json 和 xml 等）
- 添加分页、过滤器与排序功能
- 以全局方式处理异常
- 使用 Swagger 生成文档与公开 API

## 引言

本章要进行的开发工作会比较多。实际上，本章会真正让我们的应用开发进入"快速路"。在深入研究具体的代码前，先来复习一下关于 REST 的几个概念。

## REST 的定义

REST 是一种架构风格，其全名为 Representational State Transfer。该术语是由 Roy Fielding 提出的，他是 HTTP 规范的主要作者之一。REST 架构是围绕着如下几点进行设计的：

- **可标识的资源**：资源定义了域。资源必须通过 URI 进行标识，该 URI 要尽可能令人能够直观了解资源类别与层次。我们的资源有索引快照、股票快照、历史索引数据、历史股票数据及用户等。
- **将 HTTP 作为通信协议**：我们通过有限的几个 HTTP 方法（GET、POST、PUT、DELETE、HEAD 与 OPTIONS）与资源进行交互。
- **资源表示**：资源通过具体的表示方式进行可视化呈现，通常对应于媒体类型（application/json、application/xml 及 text/html）和文件扩展名（*.json、*.xml 及 *.html）。
- **无状态会话**：服务器不会追踪会话。禁止使用 HTTP Session，转而通过资源所提供的链接进行导航（超媒体）。在每次请求时都要对客户端进行认证。
- **可伸缩性**：无状态设计可以轻松实现可伸缩性。请求可以被转发给其他服务器，这是负载均衡器要做的事情。
- **超媒体**：如前所述，由于资源带有链接，因此这些链接可以实现会话转换。

## RESTful CloudStreetMarket

从本章开始，之前实现的所有数据获取都将使用 AngularJS，并通过 REST 进行处理。我们通过 Angular 路由来实现单页面应用设计（只从服务器加载一次）。还有其他一些新服务来支持三个新的关于股票与索引的界面。

不过，这里的 REST 实现依旧不太完整。我们只实现了数据检索（GET），还没有实现有效的认证机制，稍后将会介绍超媒体。

## 绑定请求与编排响应

本节介绍如何通过 Spring MVC 来配置 REST 处理程序，从而与业务领域进行集成。我们将精力放在设计自说明的方法处理程序、具体化的类型转换与抽离的响应编排（Marshall）上（序列化为具体的格式，如 json、xml、csv 等）。

### 准备

先来看看要对 cloudstreetmarket-api Web 应用的配置进行哪些修改，以便通过请求参数或 URI 模板变量进行类型转换。

下面将会介绍如何配置 json 的自动化编排（针对响应），并将精力重点放在为本章所创建的两个非常简单的方法处理程序上。

### 实现

下面介绍与请求绑定、响应编排配置相关的代码。

1. 在 Eclipse 的 Git 透视图中，检出 v4.x.x 分支的最新版本。接下来，在 cloudstreet-market-parent 模块上执行 maven clean install 命令（右键单击该模块，选择 **Run as ... | Maven Clean** 命令，然后选择 **Run as ... | Maven Install** 命令）。命令执行完毕后，执行 **Maven Update Project** 命令来同步 Eclipse 与 Maven 的配置（右键单击该模块，然后选择 **Maven | Update Project** 命令）。

2. 主要的配置修改在 dispatcher-context.xml 文件（位于 **cloudstreetmarket-api** 模块）中。RequestMappingHandlerAdapter Bean 定义了三个属性，分别是 webBindingInitializer、messageConverters 与 customArgumentResolvers。

```xml
<bean class="org.sfw.web...
  method.annotation.RequestMappingHandlerAdapter">
  <property name="webBindingInitializer">
    <bean class="org.sfw...
      support.ConfigurableWebBindingInitializer">
      <property name="conversionService"
        ref="conversionService"/>
    </bean>
  </property>
  <property name="messageConverters">
    <list>
        <ref bean="jsonConverter"/>
      </list>
  </property>
  <property name="customArgumentResolvers">
    <list>
      <bean class="net.kaczmarzyk.spring.data.jpa.web.
        SpecificationArgumentResolver"/>
      <bean  class="org.sfw.data.web.
          PageableHandlerMethodArgumentResolver">
          <property name="pageParameterName" value="pn"/>
          <property name="sizeParameterName" value="ps"/>
          </bean>
    </list>
  </property>
  <property name="requireSession" value="false"/>
</bean>

<bean id="jsonConverter" class="org.sfw...
    converter.json.MappingJackson2HttpMessageConverter">
    <property name="supportedMediaTypes"
      value="application/json"/>
  <property name="objectMapper">
    <bean class="com.fasterxml.jackson.
      databind.ObjectMapper">
      <property name="dateFormat">
       <bean class="java.text.SimpleDateFormat">
         <constructor-arg type="java.lang.String"
           value="yyyy-MM-dd HH:mm"/>
         </bean>
        </property>
    </bean>
    </property>
</bean>
<bean id="conversionService" class="org.sfw.format.
```

```xml
      support.FormattingConversionServiceFactoryBean">
      <property name="converters">
        <list>
          <bean class="edu.zc.csm.core.
            converters.StringToStockProduct"/>
        </list>
      </property>
    </bean>
```

3. 将如下 Maven 依赖添加到父项目中（也会间接添加到核心与 API 项目中）。

```xml
<dependency>
    <groupId>com.fasterxml.jackson.core</groupId>
        <artifactId>jackson-annotations</artifactId>
        <version>2.5.1</version>
 </dependency>
    <dependency>
        <groupId>com.fasterxml.jackson.core</groupId>
        <artifactId>jackson-databind</artifactId>
        <version>2.5.1</version>
    </dependency>
    <dependency>
        <groupId>commons-collections</groupId>
        <artifactId>commons-collections</artifactId>
        <version>3.2</version>
    </dependency>
    <dependency>
        <groupId>net.kaczmarzyk</groupId>
        <artifactId>specification-argresolver</artifactId>
        <version>0.4.1</version>
    </dependency>
```

4. 在控制器的父类 CloudstreetApiWCI 中，创建 allowDateBinding 方法并为其添加一个 @InitBinder 注解。

```java
private DateFormat df = new SimpleDateFormat("yyyy-MM-dd");

@InitBinder
public void allowDateBinding ( WebDataBinder binder ){
  binder.registerCustomEditor( Date.class, new
    CustomDateEditor( df, true ));
}
```

5. 所有这些配置可以帮助我们定义自说明且没什么逻辑的方法处理程序，比如 IndexController 中的 getHistoIndex() 方法。

```
@RequestMapping(value="/{market}/{index}/histo", method=GET)
public HistoProductDTO getHistoIndex(
  @PathVariable("market") MarketCode market,
  @PathVariable("index") String indexCode,
  @RequestParam(value="fd",defaultValue="") Date fromDate,
  @RequestParam(value="td",defaultValue="") Date toDate,
  @RequestParam(value="i",defaultValue="MINUTE_30")
    QuotesInterval interval){
  return marketService.getHistoIndex(indexCode,
    market, fromDate, toDate, interval);
}
```

6. 现在来部署 cloudstreetmarket-api 模块并重启服务器。右键单击 **Servers** 选项卡中的 Tomcat Server,如下图所示。

7. 从弹出的快捷菜单中选择 **Add and Remove...**。在 Add and Remove... 窗口中,确保配置如下图所示,然后启动服务器。

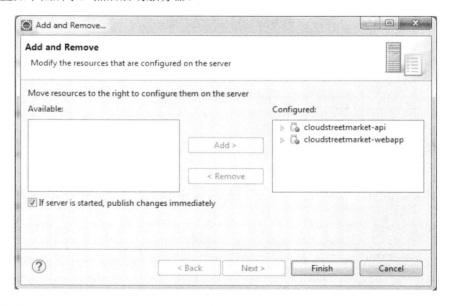

8. 访问 URL http://localhost:8080/api/indices/EUROPE/^GDAXI/histo.json。
9. 该 URL 对应于 getHistoIndex 方法处理程序,并且会生成如下图所示的 json 输出。

4　为无状态架构构建REST API

10. 现在来看看 StockProductController，这里面有如下方法处理程序。

```
@RequestMapping(value="/{code}", method=GET)
@ResponseStatus(HttpStatus.OK)
public StockProductOverviewDTO getByCode(
@PathVariable(value="code") StockProduct stock){
  return StockProductOverviewDTO.build(stock);
}
```

并没有对这里的服务层进行任何显式的调用。此外，方法处理程序的返回类型 StockProductOverviewDTO 是个简单的 POJO。响应体的编排也是被透明处理的。

11. 在 **cloudstreetmarket-core** 模块中必须使用 StringToStockProduct 转换器，这是因为之前的步骤需要由它来完成。

```
@Component
public class StringToStockProduct implements Converter<String,
StockProduct> {

@Autowired
private ProductRepository<StockProduct> productRepository;

@Override
public StockProduct convert(String code) {
  StockProduct stock = productRepository.findOne(code);
  if(stock == null){
    throw new NoResultException("No result has been
      found for the value "+ code +" !");
  }
```

Spring MVC 实战

```
        return stock;
    }
}
```

 该转换器之前在 conversionService 中注册（步骤 2）。

12. 调用 URL http://localhost:8080/api/products/stocks/NXT.L.json。它对应于 getByCode 处理程序并生成如下图所示的 json 响应。

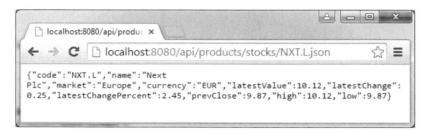

### 说明

要想理解上面所介绍的内容，需要引入 RequestMappingHandlerAdapter 这一关键角色。

#### RequestMappingHandlerAdapter Bean

本书第 2 章曾经简要介绍过 RequestMappingHandlerAdapter。这个 Bean 实现了高层次的 HandlerAdapter 接口，从而可以自定义 MVC 核心工作流实现。RequestMappingHandlerAdapter 是框架自带的原生实现。

之前曾提到过，RequestMappingHandlerAdapter 与 RequestMappingHandlerMapping 这两个类分别用于替代现在已不建议使用的 AnnotationMethodHandlerAdapter 与 DefaultAnnotationHandlerMapping。实际上，RequestMappingHandlerAdapter 为所有的方法处理程序提供了更好的集中化管理。此外，HandlerInterceptors 与 HandlerExceptionResolver 还增加了一些新的功能。

 preHandle、postHandle 与 afterCompletion 方法签名中的处理程序参数（WebContentInterceptors），可以被转换为 HandlerMethod 对象。HandlerMethod 类型提供了一些有益的检查方法，比如 getReturnType、getMethodAnnotation 与 getMethodParameters 等。

此外，关于 RequestMappingHandlerAdapter 与 RequestMappingHandlerMapping，Spring

文档中是这样描述的：

> "新的支持类在默认情况下会被 MVC 命名空间与 MVC Java 配置所启用，但如果禁用这两者则需要进行显式配置。"
>
> ——JavaDoc

在两个 Web 应用中，我们通过 `<mvc:annotation-driven/>` 元素来使用 MVC 命名空间。该元素充分发挥了默认配置的特性，它会激活大量 Web 特性。不过，在很多情况下，我们还是希望实现不同的行为。

在大多数情况下，自定义配置可以在命名空间本身或 RequestMappingHandlerAdapter 进行处理。

### 对 @RequestMapping 注解的广泛支持

RequestMappingHandlerAdapter 的主要作用是为 Type HandlerMethod 处理程序提供支持与自定义配置。这些处理程序绑定至 @RequestMapping 注解。

> "HandlerMethod 对象封装了一个由方法和 Bean 组成的关于处理程序方法的信息，并且提供了对方法参数、方法返回值与方法注解的便捷访问。"
>
> ——JavaDoc

RequestMappingHandlerAdapter 通过之前的 DefaultAnnotationHandlerMapping 获得大多数支持的方法。下面来看一下与我们密切相关的方法。

#### setMessageConverters

messageConverters 模板可以通过 setMessageConverters Setter 注册为 List<HttpMessageConverter>。Spring 会将 HTTP 请求的主体解组为 Java 对象，并将 Java 资源编组到 HTTP 响应的主体中。

值得注意的是，框架对主要的媒体类型都提供了转换器实现。它们默认都注册到 RequestMappingHandlerAdapter 与 RestTemplate（客户端）上。

下表列出了可以使用的原生转换器。

| 提供的实现 | 默认支持的媒体类型 | 默认行为 |
| --- | --- | --- |
| StringHttpMessageConverter | text/* | 使用 text/plain 内容类型写入 |
| FormHttpMessageConverter | application/x-www-formurlencoded | 表单数据通过 MultiValueMap<String, String> 读取和写入 |

续表

| 提供的实现 | 默认支持的媒体类型 | 默认行为 |
| --- | --- | --- |
| ByteArrayHttpMessageConverter | */* | 使用 application/octetstream 内容类型写入（可复写） |
| MarshallingHttpMessageConverter | text/xml 与 application/xml | 需要 org.springframework.oxm 与 Marshaller/Unmarshaller |
| MappingJackson2HttpMessageConverter | application/json | 可以通过 Jackson 注解定制 JSON 映射。如果需要映射具体的类型，需要注入自定义的 ObjectMapper 属性 |
| MappingJackson2XmlHttpMessageConverter | application/xml | 可以通过 JAXB 或 Jackson 注解定制 XML 映射。如果需要映射具体的类型，需要向 ObjectMapper 属性注入自定义的 XmlMapper 属性 |
| SourceHttpMessageConverter | text/xml 与 application/xml | 可以从 HTTP 请求与响应读取和写入 javax.xml.transform.Source。只支持 DOMSource、SAXSource 与 StreamSource |
| BufferedImageHttpMessageConverter | | 可以从 HTTP 请求与响应读取和写入 java.awt.image.BufferedImage |

访问如下网址可了解有关 Spring 远程管理及 Web Service 的更多信息：

`http://docs.spring.io/spring/docs/current/spring-frameworkreference/html/remoting.html`

在我们的应用中，复写了两个原生类的定义：`MappingJackson2HttpMessageConverter` 与 `MarshallingHttpMessageConverter`。

**setCustomArgumentResolvers**

`setCustomArgumentResolvers` Setter 向 RequestMappingHandlerAdapter 提供了自定义参数的支持。回忆一下本书第 2 章所讲的内容，第 2 节的"说明"部分曾介绍了参数的注解支持，提到了 @PathVariable、@MatrixVariable、@RequestBody 与 @RequestParam 等。所有这些注解都是内建的 ArgumentResolver，它们被映射到注册的实现上，从外部预装配来自不同源的参数。

我们可以自定义注解，并根据所需的业务逻辑来预先装配方法参数。这些解析器必须实现 `HandlerMethodArgumentResolver` 接口。

我们的应用开发并没有明确需要 customArgumentResolver。不过，我们注册了两个：

- net.kaczmarzyk.spring.data.jpa.web.SpecificationArgumentResolver：该解析器是一个第三方库，本章后面将会对其进行介绍。
- org.springframework.data.web.PageableHandlerMethodArgumentResolver：可以实现自动化的分页参数解析，从而可以利用原生的 Spring Data 分页支持。

**setWebBindingInitializer**

WebBindingInitializer 接口是一个回调接口，用于全局初始化 WebDataBinder 并在 Web 请求上下文中执行数据绑定。

在继续学习之前，我们先停下来，重新看看本节"实现"部分的步骤 4，其中定义了如下方法：

```
@InitBinder
public void allowDateBinding(WebDataBinder binder){
    binder.registerCustomEditor(Date.class, new CustomDateEditor( df, true ));
}
```

我们在控制器中定义了该方法，使用 PropertyEditor 注册了一个抽象的 Date 转换绑定。

现在来看看 WebDataBinder 参数，在此研究一下初始化部分。WebDataBinder 接口提供了若干有用的方法，大都与验证（validate、setRequiredFields、isAllowed 及 getErrors 等）及转换（getTypeConverter、registerCustomEditor、setBindingErrorProcessor 及 getBindingResult 等）相关。

WebDataBinder 参数还可设置为 ConversionService 对象。我们打算使用全局且声明式的初始化方式，而不是在 allowDateBinding 方法中本地操作（使用 WebDataBinder.setConversion Setter）。

我们所选择的 WebBindingInitializer 实现是 Spring ConfigurableWebBindingInitializer Bean。它确实是一个在 Spring 应用上下文中进行声明式配置的方便的类，实现了预配置初始化器在多个控制器/处理程序之间的重用。

在我们的示例中，WebBindingInitializer 可用于全局初始化注册的类型转换器，如 StringToStockProduct，还可以实现全局异常处理。

**ConversionService API**

前面"实现"中的步骤 11 定义了 StringToStockProduct 转换器，这样就可以定义一个精益且整洁的 getByCode 方法处理程序了：

```
@RequestMapping(value="/{code}", method=GET)
@ResponseStatus(HttpStatus.OK)
public StockProductOverviewDTO getByCode(
@PathVariable(value="code") StockProduct stock){
```

```
    return StockProductOverviewDTO.build(stock);
}
```

这些转换器可以广泛用于 Spring 应用中的任何转换,而不仅仅局限在请求作用域中。泛型的使用是非常有用的。它们绑定到 conversionService Bean,没有什么具体方式可以避免它们各自的声明。

### PropertyEditor 与转换器

`ConversionService` 的 `PropertyEditor` 与转换器在字符串到具体类型的转换上看起来可以相互替代。

Spring 大量使用 `PropertyEditor` 的概念来设置 Bean 的属性。在 Spring MVC 中,它们用于解析 HTTP 请求,在 Spring MVC 中的声明绑定到了请求作用域。

虽然可以全局初始化,但需要将 `PropertyEditor` 看成限制了作用域的元素,这样将其附加到 `@InitBinder` 方法与 `WebBinderData` 上就合情合理了。对于泛型的使用来说,它们没有转换器使用得那么多。

在对枚举使用 `PropertyEditor` 时,Spring 提供了一种命名约定可以避免单个声明枚举。稍后我们将用到这一便捷的约定。

### 扩展

本章后面几节将会介绍其他 RequestMappingHandlerAdapter 属性,现在重点来看看 PropertyEditor,特别是内建的那些。

### 内建的 PropertyEditor 实现

下面列出的 `PropertyEditor` 实现是 Spring 原生提供的,可以手动将其应用到所有控制器来实现绑定。其中的 `CustomDateEditor`,已被我们注册到了 CloudstreetApiWCI 中。

| 提供的实现 | 默认行为 |
| --- | --- |
| ByteArrayPropertyEditor | 针对字节数组的编辑器。字符串会被转换为相应的字节表示。默认由 **BeanWrapperImpl** 注册 |
| ClassEditor | 将字符串解析为实际的类,反之亦然。如果找不到类,就会抛出 `IllegalArgumentException` 异常。默认由 **BeanWrapperImpl** 注册 |
| CustomBooleanEditor | 针对 Boolean 属性的可自定义属性编辑器。默认由 **BeanWrapperImpl** 注册,也可注册一个自定义实例将其复写 |
| CustomCollectionEditor | 针对集合的属性编辑器,可以将任何源集合转换为给定的目标集合类型 |
| CustomDateEditor | 针对 `java.util.Date` 的可自定义属性编辑器,支持自定义的 `DateFormat`。默认情况下不会注册,用户必须在需要时以恰当的格式注册它 |

续表

| 提供的实现 | 默认行为 |
|---|---|
| `CustomNumberEditor` | 针对任何数字子类（如 `Integer`、`Long`、`Float` 或 `Double`）的可自定义属性编辑器。默认由 `BeanWrapperImpl` 注册，也可通过注册自定义实例将其复写 |
| `FileEditor` | 该编辑器可以将字符串解析为 `java.io.File` 对象。默认由 `BeanWrapperImpl` 注册 |
| `InputStreamEditor` | 单向属性编辑器，接收一个文本字符串并生成 `InputStream`（通过中间的 `ResourceEditor` 与 `Resource`）。`InputStream` 属性可以直接设为字符串。默认情况下不会关闭 `InputStream` 属性。默认由 `BeanWrapperImpl` 注册 |

### Spring IO 参考文档

要想通过 Spring IO 参考文档了解关于类型转换与 `PropertyEditor` 的更多信息，请访问：

http://docs.spring.io/spring/docs/3.0.x/springframework-reference/html/validation.html

## 配置内容协商（JSON与XML等）

本节将介绍如何进行配置以实现系统根据客户端期望来决定渲染哪种格式。

### 准备

下面主要回顾 XML 配置。接下来，会通过不同请求来测试 API 以确保系统能够支持 XML 格式。

### 实现

1. dispatcher-context.xml 中的 `RequestMappingHandlerAdapter` 配置已被更改，添加了 `contentNegotiationManager` 属性，以及 `xmlConverter` Bean。

```xml
<bean class="org.sfw.web...
  method.annotation.RequestMappingHandlerAdapter">
  <property name="messageConverters">
    <list>
      <ref bean="xmlConverter"/>
      <ref bean="jsonConverter"/>
    </list>
  </property>
  <property name="customArgumentResolvers">
```

```xml
    <list>
      <bean class="net.kaczmarzyk.spring.data.jpa.
        web.SpecificationArgumentResolver"/>
      <bean class="org.sfw.data.web.
        PageableHandlerMethodArgumentResolver">
        <property name="pageParameterName" value="pn"/>
        <property name="sizeParameterName" value="ps"/>
        </bean>
      </list>
  </property>
  <property name="requireSession" value="false"/>
  <property name="contentNegotiationManager"
    ref="contentNegotiationManager"/>
</bean>

<bean id="contentNegotiationManager"
  class="org.sfw.web.accept.
  ContentNegotiationManagerFactoryBean">
  <property name="favorPathExtension" value="true" />
  <property name="favorParameter" value="false" />
  <property name="ignoreAcceptHeader" value="false"/>
  <property name="parameterName" value="format" />
  <property name="useJaf" value="false"/>
  <property name="defaultContentType"
    value="application/json" />
  <property name="mediaTypes">
    <map>
      <entry key="json" value="application/json" />
      <entry key="xml" value="application/xml" />
    </map>
  </property>
</bean>
<bean id="xmlConverter"
class="org.sfw.http...xml.MarshallingHttpMessageConverter">
  <property name="marshaller">
    <ref bean="xStreamMarshaller"/>
  </property>
  <property name="unmarshaller">
    <ref bean="xStreamMarshaller"/>
  </property>
</bean>
<bean id="xStreamMarshaller"
class="org.springframework.oxm.xstream.XStreamMarshaller">
  <property name="autodetectAnnotations" value="true"/>
</bean>
```

2. 添加 XStream Maven 依赖。

```
<dependency>
  <groupId>com.thoughtworks.xstream</groupId>
   <artifactId>xstream</artifactId>
  <version>1.4.3</version>
</dependency>
```

3. 调用 URL：http://localhost:8080/api/indices/EUROPE/^GDAXI/histo.json。与之前一样，它对应 getHistoIndex() 处理程序，应该会接收到同样的 json 响应，如下图所示。

4. 调用 URL：http://localhost:8080/api/indices/EUROPE/^GDAXI/histo.xml。应该生成下图所示的 XML 格式响应。

> **说明**
>
> 我们通过 `MarshallingHttpMessageConverter` Bean 增加了对 XML 的支持，定义了一个默认的媒体类型（`application/json`），并且定义了一个全局的内容协商策略。

### 对 XML 编排的支持

上一小节曾提到过，`MarshallingHttpMessageConverter` 是框架自带的，不过需要 spring-oxm 依赖，同时还需要定义编排器（Marshaller）与反编排器（Unmarshaller）。下面是 spring-oxm 的 Maven 构件引用：

```
<dependency>
  <groupId>org.springframework</groupId>
  <artifactId>spring-oxm</artifactId>
  <version>${spring.version}</version>
</dependency>
```

#### XStream 编排器

我们选择 XStreamMarshaller 作为 XML 编排操作的提供者：

```
<bean class="org.springframework.oxm.xstream.XStreamMarshaller">
  <property name="autodetectAnnotations" value="true"/>
</bean>
```

XStream 编排器是 spring-oxm 项目的一部分。虽然不建议将其用作外部源的解析（这不是我们的意图），不过其表现却是非常不错的，而且默认情况下只需很少的配置（无须特定的类注册和初始化的映射策略）。

可以对类型和字段进行注解，从而自定义默认的行为。文档中给出了一些示例：

- `@XStreamAlias`：用于类型、字段或属性。
- `@XStreamImplicit`：用于集合或数组。
- `@XStreamAsAttribute`：用于将字段标记为属性。
- `@XStreamConverter`：将特定的转换器应用于某个字段。

在本书的示例中，我们在 DTO 中使用了最精简的编排自定义形式。

可以在官方网站（http://xstream.codehaus.org）上找到关于 XStream 的更多信息。

### ContentNegotiationManager 协商策略

下面介绍如何对系统进行配置来针对响应使用某种媒体类型。客户端在请求中表达了期望，服务器会从可用的解决方案中选择最适合的。

客户端有三种方式可以指定期望的媒体类型，下面分别介绍。

## 4 为无状态架构构建REST API

**Accept 头信息**

客户端请求指定 MIME 类型或 MIME 类型列表（`application/json`、`application/xml`等），作为 `Accept` 头信息的值。这是 Spring MVC 的默认选择。

Web 浏览器可以发送各种各样的 `Accept` 头信息，因此完全依赖这些头信息存在一定风险。所以，支持至少一种备选方案是比较稳妥的做法。

可以通过 `ContentNegotiationManager` 的 `ignoreAcceptHeader` Boolean 属性完全忽略掉这些头信息。

**URL 路径文件扩展名后缀**

允许在 URL 路径中指定文件扩展名后缀是一种备选方案，这是我们的配置中的鉴别（Discriminator）选项。

针对这一目的，`ContentNegotiationManager` 的 `favorPathExtension` Boolean 属性被设为 true，我们的 AngularJS 工厂实际上会请求 `.json` 路径。

**请求参数**

如果不喜欢路径扩展名方案，可以定义一个具体的查询参数。该参数的默认名为 `format`，可通过 `parameterName` 属性对其进行自定义，可能的期望值就是注册的格式后缀（`xml`、`html`、`json` 及 `csv` 等）。

可以通过 `favorParameter` Boolean 属性将该选项设为鉴别选项。

**Java Activation Framework**

将 `useJaf` Boolean 属性设为 true，会让后缀至媒体类型的映射依赖于 Java Activation Framework，而非 Spring MVC 本身（例如 `json` 对应 `application/json`、`xml` 对应 `application/xml`，等等）。

### @RequestMapping 注解是终极过滤器

最后，带有 `@RequestMapping` 注解（特别是带有 `produces` 属性）的控制器最终决定渲染的格式。

> **扩展**

现在来看看作为 XML 解析器的 JAXB2 的实现以及 `ContentNegotiationManager-FactoryBean` 配置。

### 使用 JAXB2 实现作为 XML 解析器

JAXB2 是当前对于 XML 绑定的 Java 规范。我们的 XStream 示例只不过是个例子而已，

# Spring MVC 实战

当然可以使用其他 XML 编排器。Spring 支持 JAXB2，它甚至在 spring-oxm 包中提供了一个默认的 JAXB2 实现：org.springframework.oxm.jaxb.Jaxb2Marshaller。

在 DTO 中使用 JAXB2 注解对于可移植性来说是个不错的选择。查阅 Jaxb2Marshaller JavaDoc 可以了解有关其配置的更多信息：

http://docs.spring.io/autorepo/docs/spring/4.0.4.RELEASE/javadoc-api/org/springframework/oxm/jaxb/Jaxb2Marshaller.html

### ContentNegotiationManagerFactoryBean JavaDoc

可以通过 ContentNegotiationManagerFactoryBean 的 JavaDoc 了解有关其完整配置的详细信息：

http://docs.spring.io/spring/docs/current/javadoc-api/org/springframework/web/accept/ContentNegotiationManagerFactoryBean.html

## 添加分页、过滤器与排序功能

之前已经介绍了关于 Spring MVC REST 配置的基础知识，现在通过添加分页、过滤器与排序功能来改进 REST 服务。

### 准备

分页是 Spring Data 项目中的一个概念。要添加分页，需要为由请求装配的包装器（Wrapper）实现引入 Pageable 接口，它们会被 Spring Data 进一步识别和处理。

Page 接口与 PageImpl 实例可由 Spring Data 生成来格式化其结果。我们会使用此方案，因为它们非常适合于 REST 渲染。

最后，本小节会详细介绍两种数据绑定工具，用于从控制器的逻辑中提取出过滤与分页信息。

### 实现

1. 向方法处理程序添加希望支持的参数。如下面代码所示，IndexController 中的处理程序已支持分页与排序了。

    ```
    import org.springframework.data.domain.PageRequest;

    @RequestMapping(value="/{market}", method=GET)
    public Page<IndexOverviewDTO> getIndicesPerMarket(
      @PathVariable MarketCode market,
      @PageableDefault(size=10, page=0,
        sort={"dailyLatestValue"},
    ```

```
        direction=Direction.DESC)
    Pageable pageable){
    return marketService.
       getLastDayIndicesOverview(market, pageable);
}
```

2. 在相应的服务层实现中，pageable 实例会被传递给 Spring Data JPA 抽象实现：

```
@Override
public Page<IndexOverviewDTO>
  getLastDayIndicesOverview(Pageable pageable) {
    Page<Index> indices =
      indexProductRepository.findAll(pageable);
    List<IndexOverviewDTO> result = new LinkedList<>();
    for (Index index : indices) {
      result.add(IndexOverviewDTO.build(index));
    }
    return new PageImpl<>(result, pageable, indices.
      getTotalElements());
}
```

这都是关于分页与排序模式的！所有的样板代码都是透明的。我们可以如魔法一般获取到包装在页面元素中的资源，这个页面元素持有前端分页所需的信息。对于这个具体的方法处理程序来说，调用 `http://localhost:8080/api/indices/US.json?size=2&page=0&sort=dailyLatestValue,asc` 会生成右图所示的 JSON 响应。

```json
{
  "content": [
    {
      "code": "^OEX",
      "name": "S&P 100 INDEX",
      "market": "US",
      "latestValue": 921.34,
      "latestChange": -1.83,
      "latestChangePercent": -0.2,
      "prevClose": 923.17,
      "high": 923.41,
      "low": 918.45
    },
    {
      "code": "^NDX",
      "name": "NASDAQ-100",
      "market": "US",
      "latestValue": 4411.86,
      "latestChange": 20.95,
      "latestChangePercent": 0.48,
      "prevClose": 4390.91,
      "high": 4415.79,
      "low": 4388.44
    }
  ],
  "size": 2,
  "number": 0,
  "sort": [
    {
      "direction": "ASC",
      "property": "dailyLatestValue",
      "ignoreCase": false,
      "ascending": true
    }
  ],
  "numberOfElements": 2,
  "firstPage": true,
  "lastPage": false,
  "totalPages": 2,
  "totalElements": 3
}
```

# Spring MVC 实战

3. 通过该模式动态获取分页索引信息，其定义与之前的方法处理程序类似。
4. 使用相同的模式获取用户活动（位于 `CommunityController` 中）。

   ```
   @RequestMapping(value="/activity", method=GET)
   @ResponseStatus(HttpStatus.OK)
   public Page<UserActivityDTO> getPublicActivities(
     @PageableDefault(size=10, page=0, sort={"quote.date"},
     direction=Direction.DESC) Pageable pageable){
     return communityService.getPublicActivity(pageable);
   }
   ```

5. 修改 AngularJS 层（后面的"其他"部分会进行详细介绍有关内容），现在已通过 REST 服务改造了欢迎页面，还有一个可以滚动查看的用户活动信息，如下图所示。

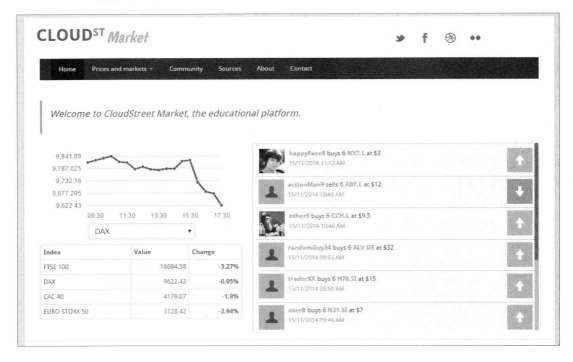

6. 为了充分发挥 REST 服务的作用，这里开发了一个名为 INDICES BY MARKET 的新界面，可以通过 Prices and markets 菜单访问，如下图所示。

# 4 为无状态架构构建REST API

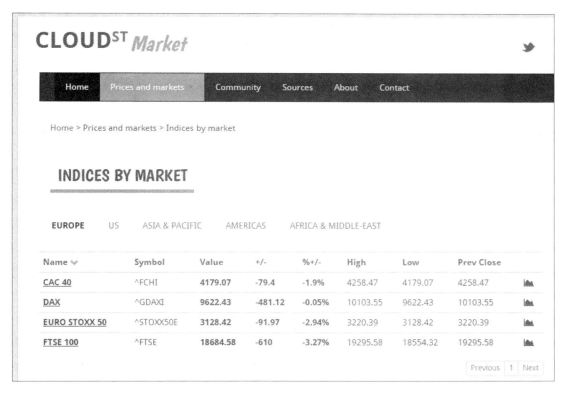

这里的表格是完全自治的，因为充分利用了 AngularJS 的异步分页与排序功能。

7. search() 方法处理程序中的 StockProductController 对象实现了分页与排序模式，同时还提供了过滤功能，用户可以通过 SQL 操作符 LIKE 结合 AND 条件限制来使用。

```
@RequestMapping(method=GET)
@ResponseStatus(HttpStatus.OK)
public Page<ProductOverviewDTO> search(
@And(value = { @Spec(params = "mkt", path="market.code",spec =
EqualEnum.class)},
    and = { @Or({
@Spec(params="cn", path="code", spec=LikeIgnoreCase.class),
@Spec(params="cn", path="name", spec=LikeIgnoreCase.class)})}
   ) Specification<StockProduct> spec,
@RequestParam(value="mkt", required=false) MarketCodeParam market,
@RequestParam(value="sw", defaultValue="") String startWith,
@RequestParam(value="cn", defaultValue="") String contain,
@PageableDefault(size=10, page=0,
  sort={"dailyLatestValue"}, direction=Direction.DESC)
  Pageable pageable){
```

```
        return productService.getProductsOverview(startWith, spec,
    pageable);
    }
```

8. productService 实现在其 getProductsOverview 方法（如下代码所示）中引用了创建的 nameStartsWith 方法。

    ```
    @Override
    public Page<ProductOverviewDTO> getProductsOverview(String
      startWith, Specification<T> spec, Pageable pageable) {
      if(StringUtils.isNotBlank(startWith)){
        spec = Specifications.where(spec).and(new
        ProductSpecifications<T>().nameStartsWith(startWith);
      }
      Page<T> products = productRepository.findAll(spec, pageable);
      List<ProductOverviewDTO> result = new LinkedList<>();
      for (T product : products) {
        result.add(ProductOverviewDTO.build(product));
      }
      return new PageImpl<>(result, pageable,
        products.getTotalElements());
    }
    ```

9. nameStartsWith 方法是个规范工厂，位于 ProductSpecifications 类的核心模块中。

    ```
    public class ProductSpecifications<T extends Product> {
    public Specification<T> nameStartsWith(final String searchTerm) {
      return new Specification<T>() {
      private String startWithPattern(final String searchTerm) {
        StringBuilder pattern = new StringBuilder();
        pattern.append(searchTerm.toLowerCase());
        pattern.append("%");
        return pattern.toString();
      }
        @Override
          public Predicate toPredicate(Root<T> root,
            CriteriaQuery<?> query, CriteriaBuilder cb) {
            return
          cb.like(cb.lower(root.<String>get("name")),
            startWithPattern(searchTerm));
      }
        };
      }
    }
    ```

10. 总体来说，search() REST 服务主要用在与股票查询相关的三个新界面上。可以通过 Prices and markets 菜单访问这些界面。下图所示为新的 ALL PRICES SEARCH 界面。

4　为无状态架构构建REST API

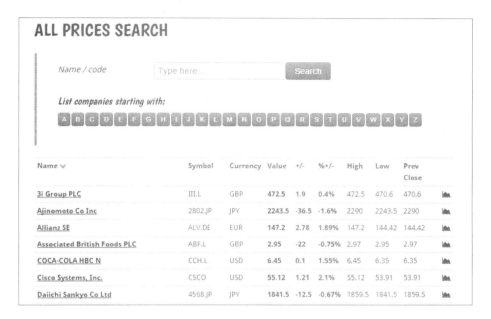

11. 下图所示为 SEARCH BY MARKET 界面。

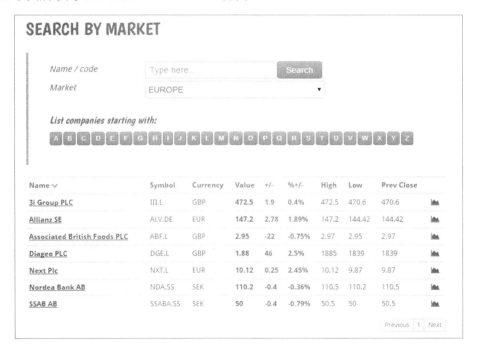

12. 下图所示为新的 Risers and Fallers 界面。

**TOP 10 RISERS**

| Name | Symbol | Currency | Value | +/- | %+/- | High | Low | Prev Close | |
|---|---|---|---|---|---|---|---|---|---|
| Noble Group Limited | N21.SI | SGD | 1.05 | 0.04 | 3.42% | 1.05 | 1.01 | 1.01 | |
| Diageo PLC | DGE.L | GBP | 1.88 | 46 | 2.5% | 1885 | 1839 | 1839 | |
| Next Plc | NXT.L | EUR | 10.12 | 0.25 | 2.45% | 10.12 | 9.87 | 9.87 | |
| Hongkong Land Holdings Limited | H78.SI | USD | 7.81 | 0.18 | 2.34% | 7.81 | 7.62 | 7.62 | |
| Visa Inc. | V | USD | 98.14 | 2.25 | 2.3% | 100.39 | 98.14 | 98.14 | |
| Cisco Systems, Inc. | CSCO | USD | 55.12 | 1.21 | 2.1% | 55.12 | 53.91 | 53.91 | |
| Allianz SE | ALV.DE | EUR | 147.2 | 2.78 | 1.89% | 147.2 | 144.42 | 144.42 | |
| COCA-COLA HBC N | CCH.L | USD | 6.45 | 0.1 | 1.55% | 6.45 | 6.35 | 6.35 | |
| SIA | C6L.SI | SGD | 3.25 | 0.04 | 1.23% | 3.25 | 3.21 | 3.21 | |
| 3i Group PLC | III.L | GBP | 472.5 | 1.9 | 0.4% | 472.5 | 470.6 | 470.6 | |

**TOP 10 FALLERS**

| Name | Symbol | Currency | Value | +/- | %+/- | High | Low | Prev Close | |
|---|---|---|---|---|---|---|---|---|---|
| McDonald's Corp. | MCD | USD | 32.68 | -2.25 | -6.68% | 34.93 | 32.68 | 34.93 | |
| Fuyao Glass Industry Group Co Ltd | 600660.CH | CNY | 45.89 | -1.25 | -2.7% | 47.14 | 45.89 | 45.89 | |
| Hunan TV & Broadcast Intermediary Co Ltd | 000917.CH | CNY | 12.09 | -0.3 | -2.45% | 12.39 | 12.09 | 12.39 | |
| Ajinomoto Co Inc | 2802.JP | JPY | 2243.5 | -36.5 | -1.6% | 2290 | 2243.5 | 2290 | |
| Wipro Ltd | WPRO.IN | INR | 650.55 | -8.95 | -1.36% | 659.5 | 650.55 | 659.5 | |
| SSAB AB | SSABA.SS | SEK | 50 | -0.4 | -0.79% | 50.5 | 50 | 50.5 | |

### 说明

本节主要介绍 Spring Data 以及如何让 Spring MVC 支持 Spring Data。

### Spring Data 分页支持

在前面章节中我们已经见识到了 Spring Data 仓库抽象的价值，本节将会介绍 Spring Data 是如何在其抽象的仓库中对分页概念提供支持的。它向 Spring MVC 提供了一个具体的参数解析器，从而使我们不必编写任何自定义的适配逻辑。

#### 仓库的分页与排序功能

我们的仓库接口方法中使用了 `Pageable` 参数，例如下面的 `IndexRepositoryJpa` 仓库。

```
public interface IndexRepositoryJpa extends JpaRepository<Index, String>{
  List<Index> findByMarket(Market market);
  Page<Index> findByMarket(Market market, Pageable pageable);
  List<Index> findAll();
  Page<Index> findAll(Pageable pageable);
  Index findByCode(MarketCode code);
}
```

Spring Data 将 org.springframework.data.domain.Pageable 类型作为方法参数。当不需要完整的 Pageable 实例时,它还会识别出 org.springframework.data.domain.Sort 类型,动态将分页与排序功能应用到查询中。

下面是一些示例(来自于 Spring 参考文档)。

```
Page<User> findByLastname(String lastname, Pageable pageable);
Slice<User> findByLastname(String lastname, Pageable pageable);
List<User> findByLastname(String lastname, Sort sort);
List<User> findByLastname(String lastname, Pageable pageable);
```

请记住,排序选项也会通过 Pageable 进行处理,这正是应用中进行排序的方式。

从这些示例中可以看到,Spring Data 会返回 Page (org.springframework.data.domain.Page)、Slice (org.springframework.data.domain.Slice) 或 List。

令人惊诧之处在于:Page 对象包含了前端分页所需的一切信息!之前,我们看到过一个带有 Page 元素的 JSON 响应。通过如下请求, http://localhost:8080/api/indices/US.json?size=2&page=0&sort=dailyLatestValue,asc,我们请求第 1 个页面,并接收到 1 个 Page 对象,它告诉我们该页面是首页还是最后一页(firstPage: true/false, lastPage: true/false)、页面中的元素数量(numberOfElements: 2)、页面总数及元素总数(totalPages: 2, totalElements: 3)。

这意味着 Spring Data 首先会执行我们想让它执行的查询,接下来不使用分页过滤器执行一个总数查询。

Slice 对象是 Page 的父接口,它并不包含 numberOfElements 与 totalElements 的数量。

**PagingAndSortingRepository<T,ID>**

如果仓库没有继承 JpaRepository<T,ID>,那么可以让它继承 PagingAndSortingRepository<T,ID>。后者是 CrudRepository<T,ID> 的一个扩展,它通过分页与排序抽象提供了用于检索实体的额外方法。这些方法有:

```
Iterable<T> findAll(Sort sort);
Page<T> findAll(Pageable pageable);
```

**Web 层——PageableHandlerMethodArgumentResolver**

如前所述，我们向 RequestMappingHandlerAdapter 添加了 org.springframework.data.web.PageableHandlerMethodArgumentResolver Bean 来作为 customArgumentResolver。这样，就可以依靠 Spring 数据绑定来透明地将 Pageable 实例预先装配为方法处理程序参数（参见"实现"部分中的步骤 1 代码中加粗显示的内容）。

下表是对可用于绑定的请求参数的进一步说明。

| 参数名 | 目的/作用 | 默认值 |
| --- | --- | --- |
| page | 想要检索的页面 | 0 |
| size | 想要检索的页面数量 | 10 |
| sort | 应该以格式 property,property(,ASC\|DESC) 进行排序的属性。如果要切换方向，应该使用多个 sort 参数，比如 ?sort=firstname&sort=lastname,asc | 默认为升序排序 |

正如第 1 步所实现的那样，如果没有特定的参数，那么可以使用默认值。这是通过 @PageableDefault 注解实现的：

```
@PageableDefault(
size=10, page=0, sort={"dailyLatestValue"}, direction=Direction.DESC
)
```

可以通过在 Spring 配置中设置恰当的 PageableHandlerMethodArgumentResolver 属性来复写 page、size 与 sort 参数名。

如果出于某些原因没有使用 PageableHandlerMethodArgumentResolver，我们依然可以获取自己的请求参数（用于分页），然后通过它们构建一个 PageRequest 实例（比如 org.springframework.data.domain.PageRequest 就是一个 Pageable 实现）。

### 一个有用的规范参数解析器

在介绍这个有用的规范参数解析器之前，需要先来了解一下规范的概念。

**JPA2 标准 API 与 Spring Data JPA 规范**

Spring Data 参考文档提到，JPA 2 引入了一个标准 API，可用于以编程的形式构建查询。在编写条件时，我们实际上会为领域类定义查询的 where 子句。

Spring Data JPA 借用了 Eric Evans《领域驱动设计》（Domain Driven Design）一书中提到的规范概念，遵循同样的语义并提供了 API，从而使用 JPA 标准 API 来定义这种规范。

为了支持规范，我们可以使用JpaSpecificationExecutor接口继承仓库接口，就像下面代码所示的ProductRepository接口那样。

```
@Repository
public interface ProductRepository<T extends Product> extends
  JpaRepository<T, String>, JpaSpecificationExecutor<T> {
  Page<T> findByMarket(Market marketEntity, Pageable pageable);
  Page<T> findByNameStartingWith(String param, Pageable pageable);
  Page<T> findByNameStartingWith(String param, Specification<T>
    spec, Pageable pageable);
}
```

在这个示例中，findByNameStartingWith方法会获取名字以param参数开头且匹配spec规范的特定类型（StockProduct）的所有产品。

**SpecificationArgumentResolver**

如前所述，这个CustomArgumentResolver并没有绑定到一个官方Spring项目。它适用于某些场景，例如局部搜索引擎，起到对Spring Data动态查询、分页与排序特性的补充作用。

我们遵循相同的方式通过特定的参数来构建一个Pageable实例。借助于该参数解析器，我们可以通过特定参数透明地构建出一个Specification实例。它通过@Spec注解定义了where子句，例如like、equal、likeIgnoreCase以及in等。还可以将这些@Spec注解组合起来，借助于@And与@Or注解来构成AND与OR子句组。对此，一个很好的使用场景就是实现我们自己的搜索特性，作为分页与排序功能的补充。

建议参考一篇文章，它介绍了这个项目。该文章的标题是an alternative API for filtering data with Spring MVC & Spring Data JPA（一个通过Spring MVC和Spring Data JPA过滤数据的替代API），文章网址是：

http://blog.kaczmarzyk.net/2014/03/23/alternative-api-for-filteringdata-with-spring-mvc-and-spring-data

此外，该项目的仓库与文档地址是：

https://github.com/tkaczmarzyk/specification-arg-resolver

 虽然用处很大，不过该库的用户数却比Spring社区少很多。

## 扩展

到目前为止，我们一直在关注Spring MVC。不过，由于新增了一些界面，因此前端也有了一些变化（AngularJS）。

## Spring Data

请访问官方参考文档来了解关于 Spring Data 功能的更多信息：

http://docs.spring.io/spring-data/jpa/docs/1.8.0.M1/reference/html

## Angular 路由

如果在 Home 与 Prices and Market 菜单之间切换，你会看到整个页面并不会完全刷新，所有内容都是异步加载的。

为了实现这一目的，可以使用 AngularJS 路由。我们创建了 global_routes.js 文件来实现这个目的。

```
cloudStreetMarketApp.config(function($locationProvider,
  $routeProvider) {
  $locationProvider.html5Mode(true);
  $routeProvider
    .when('/portal/index', {
      templateUrl: '/portal/html/home.html',
      controller: 'homeMainController'
    })
  .when('/portal/indices-:name', {
    templateUrl: '/portal/html/indices-by-market.html',
    controller: 'indicesByMarketTableController'
  })
    .when('/portal/stock-search', {
      templateUrl: '/portal/html/stock-search.html',
      controller: 'stockSearchMainController'
    })
    .when('/portal/stock-search-by-market', {
      templateUrl: '/portal/html/stock-search-by-market.html',
      controller: 'stockSearchByMarketMainController'
    })
    .when('/portal/stocks-risers-fallers', {
      templateUrl: '/portal/html/stocks-risers-fallers.html',
      controller: 'stocksRisersFallersMainController'
    })
    .otherwise({ redirectTo: '/' });
});
```

这里，在路由（应用查询的 URL 路径，作为 href 标签导航的一部分）与 HTML 模板（位于服务器端，作为公共静态资源）之间定义了一个映射表。我们为这些模板创建了一个 html 目录。

接下来，AngularJS 会在每次请求具体的 URL 路径时异步加载模板。通常情况下，AngularJS 会丢弃并替换整个 DOM 部分。由于模版仅仅是模板而已，它们需要绑定到控制器上，后者会通过工厂操纵其他 AJAX 请求，从 REST API 拉取数据，并渲染期望的内容。

在之前的示例中：
- /portal/index 是一个路由、一个请求路径。
- /portal/html/home.html 是映射的模板。
- homeMainController 是目标控制器。

## 其他

访问此网址可以了解关于 AngularJS 路由的更多信息：
https://docs.angularjs.org/tutorial/step_07

### Bootstrap 分页与 Angular UI

我们使用了 AngularUI 团队（http://angular-ui.github.io）开发的 UI Bootstrap 项目（http://angular-ui.github.io/bootstrap）的分页组件。该项目提供了与 AngularJS 搭配使用的 Boostrap 组件。

对于分页来说，我们获得了一个由特定 AngularJS 指令所驱动的 Bootstrap 组件（与 Boostrap 样式表完美集成）。

可以通过 stock-search.html 模板查看已定义的一个分页组件。

```
<pagination page="paginationCurrentPage"
  ng-model="paginationCurrentPage"
  items-per-page="pageSize"
  total-items="paginationTotalItems"
  ng-change="setPage(paginationCurrentPage)">
</pagination>
```

page、ng-model、items-per-page、total-items 与 ng-change 指令使用了变量（paginationCurrentPage、pageSize 与 paginationTotalItems），它们都处于 stockSearchController 作用域中。

访问 http://angular-ui.github.io/bootstrap 可以了解有关该项目的更多信息。

# 全局处理异常

本节将介绍在 Web 应用中如何以全局的方式处理异常。

## 准备

在 Spring MVC 中有多种方式可以处理异常，可以定义特定于控制器的 @ExceptionHandler，或在 @ControllerAdvice 类中注册全局 @ExceptionHandler。

虽然 CloudstreetApiWCI 父类可以在其控制器中共享 @ExceptionHandler，但我们还是准备在 REST API 中使用第 2 种方式。

下面来看看如何自动将自定义与通用异常类型映射到 HTTP 状态码，以及如何在通用的响应对象中包装错误消息供客户端使用。

### 实现

1. 在错误发生时，需要向客户端返回一个包装器对象。

   ```
   public class ErrorInfo {
       public final String error;
       public int status;
       public final String date;

       private static final DateFormat dateFormat = new
         SimpleDateFormat("yyyy-MM-dd HH:mm:ss.SSS");
       public ErrorInfo(Throwable throwable, HttpStatus status){
         this.error = ExceptionUtil.getRootMessage(throwable);
         this.date = dateFormat.format(new Date());
         this.status = status.value();
       }
       public ErrorInfo(String message, HttpStatus status) {
         this.error = message;
         this.date = dateFormat.format(new Date());
         this.status = status.value();
       }
       @Override
       public String toString() {
         return "ErrorInfo [status="+status+", error="+error+",
           date=" + date + "]";
       }
   }
   ```

2. 创建一个 RestExceptionHandler 类并添加 @ControllerAdvice 注解。这个 RestExceptionHandler 类也继承自 ResponseEntityExceptionHandler 支持类，可以通过它访问将被复写的默认映射异常 / 响应状态。

   ```
   @ControllerAdvice
   public class RestExceptionHandler extends
     ResponseEntityExceptionHandler {

     @Override
   protected ResponseEntity<Object> handleExceptionInternal(Exception
     ex, Object body,
   ```

## 4 为无状态架构构建REST API

```java
    HttpHeaders headers, HttpStatus status, WebRequest request) {
if(body instanceof String){
return new ResponseEntity<Object>(new ErrorInfo((String)
  body, status), headers, status);
    }
  return new ResponseEntity<Object>(new ErrorInfo(ex,
  status), headers, status);
}

    // 400
    @Override
protected ResponseEntity<Object>
  handleHttpMessageNotReadable(final
  HttpMessageNotReadableException ex, final HttpHeaders
  headers, final HttpStatus status, final WebRequest request) {
return handleExceptionInternal(ex, "The provided request
  body is not readable!", headers, HttpStatus.BAD_REQUEST,
  request);
}

@Override
protected ResponseEntity<Object>
  handleTypeMismatch(TypeMismatchException ex, HttpHeaders
  headers, HttpStatus status, WebRequest request) {
  return handleExceptionInternal(ex, "The request parameters
  were not valid!", headers, HttpStatus.BAD_REQUEST, request);
  }
(...)

@ExceptionHandler({
  InvalidDataAccessApiUsageException.class,
  DataAccessException.class ,
  IllegalArgumentException.class })
protected ResponseEntity<Object> handleConflict(final
  RuntimeException ex, final WebRequest request) {
     return handleExceptionInternal(ex, "The request
       parameters were not valid!", new HttpHeaders(),
       HttpStatus.BAD_REQUEST, request);
}
(...)

// 500
@ExceptionHandler({ NullPointerException.class,
  IllegalStateException.class })
public ResponseEntity<Object> handleInternal(final
  RuntimeException ex, final WebRequest request) {
```

```
  return handleExceptionInternal(ex, "An internal error
    happened during the request! Please try again or
    contact an administrator.", new HttpHeaders(),
    HttpStatus.INTERNAL_SERVER_ERROR, request);
  }
}
```

> ErrorInfo 包装器与这个 RestExceptionHandler 都支持国际化，本书第 7 章将会对此进行介绍。

3. 为 MarketCode 与 QuotesInterval 枚举创建两个属性编辑器。

```
public class MarketCodeEditor extends
  PropertyEditorSupport{
public void setAsText(String text) {
    try{
      setValue(MarketCode.valueOf(text));
    } catch (IllegalArgumentException e) {
      throw new IllegalArgumentException("The provided
        value for the market code variable is invalid!");
    }
    }
}
public class QuotesIntervalEditor extends
  PropertyEditorSupport {
    public void setAsText(String text) {
    try{
       setValue(QuotesInterval.valueOf(text));
    } catch (IllegalArgumentException e) {
      throw new IllegalArgumentException("The provided
        value for the quote-interval variable is
          invalid!");
    }
  }
}
```

> 这两个属性编辑器会自动注册，因为它们满足了命名与位置方面的约定。由于 MarketCode 与 QuotesInterval 是枚举值，因此 Spring 会在 Enums 包中查找 MarketCodeEditor（Editor 后缀）与 QuotesIntervalEditor。

4. 仅此而已！接下来进行一个测试，向 AngularJS 工厂的 getHistoIndex 方法（位于 home_financial_graph.js 文件中）提供一个错误的市场代码。将 $http.get("/api/

indices/"+market+"wrong/"+index+"/histo.json")修改为$http.get("/api/in-dices/"+market+"/"+index+"/histo.json")。

5. 重启整个应用后（cloudstreetmarket-webapp 与 cloudstreetmarket-api），调用 http://localhost:8080/portal/index 会向索引加载发出一个 Ajax GET 请求，这会导致一个 400 状态码，如下图所示。

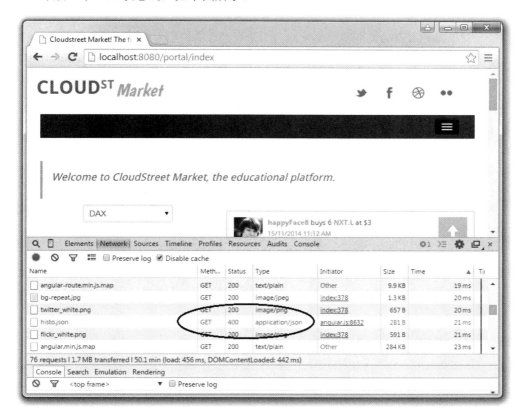

6. JSON 响应会列出关于该失败请求的详细信息，如下图所示。

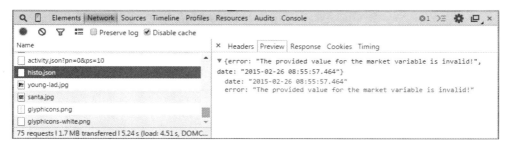

7. 测试正常后,将 home_financial_graph.js 文件改回去。

> **说明**
>
> 这里重点关注如何在 REST 环境下处理异常。相对于纯 Web 应用环境,我们的期望存在些许的不同,因为直接的用户可能并不是人类。出于这个原因,REST API 需要保持标准、一致且自解释的通信方式,即便某个过程出现了错误或失败亦如此。
>
> 这种一致性是通过服务器向客户端返回关于请求处理的恰当 HTTP 状态码反馈实现的,服务器也总是以客户端所期望的格式(与 HTTP 请求的 Accept 头信息中所列出的 MIME 类型相匹配的格式)返回响应体。

### 使用 @ControllerAdvice 实现全局异常处理

Spring 3.2 引入了一种新的解决方案,它比之前的异常处理机制更加适合于 REST 环境。采用这种解决方案,带有 @ControllerAdvice 注解的类可以注册到 API 的不同位置处。这些注解可通过类路径扫描找到,并且会自动注册到通用仓库中以支持所有控制器(默认情况下)或控制器子类(使用注解选项)。

在本书的示例中,我们定义了一个 @ControllerAdvice 来监控整个 API。其思路是在 @ControllerAdvice 所注解的类中定义相关的方法,这些方法能将特定的异常类型匹配到特定的 ResponseEntity 上。ReponseEntity 持有响应体与响应状态码。

需要定义的这些方法都会使用 @ExceptionHandler 注解。该注解的选项可以指定特定的异常类型。定义 @ControllerAdvice 时的一种常见模式是让其继承父类 ResponseEntityExceptionHandler。

#### ResponseEntityExceptionHandler 支持类

ResponseEntityExceptionHandler 支持类预先定义好了原始异常(如 NoSuchRequestHandlingMethodException、ConversionNotSupportedException 及 TypeMismatchException 等)与 HTTP 状态码之间的映射。

ResponseEntityExceptionHandler 实现了常见的响应渲染模式,会调用声明为 protected 的与特定情况相关的渲染方法,例如下面的 handleNoSuchRequestHandlingMethod。

```
protected ResponseEntity<Object> handleNoSuchRequestHandlingMethod(NoS
uchRequestHandlingMethod
  Exception ex, HttpHeaders headers, HttpStatus status, WebRequest request) {
    pageNotFoundLogger.warn(ex.getMessage());
  return handleExceptionInternal(ex, null, headers, status,
    request);
}
```

这些方法显然都可以在 @ControllerAdvice 所注解的类中复写。重要之处在于要返回 handleExceptionInternal 方法。

handleExceptionInternal 方法也被声明为 protected，同样可以被复写。这正是我们所做的事情——返回一个统一的 ErrorInfo 实例。

```
@Override
protected ResponseEntity<Object> handleExceptionInternal
  (Exception ex, Object body, HttpHeaders headers, HttpStatus
  status, WebRequest request) {
return new ResponseEntity<Object>(new ErrorInfo(ex,
  (body!=null)? body.toString() : null, status), headers, status);
}
```

**统一的错误响应对象**

关于统一的错误响应对象的字段，并没有标准的规范。这里为 ErrorInfo 对象定义如下结构：

```
{
  error: "Global categorization error message",
  message: "Specific and explicit error message",
  status: 400,
  date: "yyyy-MM-dd HH:mm:ss.SSS"
}
```

这里使用了两个不同级别的消息（来自于异常类型的全局错误消息与特定于具体情况的消息），可以让客户端选择更合适的一种（也可以都用）在应用中进行渲染。

如前所述，该 ErrorInfo 对象尚不支持国际化，第 7 章将会对相关部分进行改进。

## 扩展

这里提供一些与 Web 环境下异常处理相关的资源信息。

### HTTP 状态码

**World Wide Web Consortium**（万维网联盟）定义了 HTTP/1.1 的响应状态码。对于 REST API 来说，实现错误消息是至关重要的。访问 http://www.w3.org/Protocols/rfc2616/rfc2616-sec10.html 可以了解更多相关信息。

### Spring MVC 异常处理官方文章

**spring.io** 博客上的一篇文章很有价值，其内容不限于 REST，感兴趣的读者可以看看，地址是：

http://spring.io/blog/2013/11/01/exception-handling-in-spring-mvc

## JavaDocs

这里提供两个 JavaDoc 资源的 URL 供大家参考。

**ExceptionHandlerExceptionResolver：**

http://docs.spring.io/spring/docs/current/javadoc-api/org/springframework/web/servlet/mvc/method/annotation/ExceptionHandlerExceptionResolver.html

**ResponseEntityExceptionHandler：**

http://docs.spring.io/spring/docs/current/javadoc-api/org/springframework/web/servlet/mvc/method/annotation/ResponseEntityExceptionHandler.html

## 其他

- 建议浏览官方的示例站点，其中演示了如何渲染不同类型的 Spring MVC 异常：http://mvc-exceptions-v2.cfapps.io

# 使用Swagger生成文档与公开API

本节将会详细介绍如何通过 Swagger 提供与公开关于 REST API 的元数据。

## 准备

我们经常需要为用户与客户编写 API 文档。在编写 API 文档时，根据所用的工具，我们常常会有一些意外收获，例如通过 API 元数据生成客户端代码的能力，甚至可以生成 API 的集成测试框架。

目前还没有关于 API 元数据格式的统一标准。标准的缺失导致市面上涌现出了各种不同的针对 REST 文档的解决方案。

本书选择了 Swagger，因为它拥有大规模、高活跃度的社区。Swagger 于 2011 年面世，默认情况下提供了非常棒的 UI/ 测试设置与出色的配置。

## 实现

下面详细介绍基于检出的 v4.x.x 分支的代码所进行的修改。

1. 向 **cloudstreetmarket-core** 与 **cloudstreetmarket-parent** 添加 `swagger-springmvc` 项目的 Maven 依赖（0.9.5 版）。

    ```
    <dependency>
      <groupId>com.mangofactory</groupId>
      <artifactId>swagger-springmvc</artifactId>
      <version>${swagger-springmvc.version}</version>
    ```

```
</dependency>
```

2. 创建如下 swagger 配置类。

   ```
   @Configuration
   @EnableSwagger   // 加载框架所需的 Bean
   public class SwaggerConfig {

     private SpringSwaggerConfig springSwaggerConfig;
     @Autowired
       public void setSpringSwaggerConfig(SpringSwaggerConfig
       springSwaggerConfig) {
       this.springSwaggerConfig = springSwaggerConfig;
       }
     @Bean
     public SwaggerSpringMvcPlugin customImplementation(){
         return new SwaggerSpringMvcPlugin(
           this.springSwaggerConfig)
             .includePatterns(".*")
             .apiInfo(new ApiInfo(
             "Cloudstreet Market / Swagger UI",
             "The Rest API developed with Spring MVC
               Cookbook [PACKT]",
             "",
             "alex.bretet@gmail.com",
             "LGPL",
             "http://www.gnu.org/licenses/gpl-3.0.en.html"
         ));
       }
   }
   ```

3. 将如下配置添加到 dispatch-context.xml 中。

   ```
   <bean class="com.mangofactory.swagger.
     configuration.SpringSwaggerConfig"/>

   <bean class="edu.zc.csm.api.swagger.SwaggerConfig"/>
   <context:property-placeholder location="classpath*:/METAINF/
     properties/swagger.properties" />
   ```

4. 按照之前的配置，在路径 src/main/resources/META-INF/properties 中添加一个 **swagger.properties** 文件，其内容如下所示。

   ```
   documentation.services.version=1.0
   documentation.services.basePath=http://localhost:8080/api
   ```

5. 向三个控制器添加一个基本的文档。参见如下 IndexController 文档注解。

   ```
   @Api(value = "indices", description = "Financial indices")
   ```

```java
@RestController
@RequestMapping(value="/indices",
  produces={"application/xml", "application/json"})
public class IndexController extends CloudstreetApiWCI {

@RequestMapping(method=GET)
@ApiOperation(value = "Get overviews of indices", notes =
  "Return a page of index-overviews")
public Page<IndexOverviewDTO> getIndices(
@ApiIgnore @PageableDefault(size=10, page=0,
  sort={"dailyLatestValue"}, direction=Direction.DESC)
  Pageable pageable){
    return
    marketService.getLastDayIndicesOverview(pageable);
}

@RequestMapping(value="/{market}", method=GET)
@ApiOperation(value = "Get overviews of indices filtered by market",
  notes = "Return a page of index-overviews")
public Page<IndexOverviewDTO> getIndicesPerMarket(
  @PathVariable MarketCode market,
  @ApiIgnore
@PageableDefault(size=10, page=0,
  sort={"dailyLatestValue"}, direction=Direction.DESC)
  Pageable pageable){
    return
    marketService.getLastDayIndicesOverview(market, pageable);
}

@RequestMapping(value="/{market}/{index}/histo", method=GET)
@ApiOperation(value = "Get historical-data for one index",
  notes = "Return a set of historical-data from one index")
public HistoProductDTO getHistoIndex(
  @PathVariable("market") MarketCode market,
  @ApiParam(value="Index code: ^OEX")
  @PathVariable("index") String
  indexCode,@ApiParam(value="Start date: 2014-01-01")
  @RequestParam(value="fd",defaultValue="") Date fromDate,
  @ApiParam(value="End date: 2020-12-12")
  @RequestParam(value="td",defaultValue="") Date toDate,
  @ApiParam(value="Period between snapshots")
  @RequestParam(value="i",defaultValue="MINUTE_30")
  QuotesInterval interval){
```

```
    return marketService.getHistoIndex(indexCode, market,
       fromDate, toDate, interval);
  }
}
```

6. 从 `https://github.com/swaggerapi/swagger-ui` 下载 Swagger UI，这是个静态文件（JS、CSS、HTML 与图片等）的集合。将其保存到 cloudstreetmarket-api 项目的 webapp 目录。

7. 最后，向 dispatch-context.xml 添加 MVC 命名空间配置，这样 Spring MVC 就可以访问项目中的静态文件了。

```
<!-- Serve static content-->
<mvc:default-servlet-handler/>
```

8. 配置好之后，访问 `http://localhost:8080/api/index.html` 会打开 Swagger UI 文档界面，如下图所示。

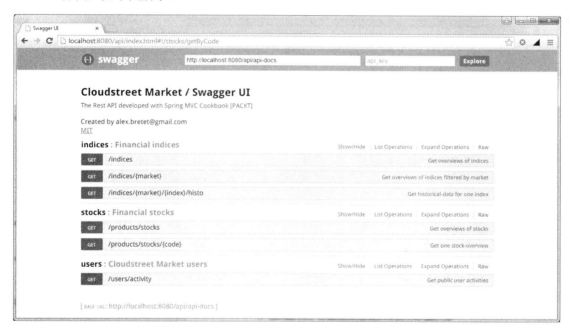

这不仅是个 REST 文档仓库，还是个便捷的测试工具，如下图所示。

# Spring MVC 实战

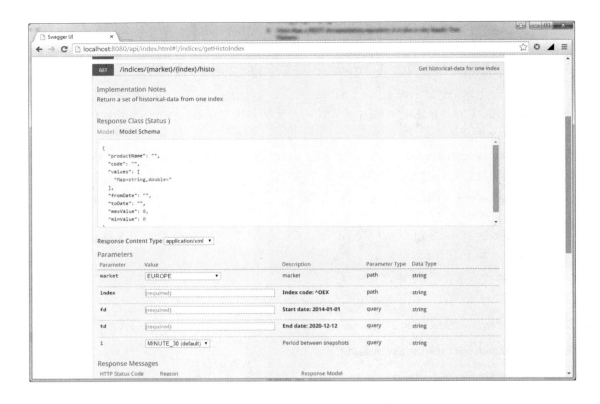

### 说明

Swagger 有自己的控制器来发布 API 元数据。Swagger UI 会对这些元数据进行解析，并将其展示出来。

#### 公开的元数据

在服务器端，将 com.mangofactory/swagger-springmvc 依赖添加到 swagger-springmvc 项目，借助于 SwaggerConfig 类，库会在根路径 /api-docs 创建一个控制器，并在那里发布 REST API 的全部元数据。

访问 http://localhost:8080/api/api-docs 可查看 REST API 文档的根，如下图所示。

# 4 为无状态架构构建REST API

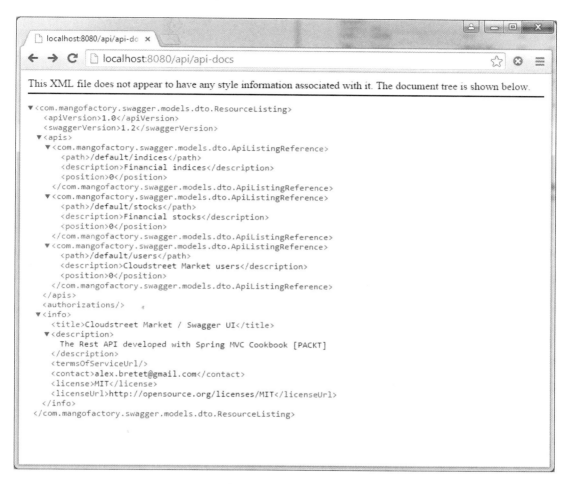

此内容是公开的元数据，实现了Swagger规范。该元数据具有可导航结构，可以在XML的`path`结点处找到指向其他元数据的链接。

### Swagger UI

Swagger UI 仅由静态文件（CSS、HTML 与 JavaScript 等）构成。JavaScript 逻辑实现了 Swagger 规范，并且会递归解析全部公开的元数据。接下来，它会动态构建 API 文档站点与测试工具，挖掘出每个端点及其元数据。

### 扩展

对于本节内容来说，建议进一步了解 Swagger 及其 Spring MVC 项目的实现。

### Swagger.io

访问 `http://swagger.io` 可以查阅规范以及更多内容。

### swagger-springmvc 文档

swagger-springmvc 项目在持续不断地变化着，它将成为一个更大项目——SpringFox 的一部分。SpringFox 现在也支持 Swagger 规范的第 2 版。建议访问如下网址查看其当前参考文档：

`http://springfox.github.io/springfox/docs/current`

还有这个迁移指南，用于从 swagger 规范 1.2（本节所实现的）迁移至 swagger 规范 2.0：

`https://github.com/springfox/springfox/blob/master/docs/transitioning-to-v2.md`

## 其他

这里介绍一下与 Swagger 相关的各种工具与规范。

### 不同的工具、不同的标准

之前曾提到过，目前还没有一个通用标准能够证明一个工具比另一个工具好。因此，除了 Swagger 外，多了解一些工具总归是有益的，因为这个领域的变化非常快。下面是两篇不错的文章：

- `http://www.mikestowe.com/2014/07/raml-vs-swagger-vs-apiblueprint.php`
- `http://apiux.com/2013/04/09/rest-metadata-formats`

# 5

# 使用Spring MVC进行认证

本章主要内容：

- 配置 Apache HTTP 服务器来代理 Tomcat 服务器
- 修改用户和角色来适应 Spring Security
- 基于 BASIC 的认证
- 在 REST 环境中存储认证信息
- 基于第三方 OAuth2 的认证
- 对 Service 和 Controller 进行授权

## 引言

本章，在开发 `CloudStreetMarket` 应用的过程中，将介绍两种在 Spring 开发环境中会用到的认证方式。

仅仅介绍那些对 Controller 和 Service 进行限制的 Security 注解并不足以展现 Spring Authentication 的全部内容。很明显，在对 `Authentication` 对象的作用、Spring 的 Security 过滤器链（Filter-chain）、Security 拦截器（Interceptor）工作流等一些关键概念缺乏了解的情况下，不可能有足够的信心在 Spring MVC 中使用 Security 工具。此外，为了配置 OAuth 认证，本章也将介绍如何在服务器上配置 Apache HTTP 代理以及主机别名，以便在本地模拟 `cloud-streetmarket.com` 域名。

## 配置Apache HTTP服务器来代理Tomcat服务器

我们将使用本地别名 cloudstreetmarket.com（80 端口）来访问开发的应用，而不再使用之前的 `localhost:8080`。有时候，在集成第三方系统时，进行这样的配置是必须完成的步骤。在本书的示例中，这个第三方系统是 Yahoo! 及其 OAuth2 认证服务器。

## 准备

本节大部分都是关于系统配置的。我们将安装 Apache HTTP 服务器，并了解一些 Apache Tomcat 基本知识。我们会更新 Tomcat 连接器（Connector），并在 Apache 的配置文件中创建虚拟主机（Virtual Host）。

通过本节可以学习在具有高扩展性的高级架构中，如何通过系统配置来实现高度的灵活性，以及简化 web 内容提供服务。

## 实现

1. 对于 Windows 操作系统，下载并安装 Apache HTTP 服务器。

   1) 最简单的方式就是直接从官方网站上下载二进制包，从下列 URL 中选择最新的 Zip 压缩包下载。

   ```
   http://www.apachelounge.com/download
   http://www.apachehaus.com/cgi-bin/download.plx
   ```

   2) 在 C 盘创建 apache24 文件夹，将下载的文件解压缩到此目录。

    可以直接通过这种方式访问 bin 文件夹，C:\apache24\bin。

2. 在 Linux 或 Mac 系统中，下载并安装 Apache HTTP 服务器。

   1) 从 Apache 网站下载最新的源码（tar.gz 压缩文件）：

   ```
   http://httpd.apache.org/download.cgi#apache24
   ```

   2) 将下载的文件解压缩，得到源码文件。

   ```
   $ tar -xvzf httpd-NN.tar.gz
   $ cd httpd-NN
   ```

    代码中的 NN 指的是当前 Apache HTTP 服务器的版本号。

   3) 对源代码进行自动配置。

   ```
   $ ./configure
   ```

   4) 对源码包进行编译。

   ```
   $ make
   ```

   5) 安装软件。

   ```
   $ make install
   ```

# 5 使用Spring MVC进行认证

3. 在 Windows 操作系统中，在 hosts 文件中添加一条别名记录。

   1) 使用记事本程序编辑 hosts 文件，文件路径是：

   `%SystemRoot%\system32\drivers\etc\hosts`

    该文件没有扩展名，保存该文件时，记事本程序不会进行提示。

   2) 将下面这条记录添加到文件末尾。

   `127.0.0.1 cloudstreetmarket.com`

   3) 保存修改。

4. 在 Linux/Mac OS 中，在 hosts 文件中添加一条别名记录。

   1) 编辑 hosts 文件，文件路径为 /etc/hosts。
   2) 将如下记录添加到文件末尾。

   `127.0.0.1 cloudstreetmarket.com`

   3) 保存修改。

5. 对于所有的操作系统而言，都需要编辑 Apache 的配置文件 httpd.conf。

   1) 该文件位于 C:\apache24\conf（Windows 系统）或者 /usr/local/apache2/conf（Linux 和 Mac 系统）。
   2) 将下面两行代码前面的 # 号删除。

   **LoadModule proxy_module modules/mod_proxy.so**
   **LoadModule proxy_http_module modules/mod_proxy_http.so**

   3) 在文件的末尾添加如下配置信息。

   ```
   <VirtualHost cloudstreetmarket.com:80>
     ProxyPass        /portal http://localhost:8080/portal
     ProxyPassReverse /portal http://localhost:8080/portal
     ProxyPass        /api    http://localhost:8080/api
     ProxyPassReverse /api    http://localhost:8080/api
     RedirectMatch ^/$ /portal/index
   </VirtualHost>
   ```

    在本书配套文件中可以找到已经修改过的 httpd.conf 示例文件（基于 Apache HTTP 2.4.18，chapter_5/source_code/app/apache）。

6. 编辑 Tomcat 的配置文件 server.xml。

1) 该文件位于 C:\tomcat8\conf（Windows 系统）或 /home/usr/{system.username}/tomcat8/conf（Linux 和 Mac 系统）。
2) 找到 <Connector port"="8080"" protocol"="HTTP/1.1"" ... > 部分，并修改为如下内容。

```
<Connector port"="8080"" protocol"="HTTP/1.1""
connectionTimeout"="20000"
redirectPort"="8443""
proxyName"="cloudstreetmarket.com"" proxyPort"="80""/>
```

在本书配套文件中可以找到已经修改过的 server.xml 示例文件（基于 Apache Tomcat 8.0.30，chapter_5/source_code/app/tomcat）。

7. 在 Windows 操作系统中，启动 Apache HTTP 服务器的步骤如下所述。

   1) 打开命令行窗口，输入如下命令。

   ```
   $ cd C:/apache24/bin
   ```

   2) 安装 Apache 服务。

   **$ httpd.exe -k install**

   3) 启动服务器。

   ```
   $ httpd.exe -k start
   ```

8. 在 Linux 和 Mac 操作系统中，启动 Apache HTTP 服务器。

   ```
   $ sudo apachectl start
   ```

   现在就可以启动 Tomcat 服务器了，打开习惯使用的 Web 浏览器，访问 http://cloudstreetmarket.com，应该能看到如下图所示的入口页面。

# 5 使用Spring MVC进行认证

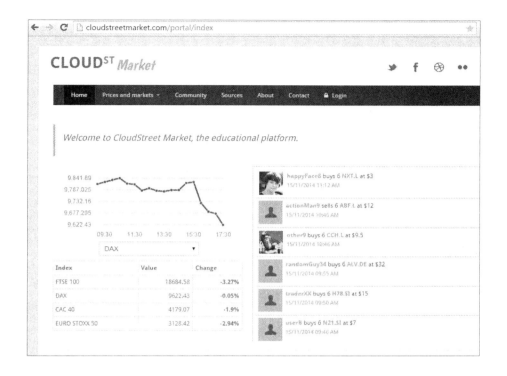

### 说明

从某种程度上说，这里对 Apache 服务器进行的配置现如今已经是一种很标准化的事情了，它能够满足网络中各种各样的定制化需求。借助于此，也可以着手提高系统的可伸缩性。

#### DNS 配置与 host 别名

让我们回顾一下 Web 浏览器的工作原理。当我们在浏览器中输入一个 URL 时，最终的服务器是通过 IP 来访问的，浏览器会与该 IP 的特定端口建立 TCP 连接。浏览器需要将特定的名称解析为 IP 地址。

为了完成这一解析工作，浏览器会查询互联网上的一连串域名服务器（Domain Name Server），这个查询通常是从用户的**互联网服务提供商**（ISP）开始的。每台 DNS 大体上都是这样工作的：

- 首先，尝试通过查找自己的数据库或者缓存来解析 IP。
- 如果没有查找到，会询问另一台 DNS 并开始等待，收到返回结果后会将其缓存并发送回调用方。

管理某个特定域名的 DNS 被称为**授权起点**（Start Of Authority，缩写为 SOA）。这种 DNS

通常是由注册服务机构提供的，我们通常使用它们的服务来为某个域名区域（Domain Zone）配置相关记录（以及服务器 IP）。

在网络上，每台 DNS 服务器都会尝试解析最终的 SOA，处于最上层的 DNS 服务器被称为**根域名服务器**（Root Name Servers）。有数百台服务器绑定了某个特定的**顶级域名**（Top-Level Domain，TLD），比如 .com、.net 和 .org 等。

当浏览器获取到 IP 地址以后，就会与特定的端口（默认是 80）建立 TCP 连接。而在远端的服务器接受该连接之后，就可以通过网络发送 HTTP 请求了。

### 编辑 DNS 记录

一旦进入上线阶段，我们就需要在域名提供商那里将真正的域名配置为 DNS 记录，并上线。所要配置的 DNS 记录的类型各不相同，它们都有着各自特定的用途或者作为特定的资源类型来使用：host、标准名称（Canonical Names）、邮件网关、命名服务器，等等。通常在域名服务提供商的网站上都能找到具体的指导说明。

### 主机别名

在与各种 DNS 服务器联络之前，操作系统也能够自己解析 IP。出于这种目的，host 文件是一个纯文本的注册表。向该文件中添加别名记录也就是给那些末端的服务器定义了代理。这是开发环境中很常见的一种技术方案，但它又不局限于开发环境中。

每行 IP 地址后面都可以跟着一个或者多个主机名称，每个主机名称是由空格或者 Tab 字符来分隔的。可以在每行的开头使用 # 字符来将某条记录注释掉，空行会被忽略。IP 地址既可以是 IPv4，也可以是 IPv6。

该文件仅用于主机别名，在此阶段不需要处理端口的事情。

#### 为 OAuth 开发定义别名

在本章中，我们会使用 OAuth2 协议来进行认证。在 OAuth 中，存在**认证服务器**（Authentication Server）和**服务提供者**（Service Provider）两种角色。在我们的系统中，认证服务器将使用第三方系统（Yahoo!），而服务提供者则是我们的应用（cloudstreetmarket.com）。

基于 OAuth2 的认证和授权是在第三方系统上进行的。一旦这些步骤完成，认证服务器会使用回调 URL 将 HTTP 请求跳转到服务提供者，这个回调 URL 是之前作为参数传递给认证服务器的，或者作为变量保存在认证服务器端。

第三方系统有时会阻止那些指向 `localhost:8080` 的回调 URL，而在本地测试和开发 OAuth2 会话还是有必要的。

为主机名配置代理（在 hosts 文件中），并在 HTTP 服务器中配置虚拟主机来管理端口、URL 重写，以及重定向，这些办法对于本地环境以及线上环境而言都是很好的解决方案。

## Apache HTTP 配置

Apache HTTP 服务器采用的是 TCP/IP 协议，并提供了一套 HTTP 协议的实现。TCP/IP 使得计算机之间能够通过网络进行对话。

局域网和广域网中每台采用 TCP/IP 协议的计算机都有一个 IP 地址。当有请求到达接口（比如以太网卡接口）时，它会被尝试根据目标端口号来映射到机器上的某个服务上（DNS、SMTP、HTTP 等）。Apache 通常使用 80 端口来进行监听。

### 虚拟主机（Virtual-hosting）

这个功能可以让我们在单个 Apache 实例上运行和维护多个网站。我们通常按照 < VirtualHost> 标签进行分组，组与组之间使用 site ID 进行标识，每组都包含了一系列作用于特定站点的 Apache 指令。

不同的站点可以按照如下方式进行定义。

1. 根据名称：

   ```
   NameVirtualHost 192.168.0.1
   <VirtualHost portal.cloudstreetmarket.com>…</VirtualHost>
   <VirtualHost api.cloudstreetmarket.com>…</VirtualHost>
   ```

2. 根据 IP（可以继续在这个区块里面定义 ServerName）：

   ```
   <VirtualHost 192.168.0.1>…</VirtualHost>
   <VirtualHost 192.168.0.2>…</VirtualHost>
   ```

3. 根据端口：

   ```
   Listen 80
   Listen 8080
   <VirtualHost 192.168.0.1:80>…</VirtualHost>
   <VirtualHost 192.168.0.2:8080>…</VirtualHost>
   ```

我们现在只配置了一台机器和一个 Tomcat 服务器，这并不是一个理想的场景，无法完全展现出虚拟主机的价值。然而，我们已经使用这个配置设定了一个站点，这是实现可伸缩性和负载均衡的第一步。

### mod_proxy 模块

这个 Apache 模块为 Apache HTTP 服务器提供了代理 / 网关的功能。这是一个非常核心的功能，因为正是依靠于它，Apache 才得以通过网络来管理一系列非常复杂的应用系统，并在多台服务器上进行均衡分配，但是对外却只暴露了一个接口。

这使得 Apache 不再止步于其最初的用途：通过 HTTP 暴露文件系统的目录。这个模块依赖于五个特定的子模块：`mod_proxy_http`、`mod_proxy_ftp`、`mod_proxy_ajp`、`mod_proxy_balancer` 和 `mod_proxy_connect`。当使用这些子模块时，`mod_proxy` 是必需的。我们既可以

使用 ProxyPass 将代理定义为正向代理，也可以使用 ProxyPassReverse 将其定义为反向代理。人们经常借此来通过互联网访问防火墙后面的服务器。

可以使用 ProxyPassMatch 来代替 ProxyPass，它提供了正则匹配的功能。

### ProxyPassReverse

反向代理会像 Web 服务器那样对响应信息和重定向信息进行处理。为了使用这一功能，通常会将其与 ProxyPass 的定义放在一起，就像我们的系统所定义的那样。

```
ProxyPass         /api http://localhost:8080/api
ProxyPassReverse  /api http://localhost:8080/api
```

### Workers

代理是通过被称为 worker 的对象来管理相关服务器的配置及服务器之间的会话参数的，可以将 worker 作为一组参数。当设置反向代理时，我们会使用 ProxyPass 或者 ProxyPassMatch 来配置这些 woker。

```
ProxyPass /api http://localhost:8080/api connectiontimeout=5 timeout=30
```

举一些有关 worker 参数的例子：connectiontimeout（以秒为单位）、keepalive（On/Off）、loadfactor（从 1 到 100）、route（当内部使用负载均衡器时，用于绑定 sessionid）、ping（会向 ajp13 连接器发送 CPING 请求以确保 Tomcat 不会过于繁忙）、min/max（连接到相关服务器的连接池数目）、ttl（连接服务器的过期时间）。

### mod_alias 模块

该模块提供了 URL 别名和客户端请求重定向的功能。我们已经使用这个模块将对 cloud-streetmarket.com 发起的请求默认重定向到了 Web 网站的入口首页（cloudstreetmarket.com/portal/index）。

要注意的是，跟 ProxyPassMatch 一样，RedirectMatch 也对 Redirect 进行了改进，它也具有正则匹配的功能。

## Tomcat 连接器

一个**连接器**（Connector）代表着一个进程单元：监听特定端口以接收请求，将这些请求转发给特定的引擎（Engine），接收该引擎动态生成的内容，最后将所生成的内容再发送回那个端口。可以在 Service 组件中定义多个连接器，共享一个引擎。在一个 Tomcat 实例（服务器）中，可以定义一个或多个服务。在 Tomcat 中有两种类型的连接器。

### HTTP 连接器

默认情况下，Tomcat 在 8080 端口上设置 HTTP 连接器，它支持 HTTP1/1 协议并允许

Catalina 作为独占 Web 服务器来运行。HTTP 连接器可以运行在某个代理后面。Tomcat 支持使用 mod_proxy 作为负载均衡器，这是本书后面准备使用的方案。当在某个代理之后实现时，需要设置 proxyName 和 proxyPort 这两个属性，这样 Servlet 才可以将指定值绑定到请求的属性 request.getServerPort() 和 request.getServerName() 上。

"此连接器的特点是较低的延迟和最优的整体性能。"Tomcat 文档对于 HTTP 代理是这么说的，"需要说明的是，HTTP 代理的性能通常要低于 AJP 的性能。"

然而，配置 AJP 集群会导致架构增加额外的层次。对于无状态的架构而言，这多出来的一层是否有必要还有很多争论。

### AJP 连接器

AJP 连接器与 HTTP 连接器的作用是一样的，唯一的不同是 AJP 连接器支持的是 AJP 协议，而非 HTTP 协议。Apache JServ Protocol（AJP）是优化过的二进制 HTTP 连接器，它能够让 Apache HTTP 服务器在不同 Tomcat 服务器之间有效地进行平衡，也能够让 Apache HTTP 服务器在 Tomcat 生成动态内容时提供 Web 应用的静态内容。

在 Apache HTTP 服务器端，这个连接器需要 mod_proxy_ajp 模块，我们的配置就会变成：

```
ProxyPass / ajp://localhost:8009/api
ProxyPassReverse / http://cloudstreetmarket.com/api/
```

### 扩展

这里提供一些有用的在线内容，便于读者对上述内容进行更加深入的了解。

- DNS 与分布式系统

    http://computer.howstuffworks.com/dns.htm
    https://en.wikipedia.org/wiki/Root_name_server

- 域名系统工作原理

    http://wiki.bravenet.com/How_the_domain_name_system_works

- Apache HTTP 服务器

    http://httpd.apache.org/docs/trunk/getting-started.html

- 我们所用的模块

    http://httpd.apache.org/docs/2.2/mod/mod_alias.html
    http://httpd.apache.org/docs/2.2/en/mod/mod_proxy.html

- Tomcat 连接器

    http://tomcat.apache.org/tomcat-8.0-doc/connectors.html
    http://wiki.apache.org/tomcat/FAQ/Connectors

```
https://www.mulesoft.com/tcat/tomcat-connectors
```
- 代理模式

   ```
   http://tomcat.apache.org/tomcat-8.0-doc/proxy-howto.html#Apache_2.0_Proxy_Support
   ```

### 其他

- 在使用 AJP 连接器时，ProxyPassReverse 的定义会和 HTTP 连接器的定义有所区别：

   ```
   http://www.apachetutor.org/admin/reverseproxies
   http://www.humboldt.co.uk/the-mystery-of-proxypassreverse
   ```

- 如果想配置一个 AJP 集群，可参考如下链接的内容：

   ```
   http://www.richardnichols.net/2010/08/5-minute-guide-clustering-apache-tomcat/
   ```

### Apache HTTP 服务器的替代品

在大流量的场景中是否适合使用 Apache HTTP 服务器是一件值得讨论的事情，特别是因为默认的设置会导致程序为每个连接创建一个新的进程。

如果只是在寻找代理服务器或者负载均衡器，应该考虑一下 HAProxy（`http://haproxy.org`）。HAProxy 是一个高可用的负载均衡和代理服务器，是免费和开源（GPL v2）的产品，GitHub、StackOverflow、Reddit、Twitter 等公司在使用。

Nginx（`http://nginx.org`）可能是目前接受程度最高的 Apache HTTP 替代品，它关注于高并发和低内存使用率。其许可证是 2-clause BSD。

## 修改用户和角色以适应Spring Security

也许这一节内容应该分开来介绍，因为用户和角色通常是应用和 Spring Security 的"分界线"。

### 准备

本节，将会安装 Spring Security 依赖并修改 `User` 实体类，并且基于所创建的自定义 `Role` 枚举来创建一个 `Authority` 实体类，最后修改 `init.sql` 脚本来添加一组用户。

### 实现

1. 从 Eclipse 的 **Git** 视图中，检出最新的 `v5.x.x` 分支，然后在 `cloudstreetmarket-parent` 模块中运行 `maven clean install` 命令（右键单击该模块，选择 **Run as ... | Maven**

Clean命令，然后选择 Run as ... | Maven Install 命令）。运行 Maven Update Project 来让 Eclipse 与 Maven 的配置进行同步（右键单击该模块，选择 Maven | Update Project 命令）。

>  前后端代码都会发生一些变化。

2. Spring Security 框架具有以下依赖，把它们添加到 cloudstreetmarket-parent、cloudstreetmarket-core 和 cloudstreetmarket-api 模块中。

```
<!-- Spring Security -->
<dependency>
  <groupId>org.springframework.security</groupId>
  <artifactId>spring-security-web</artifactId>
  <version>4.0.0.RELEASE</version>
</dependency>
<dependency>
  <groupId>org.springframework.security</groupId>
  <artifactId>spring-security-config</artifactId>
  <version>4.0.0.RELEASE</version>
</dependency>
```

3. User 实体类已经修改完成，现在，它对应的是 users 表（不再是之前的 user 表）。它同时还实现了 UserDetails 接口。

```
@Entity
@Table(name="users")
public class User implements UserDetails{
private static final long serialVersionUID = 
   1990856213905768044L;

@Id
@Column(name = "user_name", nullable = false)
private String username;

@Column(name = "full_name")
private String fullName;

private String email;
private String password;
private boolean enabled = true;
private String profileImg;

@Column(name="not_expired")
private boolean accountNonExpired;
```

```
@Column(name="not_locked")
private boolean accountNonLocked;

@Enumerated(EnumType.STRING)
private SupportedCurrency currency;

@OneToMany(mappedBy= "user", cascade = CascadeType.ALL,
  fetch = FetchType.LAZY)
@OrderBy("id desc")
private Set<Action> actions = new LinkedHashSet<Action>();

@OneToMany(mappedBy="user", cascade = CascadeType.ALL,
  fetch = FetchType.EAGER)
private Set<Authority> authorities = new
  LinkedHashSet<Authority>();

@OneToMany(cascade=CascadeType.ALL, fetch = FetchType.LAZY)
private Set<SocialUser> socialUsers = new
  LinkedHashSet<SocialUser>();

//getter 和 setter 依据 UserDetails 接口
...
}
```
这个 User 实体类与 SocialUser 有关联关系。SocialUser 用于 OAuth2 认证，稍后的内容中将对其进行介绍。

4. 创建 Authority 实体，它与 authorities 表相对应。这个实体还实现了 GrantedAuthority 接口，代码如下：

```
@Entity
@Table(name"="authorities"",
  uniqueConstraints={@UniqueConstraint(columnNames = 
  "{"username""","authority""})})
public class Authority implements GrantedAuthority{
  private static final long serialVersionUID =
    1990856213905768044L;
  public Authority() {}
  public Authority(User user, Role authority) {
    this.user = user;
    this.authority = authority;
  }
  @Id
  @GeneratedValue
  private Long id;
```

```
    @OneToOne(fetch = FetchType.LAZY)
    @JoinColumn(name = ""username"", nullable=false)
    private User user;
    @Column(nullable = false)
    @Enumerated(EnumType.STRING)
    private Role authority;
    //getter 和 setter 依据 GrantedAuthority 接口
    ...
}
```

5. 为了提高可读性，在 cloudstreetmarket-core 模块中为不同的角色创建一个枚举类型 Role。

```
public enum Role {
    ROLE_ANONYMOUS,
    ROLE_BASIC,
    ROLE_OAUTH2,
    ROLE_ADMIN,
    ROLE_SYSTEM,
    IS_AUTHENTICATED_REMEMBERED;   // 临时角色
}
```

6. 同样，对 init.sql 文件进行一些修改。已有的预初始化脚本是和 user 表关联的，现在已经对其进行了修改，使得能够适应新的表结构。

```
insert into users(username, fullname, email, password, profileImg,
  enabled, not_expired, not_locked) values
    ('userC', '', 'fake12@fake.com', '123456', '', true, true, true);
insert into authorities(username, authority) values
    ('userC', 'ROLE_'BASIC');
```

7. 启动应用程序（不应该有异常出现）。

8. 单击 **login** 按钮（在主菜单的右侧），会看到页面弹出如下的登录对话框，提示输入用户名和密码，如下图所示。

9. 还可以创建一个新用户。在上图所示的对话框中，单击右下角的 Create new account 链接，会显示下图所示的内容。

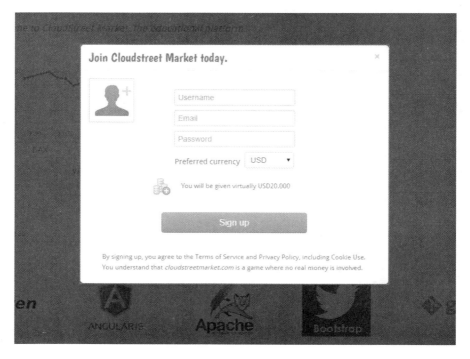

10. 现在让我们用下面这些数据来创建一个新用户。

    ```
    username: <marcus>
    email: <marcus@chapter5.com>
    password: <123456>
    preferred currency: <USD>
    ```

     对于用户头像，必须在服务器上创建相应的文件夹，文件夹路径要与 cloudstreetmarket-api/src/main/resources/application.properties 文件的 pictures.user.path 属性保持一致。

    然后，单击用户图标来上传头像图片，如下图所示。

    最后，单击 **Sign up** 按钮关闭对话框。

11. 现在，访问 http://cloudstreetmarket.com/api/users/marcus，能够获取到 Marcus 用户的信息，如下图所示。

### 说明

到现阶段，我们对实体类都预先进行了配置，所以它们都是遵循 Spring Security 框架要求的。本节会涉及 Spring Security 的许多概念，后续章节会对相关内容展开更深入的探讨。

### Spring Security 介绍

Spring Security 基于三个核心组件而构建，分别是 SecurityContextHolder 对象、SecurityContext 及 Authenticatio 对象。

SecurityContextHolder 对象用于为 JVM 定义和加载一个实现了 SecurityContextHolderStrategy 接口的对象（作用是保存和获取 SecurityContext 对象）。

SecurityContextHolder 具有一个静态字段：

private static SecurityContextHolderStrategy strategy;

在大多数的设计中，默认选择的策略是 Threadlocal (ThreadLocalSecurityContextHolderStrategy)。

#### Threadlocal Context Holder

当有多个 HTTP 请求进入时，Tomcat 实例会创建多个线程，但是管理的只有一个 Spring MVC Servlet（就像其他 Servlet 一样）。代码如下：

```
final class ThreadLocalSecurityContextHolderStrategy implements
    SecurityContextHolderStrategy {
  private static final ThreadLocal<SecurityContext>
    contextHolder = new ThreadLocal<SecurityContext>();
  ...
}
```

在 Spring MVC 中，为每个请求所分配的线程都能够访问 `SecurityContext` 对象的一个副本，`SecurityContext` 对象为每个用户（或其他可标识的事物）保存着一个 `Authentication` 对象。

一旦 `SecurityContext` 的副本不再被引用，就会被垃圾回收器回收。

## 重要的 Spring Security 接口

在 Spring Security 中，有许多非常重要的接口。接下来特别介绍一下 `Authentication`、`UserDetails`、`UserDetailsManager` 和 `GrantedAuthority` 这几个接口。

### Authentication 接口

Spring `Authentication` 对象可以通过 `SecurityContext` 来获取。这个对象通常由 Spring Security 进行管理，但是上层应用也经常需要在它们的业务代码中访问该对象。

`Authentication` 对象的接口如下：

```
public interface Authentication extends Principal, Serializable {
  Collection<? extends GrantedAuthority> getAuthorities();
  Object getCredentials();
  Object getDetails();
  Object getPrincipal();
  boolean isAuthenticated();
  void setAuthenticated(boolean isAuthenticated) throws
    IllegalArgumentException;
}
```

它能够访问 `Principal` 对象（用来代表标识过的用户、实体、公司或者顾客）、认证数据、授权信息以及其他可能需要的额外详细数据。现在，看看如何从 `SecurityContextHolder` 中取出一个用户。

```
Object principal = SecurityContextHolder.getContext()
  .getAuthentication()
  .getPrincipal();
if (principal instanceof UserDetails) {
    String username = ((UserDetails) principal).getUsername();
} else {
  String username = principal.toString();
}
```

`Principal` 类是由核心框架所定义的，它能够转换成 Spring 的 `UserDetails` 类型。`Authentication` 接口的作用是作为一个标准规范将各个扩展模块（Spring Social，Connect，Spring Security SAML，Spring Security LDAP 等）连接起来。

### UserDetails 接口

`UserDetails` 的实现类能够以一种可扩展并且和具体应用相关的方式来表示 Principal。

你一定会注意到 `UserDetailsService` 接口只提供了一个方法 `loadUserByUsername`，在核心框架中，这个方法非常关键，它的作用是获取账号信息。

```
public interface UserDetailsService {
  UserDetails loadUserByUsername(String username) throws
    UsernameNotFoundException;
}
```

Spring Security 为这个接口提供了两个实现类：`CachingUserDetailsService` 和 `JdbcDaoImpl`。这样，不论是想使用基于内存形式的 `UserDetailsService` 还是基于 JDBC 的 `UserDetailsService`，都能够得到满足。从全局来看，最重要的事情通常是用户和角色的保存位置和保存方式，只有解决了这两件事情，Spring Security 才能访问这些数据以及处理认证过程。

### 认证提供者

Spring Security 访问用户和角色数据的方式是和所选的认证提供者（Authentication Provider）一起配置在 Spring Security 的配置文件中的。

下面两个配置示例使用的都是框架自带的 `UserDetailsService` 实现：

```xml
<security:authentication-manager alias="authenticationManager">
  <security:authentication-provider>
    <security:jdbc-user-service data-source-ref="dataSource" />
  </security:authentication-provider>
</security:authentication-manager>
```

第一个例子指定的是一个基于 JDBC 的 `UserDetailsService`，下面这个例子则指定的是一个基于内存的 `UserDetailsService`。

```xml
<security:authentication-manager alias="authenticationManager">
  <security:authentication-provider>
    <security:user-service id="inMemoryUserDetailService"/>
  </security:authentication-provider>
</security:authentication-manager>
```

在本书的案例中，注册的是我们自己的 `UserDetailsService` 实现类（`communityServiceImpl`），配置如下：

```xml
<security:authentication-manager alias="authenticationManager">
  <security:authentication-provider user-service-ref='communityServiceImpl'>
```

# 5 使用Spring MVC进行认证

```
    <security:password-encoder ref="passwordEncoder"/>
  </security:authentication-provider>
</security:authentication-manager>
```

我们认为继续使用JPA抽象来访问数据库层是更为合适的方式。

**UserDetailsManager 接口**

Spring Security 提供了 UserDetails 实现类 org.sfw.security.core. userdetails. User，它既能够被直接使用，又可以被继承。User 类是这样定义的：

```
public class User implements UserDetails, CredentialsContainer {
  private String password;
  private final String username;
  private final Set<GrantedAuthority> authorities;
  private final boolean accountNonExpired;
  private final boolean accountNonLocked;
  private final boolean credentialsNonExpired;
  private final boolean enabled;
  ...
}
```

 对于 Spring Security 来说，用户管理（创建、修改等）是一个可以共用的功能。这一工作通常主要由应用程序来完成。

在确定了 UserDetails 的某种结构以后，Spring Security 还提供了一个 UserDetailsManager 接口来管理用户：

```
public interface UserDetailsManager extends UserDetailsService {
  void createUser(UserDetails user);
  void updateUser(UserDetails user);
  void deleteUser(String username);
  void changePassword(String oldPassword, String newPassword);
  boolean userExists(String username);
}
```

Spring Security 自带两个 UserDetailsManager 接口的实现类，一个是用于非持久化的 InMemoryUserDetailsManager，一个是基于 JDBC 的 JdbcUserDetailsManager。

当决定不使用内建的认证提供者时，实现上面所列的接口是不错的选择，特别是想要在今后的 Spring Security 版本中兼容老版本时。

**GrantedAuthority 接口**

在 Spring Security 中，GrantedAuthorities 所反映的是分配给 Principal 的应用权限。Spring Security 所使用的是一种基于角色的认证方式，这种认证方式规定要创建一系列能够执行某些操作的用户组。

 对于这一认证方式，除非有特别说服力的业务理由，否则应该采用 ROLE_ADMIN 或 ROLE_GUEST 这样的定义方式，而非 ROLE_DASHBOARD 或 ROLE_PAYMENT 这种定义方式。（译者注：角色名称要按照业务用户角色来定义，而非按照功能模块来定义。）

可以通过 getAuthorities() 方法从 Authentication 对象获取角色，作为 GrantedAuthority 实现对象的数组。

GrantedAuthority 接口非常简单：

```
public interface GrantedAuthority extends Serializable {
    String getAuthority();
}
```

GrantedAuthority 实现类是包裹类，它为每个角色定了一个文本表示。这些文本会和 Secure 对象的配置属性（Configuration Attribute）相匹配（本章最后一节会对此内容进行更详细的解读）。

 按照 Spring Security Reference 文档中关于 Secure 对象的解释，所有应用了安全访问限制的对象，都叫做 Secure 对象，最常见的例子有方法调用和 Web 请求。

 关于配置属性（Configuration Attribute），可以认为就是一个字符串，会被 AbstractSecurityInterceptor 所使用，通常用来表示角色名或者其他更复杂的含义。

GrantedAuthority 中内嵌的 Role 是通过 getAuthority() 来访问的。在 Spring Security 框架里，Role 的重要性比包裹类 GrantedAuthority 还要高。

我们已经创建了自己的实现类——Authority 实体，这个实体和 User 实体有关联关系。Spring Security 框架还提供了 SimpleGrantedAuthority 实现类。

在本章最后一节中，会介绍 Spring Security 的认证过程，届时，将会看到 Spring Security 提供的 AccessDecisionManager 接口及其实现类。这些实现类都是基于投票（Vote）的，并且使用了 AccessDecisionVoter 接口的实现类。这些实现类中，最常见的是 RoleVoter 类。

 当对用户进行认证时，如果配置的属性（Authority 的文本表示）是以预定义的前缀开头时，RoleVoter 的实现类会进行投票。这个前缀默认为 ROLE_。

## 扩展

关于 Spring Security 的认证和授权流程，会在本章的最后一节进行更加深入的讲解。本小节介绍一些 Spring Security 参考文档。

### Spring Security 参考

Spring Security 参考文档是一个很不错的信息来源，既包含了理论类的信息，也包含了实践性的内容。

### 技术概要文档（Technical Overview）

技术概要文档对 Spring Security 框架进行了非常细致的介绍：

http://docs.spring.io/spring-security/site/docs/3.0.x/reference/technical-overview.html

### 示例应用

Spring Security 参考文档提供了许多基于不同认证方式（LDAP、OPENID、JAAS 等）的 Spring Security 示例。其他基于角色的示例可以在下面链接中查找：

http://docs.spring.io/spring-security/site/docs/3.1.5.RELEASE/reference/sample-apps.html

### 核心服务

关于内置的基于内存的和基于 JDBC UserDetailsService 实现类的更加详细的信息，可以访问如下链接查阅：

http://docs.spring.io/spring-security/site/docs/3.1.5.RELEASE/reference/core-services.html

## 基于BASIC的认证方式

对于类似本书案例的无状态应用来说，通过 BASIC 来实现认证是很流行的方式，认证信息都是通过 HTTP 请求发送出去的。

## 准备

本节会对 Spring Security 的配置进行完善，通过新的 Security 配置来让支持 BASIC 认证方案。

## 实现

1. 为了使用 Spring Security 的功能,在 cloudstreetmarket-api 的 web.xml 文件中添加了如下过滤器。

```
<filter>
   <filter-name>springSecurityFilterChain</filter-name>
   <filter-class> org.sfw.web.filter.DelegatingFilterProxy
   </filter- class>
</filter>
<filter-mapping>
   <filter-name>springSecurityFilterChain</filter-name>
   <url-pattern>/*</url-pattern>
</filter-mapping>
```

2. 在 cloudstreetmarket-api 模块中,专门为 Spring Security 框架创建了一个 Spring 配置文件。这个文件管理着如下 Bean 对象。

```
<bean id="authenticationEntryPoint"
   class="edu.zc.csm.api.authentication.CustomBasicAuthentication
      EntryPoint">
   <property name="realmName" value="cloudstreetmarket.com" />
</bean>
<security:http create-session="stateless" authenticationmanager-
   ref="authenticationManager" entry-point-ref=
   "authenticationEntryPoint">
     <security:custom-filter ref="basicAuthenticationFilter"
        after="BASIC_AUTH_FILTER" />
     <security:csrf disabled="true"/>
</security:http>

<bean id="basicAuthenticationFilter"
   class="org.sfw.security.web.authentication.www.
   BasicAuthenticationFilter">
   <constructor-arg name="authenticationManager"
      ref="authenticationManager" />
   <constructor-arg name="authenticationEntryPoint"
      ref="authenticationEntryPoint" />
</bean>
<security:authentication-manager alias="authenticationManager">
    <security:authentication-provider user-service-ref=
     'communityServiceImpl'>
       <security:password-encoder ref="passwordEncoder"/>
    </security:authentication-provider>
</security:authentication-manager>
```

```
<security:global-method-security secured-annotations=
  "enabled" pre-post-annotations="enabled"
  authentication-manager-ref="authenticationManager"/>
```

3. 这个配置文件引用了一个 CustomBasicAuthenticationEntryPoint 类。它的代码如下。

```
public class CustomBasicAuthenticationEntryPoint extends
  BasicAuthenticationEntryPoint {
  @Override
  public void commence(HttpServletRequest request,
  HttpServletResponse response, AuthenticationException
  authException) throws IOException, ServletException {
    response.setHeader("WWW-Authenticate", "CSM_Basic
      realm=\ + getRealmName() + \");
    response.sendError(HttpServletResponse.SC_UNAUTHORIZED,
      authException.getMessage()
    );
  }
}
```

4. 为了捕获认证异常，添加了一个 @ ExceptionHandler 注解。

```
@ExceptionHandler({BadCredentialsException.class,
  AuthenticationException.class,
  AccessDeniedException.class})
protected ResponseEntity<Object> handleBadCredentials(final
  RuntimeException ex, final WebRequest request) {
  return handleExceptionInternal(ex, "The attempted
    operation has been denied!", new HttpHeaders(), FORBIDDEN,
    request);
}
...
```

 就是这样！我们的后台现在已经能够支持 BASIC 认证了。然而，还没有限制服务 ( 比如 secure 对象 )，现在就开始完善。

5. 为了案例讲解需要，现在修改 cloudstreetmarket-core 的 IMarketService 接口，为 Type 添加 @Secured("ROLE_BASIC") 注解。

```
@Secured ("ROLE_BASIC")
public interface IMarketService {
  Page<IndexOverviewDTO> getLastDayIndicesOverview(
    MarketCode market, Pageable pageable);
  Page<IndexOverviewDTO> getLastDayIndicesOverview(
    Pageable pageable);
  HistoProductDTO getHistoIndex(String code, MarketCode market,
    Date fromDate, Date toDate, QuotesInterval interval);
}
```

6. 启动 Tomcat 服务器（之前创建的用户将被删除）。

7. 在浏览器中打开开发者（developer）选项卡，在刷新主页时观察 AJAX 查询请求，你会注意到有两条 AJAX 查询请求收到了 403 状态码（Forbidden），如下图所示。

这些查询还收到了 JSON 格式的响应信息。

```
{"error":"Access is denied","message":"The attempted operation has
 been denied!", "status":403,"date":"2015-05-05 18:01:14.917"}
```

8. 现在，在弹出的登录框中，使用之前所创建的具有 BASIC 角色的用户登录。

```
Username: <userC>
Password: <123456>
```

9. 刷新页面，继续观察那两条 AJAX 查询请求，会在 Request Headers 条目中看到前端发送了一个特殊的 **Authorization** 头信息，如下图所示。

10. 这个 Authorization 头信息的值是 Basic dXNlckM6MTIzNDU2。这个编码过的 dXNlckM-6MTIzNDU2 实际上就是字符串 userC:123456 进行 base64 编码后的值。

11. 现在看一下这些请求收到的响应，如下图所示。

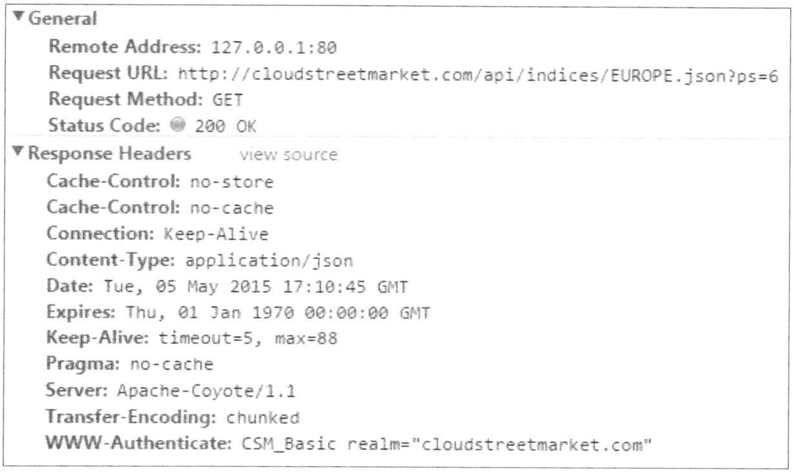

状态码为 200（OK），收到的 JSON 结果也是正常的，如下图所示。

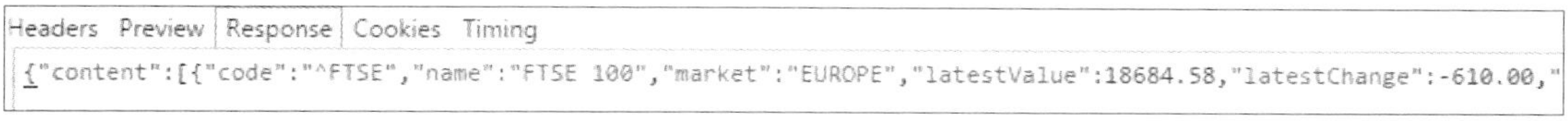

12. 服务器在响应信息中发送了一个 WWW-Authenticate 头信息，值为 CSM_Basic realm="cloudstreetmarket.com"。

13. 最后，撤销第 5 步中对 IMarketService 所做的修改。

### 说明

下面来进一步了解隐藏在 Spring Security 框架 BASIC 认证背后的概念和思想。

#### Spring Security 命名空间

通常，Spring 配置命名空间（Namespace）能够为模块引入特定的语法来满足其使用的需要，能够使 Spring 配置更加简洁，并且可读性更好。命名空间通常提供默认配置或自动化配置工具。

Spring Security 命名空间依赖于 spring-security-config 模块，可以按照如下方式在 Spring 配置文件中进行定义：

```
<beans xmlns="http://www.springframework.org/schema/beans"
  xmlns:security="http://www.springframework.org/schema/security"
```

```
xmlns:xsi=http://www.w3.org/2001/XMLSchema-instance
xsi:schemaLocation"="http://www.springframework.org/schema/beans
http://www.springframework.org/schema/beans/spring-beans.xsd
http://www.springframework.org/schema/security
http://www.springframework.org/schema/security/spring-security-4.0.0.xsd">
    ...
</beans>
```

该命名空间有三大顶级组件：`<http>`（有关 Web 与 HTTP 安全）、`<authentication-manager>` 和 `<global-method-security>`（对 Service 和 Controller 进行限制）。其他组件都是作为这三大组件的属性或者资源组引用的，包括：`<authentication-provider>`、`<access-decision-manager>`（为 Web 和 Security 方法提供访问决策）和 `<user-service>`（作为 UserDetailsService 接口的实现类）。

### `<http>` 组件

该命名空间的 `<http>` 组件提供了一个 auto-config 属性，本书案例中并没有用到。`<http auto-config="true">` 是如下配置的缩写：

```
<http>
    <form-login />
    <http-basic />
    <logout />
</http>
```

这对于我们的 REST API 并没有什么用，因为我们没有打算为表单登录实现一个由服务器端生成的视图。同样，`<logout>` 组件也没有什么用处，因为我们的 API 并不管理会话。

最后，`<http-basic>` 元素为配置环境创建了相应的 BasicAuthenticationFilter 和 BasicAuthenticationEntryPoint。

我们使用 BasicAuthenticationFilter 定制了 WWW-Authenticate 响应头信息的值，将其从 Basic base64token 改成了 CSM_Basic base64token。这是因为如果 AJAX 请求收到的 HTTP 响应（来自 API）中包含一个 WWW-Authenticate 头信息并且它的值是以 Basic 关键字开头的话，就会触发浏览器自动弹出一个原生的用于 Basic 认证登录的表单，这并不是我们所希望的用户体验。

### Spring Security 过滤器链

在本节的最开始，我们就在 web.xml 中声明了一个名为 springSecurityFilterChain 的过滤器：

```
<filter>
    <filter-name>springSecurityFilterChain</filter-name>
    <filter-class>org.sfw.web.filter.DelegatingFilterProxy</filter-class>
</filter>
```

```xml
<filter-mapping>
  <filter-name>springSecurityFilterChain</filter-name>
  <url-pattern>/*</url-pattern>
</filter-mapping>
```

这个 `springSecurityFilterChain` 也是一个 Spring Bean，它是由 Spring Security 命名空间（http 组件）创建的。`DelegatingFilterProxy` 是 Spring 的一个基础类，它会在应用程序上下文中查找特定的 `Bean` 并进行调用。所调用的这个 `Bean` 必须实现 `Filter` 接口。

整个 Spring Security 的各个组件元素就是以这种方式连接起来的，仅通过这一个 `Bean`。

在定义过滤器链（Filter-chain）是由什么组成时，`<http>` 元素的配置起到了核心作用。`<http>` 元素所定义的各个元素会去创建相关的过滤器。

> "一些核心过滤器是在过滤器链中创建的，还有一些过滤器则是根据所配置的属性和子元素后期被添加到堆栈中的。"
>
> ——Spring Security 参考文档

将那些依赖于配置信息的过滤器与那些不能被删除的核心过滤器区分开来是非常重要的。`SecurityContextPersistenceFilter`、`ExceptionTranslationFilter` 和 `FilterSecurityInterceptor`，这三个核心过滤器都是和 `<http>` 元素原生绑定的，可以在下面的表格中查看相关信息。

下面这个表格来自于 Spring Security 参考文档，它列出了所有核心过滤器（框架提供的），可以使用指定的元素或者属性来激活这些过滤器。这些过滤器是按照它们在过滤器链中的位置来排序展示的。

| 名称 | 过滤器类名 | 所属命名空间元素或属性 |
| --- | --- | --- |
| CHANNEL_FILTER | ChannelProcessingFilter | http/intercept-url@requires-channel |
| SECURITY_CONTEXT_FILTER | SecurityContextPersistenceFilter | http |
| CONCURRENT_SESSION_FILTER | ConcurrentSessionFilter | session-management/concurrency-control |
| HEADERS_FILTER | HeaderWriterFilter | http/headers |
| CSRF_FILTER | CsrfFilter | http/csrf |
| LOGOUT_FILTER | LogoutFilter | http/logout |
| X509_FILTER | X509AuthenticationFilter | http/x509 |
| PRE_AUTH_FILTER | AbstractPreAuthenticatedProcessingFilter | |
| Subclasses | N/A | |
| CAS_FILTER | CasAuthenticationFilter | N/A |
| FORM_LOGIN_FILTER | UsernamePasswordAuthenticationFilter | http/form-login |

续表

| 名称 | 过滤器类名 | 所属命名空间元素或属性 |
|---|---|---|
| BASIC_AUTH_FILTER | BasicAuthenticationFilter | http/http-basic |
| SERVLET_API_SUPPORT_FILTER | SecurityContextHolderAwareRequestFilter | http/@servlet-api-provision |
| JAAS_API_SUPPORT_FILTER | JaasApiIntegrationFilter | http/@jaas-api-provision |
| REMEMBER_ME_FILTER | RememberMeAuthenticationFilter | http/remember-me |
| ANONYMOUS_FILTER | AnonymousAuthenticationFilter | http/anonymous |
| SESSION_MANAGEMENT_FILTER | SessionManagementFilter | session-management |
| EXCEPTION_TRANSLATION_FILTER | ExceptionTranslationFilter | http |
| FILTER_SECURITY_INTERCEPTOR | FilterSecurityInterceptor | http |
| SWITCH_USER_FILTER | SwitchUserFilter | N/A |

需要记住的是，可以使用 custom-filter 元素来调整自定义过滤器的位置或者代替其他的过滤器。

```
<security:custom-filter ref="myFilter" after="BASIC_AUTH_FILTER"/>
```

### <http> 配置

我们已经为 <http> 组件定义了如下配置：

```
<security:http create-session="stateless" entry-point-ref=
  "authenticationEntryPoint" authentication-manager-ref=
  "authenticationManager">
    <security:custom-filter ref="basicAuthenticationFilter"
    after="BASIC_AUTH_FILTER" />
    <security:csrf disabled="true"/>
</security:http>
<bean id="basicAuthenticationFilter" class="org.sfw.security.web.
authentication.www.BasicAuthenticationFilter">
    <constructor-arg name="authenticationManager"
    ref="authenticationManager" />
    <constructor-arg name="authenticationEntryPoint"
    ref="authenticationEntryPoint" />
</bean>
<bean id="authenticationEntryPoint" class="edu.zc.csm.api.
  authentication.CustomBasicAuthenticationEntryPoint">
    <property name="realmName" value="${realm.name}" />
</bean>
```

此处，通过 create-session=="stateless" 来告诉 Spring 不要创建会话，并且忽略传入

的会话。这么做是为了追求无状态和可扩展的微服务设计理念。

基于上述同样的原因，我们也禁用了 Cross-Site Request Forgery（CSRF，跨站请求伪造）功能。自从 3.2 版本开始，框架就默认启用了这一功能。

有必要定义一个 entry-point-ref，因为我们没有在命名空间中实现和配置任何认证策略（http-basic 或 login-form）。

我们自定义了一个 BasicAuthenticationFilter 过滤器，这个过滤器会在核心过滤器 BASIC_AUTH_FILTER 后面执行。

后面我们将会了解 authenticationEntryPoint、authenticationManager 和 basicAuthenticationFilter 这三者都有什么作用。

### AuthenticationManager 接口

首先，AuthenticationManager 是一个只有一个方法的接口：

```
public interface AuthenticationManager {
  Authentication authenticate(Authentication authentication)
    throws AuthenticationException;
}
```

Spring Security 提供了一个实现类——ProviderManager。这个实现类使我们可以向系统中插入许多 AuthenticationProvider。ProviderManager 会按照顺序依次调用所有 AuthenticationProvider 对象的 authenticate 方法。代码如下：

```
public interface AuthenticationProvider {
  Authentication authenticate(Authentication authentication)
    throws AuthenticationException;
  boolean supports(Class<?> authentication);
}
```

当 ProviderManager 得到一个非 **Null** 的 Authentication 对象时，就会停止后面的迭代。同样，当有 AuthenticationException 异常抛出时，也是获取不到 Authentication 对象的。

通过命名空间，可以使用如下 ref 元素来指定一个特定的 AuthenticationProvider 对象：

```
<security:authentication-manager >
  <security:authentication-provider ref='myAuthenticationProvider'/>
</security:authentication-manager>
```

当前的配置信息如下：

```
<security:authentication-manager alias="="authenticationManager"">
  <security:authentication-provider user-service-ref=
   'communityServiceImpl'>
    <security:password-encoder ref="passwordEncoder"/>
  </security:authentication-provider>
</security:authentication-manager>
```

我们的配置里并没有 `ref` 元素，命名空间会默认初始化一个 `DaoAuthenticationProvider` 对象。因为指定了 `user-service-ref`，所以命名空间还会将 `UserDetailsService` 实现类——`communityServiceImpl` 对象注入 `DaoAuthenticationProvider` 对象中。

当提交给 `UsernamePasswordAuthenticationToken` 的密码与 `UserDetailsService` 通过 `loadUserByUsername` 方法所加载的密码不匹配时，`DaoAuthenticationProvider` 会抛出一个 `AuthenticationException` 异常。

在项目中还可以使用一些其他 `AuthenticationProvider`，比如 `RememberMeAuthenticationProvider`、`LdapAuthenticationProvider`、`CasAuthenticationProvider` 和 `JaasAuthenticationProvider`。

### Basic 认证

对于 REST 应用来说，BASIC 认证是个出色的技术方案。然而，当使用该方案时有一点至关重要，那就是必须使用加密的通信协议（HTTPS）。因为在 BASIC 方案中，密码是以纯文本的明文方式发送的。

正如在前面"实现"章节中所展示的那样，此认证的原理非常简单。除了一个额外的 `Authentication` 头信息以外，HTTP 请求和往常是一样的。这个头信息值是以关键字 Basic 开头的，后面有一个空格，空格的后面是一个用 base64 加密的字符串。

我们能够在网上找到不少免费服务来快速对字符串进行 base64 加密 / 解密。要采用 base64 方式进行加密的字符串必须是 `<username>:<password>` 这种格式的。

#### BasicAuthenticationFilter

为了实现 Basic 认证，我们将 `BasicAuthenticationFilter` 添加到过滤器链中了。这个 `BasicAuthenticationFilter`（`org.sfw.security.web.authentication.www.BasicAuthenticationFilter`）需要提供一个 `authenticationManager` 对象和可选的 `authenticationEntryPoint` 对象。

`authenticationEntryPoint` 的设置与否会使这个过滤器有两种不同的表现。两者开始都是一样的：过滤器根据其在链中的所在位置进行触发；过滤器会查找 http 请求中的认证头信息，并将其委托给 `authenticationManager` 对象；`authenticationManager` 对象会将这个值与 `UserDetailsService` 实现类从数据库获取的用户认证信息进行比较。

#### 设置 authenticationEntryPoint

我们的配置文件就设置了 `authenticationEntryPoint`，其作用如下：

- 认证成功后，过滤器链就会停止调用后面的过滤器并返回一个 `Authentication` 对象。
- 认证失败后，过滤器链会中断过滤器的调用，并调用 `authenticationEntryPoint` 方法。

## 5 使用Spring MVC进行认证

我们在应用程序的认证入口点（Entry-point）设置了一个自定义 `WWW-Authenticate` 响应头信息和 `401` 状态码（`Forbidden`）。

这种配置方式会在确定业务服务是否需要授权（Secure 对象）之前，对 HTTP 请求的 `Authentication Header` 进行检查来提前进行验证。这种配置能够快速得到反馈，Web 浏览器会弹出系统的 BASIC 表单。本书的应用程序采用的就是这种方式。

#### 不设置 authenticationEntryPoint

如果不设置 `authenticationEntryPoint` 对象，过滤器的行为如下：

- 认证成功后，过滤器链会停止调用后面的过滤器并返回一个 `Authentication` 对象。
- 认证失败后，过滤器链会继续调用其他过滤器。如果有其他过滤器的认证是成功的，那么这个用户就相应地被认为通过认证。如果所有认证都失败，则用户被赋予匿名用户（Anonymous）角色，而这个角色可能不符合服务的访问等级要求。

### 扩展

#### Spring Security 参考

本章从 Spring security 参考文档获得很大启发，不得不说，它是非常好的资料来源：

`http://docs.spring.io/spring-security/site/docs/current/reference/htmlsingle`

这个附录是一份非常完整的 Spring Security 命名空间使用指南：

`http://docs.spring.io/spring-security/site/docs/current/reference/html/appendix-namespace.html`

#### Remember-me Cookie 功能

本节略过了 `RememberMeAuthenticationFilter`，这个过滤器为服务器提供了多种不同方法，以便在不同会话中记住主体（Principal）的身份。关于这部分内容，Spring Security 参考文档提供了非常丰富的信息。

## 第三方OAuth2认证

本节会用到 Spring Social 项目，目的是以客户端的角度来使用 OAuth2 协议。

### 准备

我们并不会创建 OAuth2 认证服务器（Authentication Server，AS），会与第三方的认证服务器（Yahoo!）建立连接来在应用上完成认证。我们的应用将作为**服务提供者**（Service Provider，SP）。

Spring Social 的首要作用是透明地管理社交连接（Social Connection），并对外提供一个门面（Facade）以便通过 Java 对象来调用提供者的 API（Yahoo! 财经）。

### 实现

1. 要使用 Spring Social，需要添加两个 Maven 依赖。

    ```
    <!- Spring Social Core ->
    <dependency>
        <groupId>org.springframework.social</groupId>
        <artifactId>spring-social-core</artifactId>
        <version>1.1.0.RELEASE</version>
    </dependency>
    <!- Spring Social Web (login/signup controllers) ->
    <dependency>
        <groupId>org.springframework.social</groupId>
        <artifactId>spring-social-web</artifactId>
        <version>1.1.0.RELEASE</version>
    </dependency>
    ```

2. 如果想处理 Twitter 或者 Facebook 的 OAuth2 连接，必须添加下面这些依赖。

    ```
    <!- Spring Social Twitter ->
    <dependency>
        <groupId>org.springframework.social</groupId>
        <artifactId>spring-social-twitter</artifactId>
        <version>1.1.0.RELEASE</version>
    </dependency>
    <!- Spring Social Facebook ->
    <dependency>
        <groupId>org.springframework.social</groupId>
        <artifactId>spring-social-facebook</artifactId>
        <version>1.1.0.RELEASE</version>
    </dependency>
    ```

3. 在上一节实现 BASIC 认证之后，Spring Security 配置文件就没怎么修改过。你可能已经注意到，http Bean 中有一些拦截器（Interceptor）。

    ```
    <security:http create-session="stateless" entry-point-ref=
      "authenticationEntryPoint" authentication-manager-ref=
      "authenticationManager">
        <security:custom-filter ref="basicAuthenticationFilter"
          after="BASIC_AUTH_FILTER" />
        <security:csrf disabled="true"/>
        <security:intercept-url pattern="/signup"
          access="permitAll"/>
        ...
    ```

```xml
    <security:intercept-url pattern="/**"
      access="permitAll"/>
</security:http>
```

下面的 SocialUserConnectionRepositoryImpl 是我们自己创建的 org.sfw.social. connect.ConnectionRepository 的实现类，它是一个 Spring Social 核心接口，拥有管理社交用户连接的方法。其代码如下：

```java
@Transactional(propagation = Propagation.REQUIRED)
@SuppressWarnings("unchecked")
public class SocialUserConnectionRepositoryImpl implements
  ConnectionRepository {
@Autowired
private SocialUserRepository socialUserRepository;
private final String userId;
private final ConnectionFactoryLocator
  connectionFactoryLocator;
private final TextEncryptor textEncryptor;
public SocialUserConnectionRepositoryImpl(String userId,
  SocialUserRepository socialUserRepository,
  ConnectionFactoryLocator connectionFactoryLocator,
  TextEncryptor textEncryptor){
    this.socialUserRepository = socialUserRepository;
    this.userId = userId;
    this.connectionFactoryLocator = connectionFactoryLocator;
    this.textEncryptor = textEncryptor;
}
 ...
public void addConnection(Connection<?> connection) {
try {
  ConnectionData data = connection.createData();
  int rank = socialUserRepository.getRank(userId,
      data.getProviderId()) ;
  socialUserRepository.create(userId,
      data.getProviderId(),
      data.getProviderUserId(),
      rank, data.getDisplayName(),
      data.getProfileUrl(),
      data.getImageUrl(),
      encrypt(data.getAccessToken()),
      encrypt(data.getSecret()),
      encrypt(data.getRefreshToken()),
      data.getExpireTime() );
    } catch (DuplicateKeyException e) {
  throw new DuplicateConnectionException(connection.getKey());
}
```

```
}
...
public void removeConnections(String providerId) {
  socialUserRepository.delete(userId,providerId);
}
  ...
}
```

>  实际上，这个自定义的实现类是基于一个已有开源项目的扩展和修改，这个开源项目的地址是 https://github.com/mschipperheyn/spring-social-jpa，它是基于 GNU GPL 许可发布的。

4. 正如你所见，SocialUserConnectionRepositoryImpl 使用了一个自定义的 Spring Data JPA SocialUserRepository 接口，其定义如下：

```
public interface SocialUserRepository {
  List<SocialUser> findUsersConnectedTo(String providerId);
  ...
  List<String> findUserIdsByProviderIdAndProviderUserIds(
    String providerId, Set<String> providerUserIds);
...
  List<SocialUser> getPrimary(String userId, String providerId);
  ...
  SocialUser findFirstByUserIdAndProviderId(String userId,
    String providerId);
}
```

5. 这个 Spring Data JPA 仓库（Repository）支持我们所创建的 SocialUser 实体类（社交连接）。这个 SocialUser 类的定义如下：

```
@Entity
@Table(name="userconnection", uniqueConstraints = 
  {@UniqueConstraint(columnNames = { ""userId", "providerId",
  "providerUserId" }),
  @UniqueConstraint(columnNames = { "userId", "providerId", "rank" })})
public class SocialUser {
  @Id
  @GeneratedValue
  private Integer id;

  @Column(name = "userId")
  private String userId;

  @Column(nullable = false)
  private String providerId;
  private String providerUserId;
```

```
    @Column(nullable = false)
    private int rank;
    private String displayName;
    private String profileUrl;
    private String imageUrl;

    @Lob
    @Column(nullable = false)
    private String accessToken;
    private String secret;
    private String refreshToken;
    private Long expireTime;
    private Date createDate = new Date();
    //+ getters / setters
    ...
}
```

6. SocialUserConnectionRepositoryImpl 在更高级别的服务层——SocialUserServiceImpl 中实例化,它是 Spring UsersConnectionRepository 接口的实现类。其代码如下:

```
@Transactional(readOnly = true)
public class SocialUserServiceImpl implements
   SocialUserService {
   @Autowired
    private SocialUserRepository socialUserRepository;
   @Autowired
    private ConnectionFactoryLocator
       connectionFactoryLocator;
   @Autowired
    private UserRepository userRepository;
    private TextEncryptor textEncryptor =
       Encryptors.noOpText();
public List<String> findUserIdsWithConnection(
       Connection<?> connection) {
      ConnectionKey key = connection.getKey();
      return socialUserRepository.
         findUserIdsByProviderIdAndProviderUserId(
         key.getProviderId(), key.getProviderUserId());
}
public Set<String> findUserIdsConnectedTo(String providerId,
   Set<String> providerUserIds) {
      return Sets.newHashSet(
         socialUserRepository.findUserIdsByPro
      viderIdAndProviderUserIds(providerId,
      providerUserIds));
}
```

```
public ConnectionRepository createConnectionRepository(
  String userId) {
  if (userId == null) {
    throw new IllegalArgumentException"("userId cannot be null"");
  }
  return new SocialUserConnectionRepositoryImpl(
      userId,
      socialUserRepository,
      connectionFactoryLocator,
      textEncryptor);
}
    ...
}
```

7. 这个更高级别的 `SocialUserServiceImpl` 在 `cloudstreetmarket-api` 的 **Spring** 配置文件 (`dispatchercontext.xml`) 中被注册为工厂 **Bean**, 它能够在请求范围（针对特定社交用户配置文件）内生成 `SocialUserConnectionRepositoryImpl`。代码如下：

```xml
<bean id="usersConnectionRepository"
    class="edu.zc.csm.core.services.SocialUserServiceImpl"/>
<bean id="connectionRepository"
    factory-method="createConnectionRepository"
    factory-bean="usersConnectionRepository"
    scope="request">
    <constructor-arg value="#{request.userPrincipal.name}"/>
    <aop:scoped-proxy proxy-target-class"="false" />
</bean>
```

8. 另有三个在 `dispatcher-context.xml` 文件中定义的 **Bean**：

```xml
<bean id="signInAdapter"
    class="edu.zc.csm.api.signin.SignInAdapterImpl"/>
<bean id="connectionFactoryLocator"
    class="org.sfw.social.connect.support.ConnectionFactoryRegistry">
    <property name="connectionFactories">
      <list>
      <bean class"="org.sfw.social.yahoo.connect.
        YahooOAuth2ConnectionFactory"">
          <constructor-arg value="${yahoo.client.token}"/>
          <constructor-arg value="${yahoo.client.secret}" />
          <constructor-arg value="${yahoo.signin.url}" />
      </bean>
      </list>
    </property>
</bean>
<bean class="org.sfw.social.connect.web.ProviderSignInController">
    <constructor-arg ref="connectionFactoryLocator"/>
```

```xml
    <constructor-arg ref="usersConnectionRepository"/>
    <constructor-arg ref="signInAdapter"/>
    <property name="signUpUrl" value="/signup"/>
    <property name="postSignInUrl"
      value="${frontend.home.page.url}"/>
</bean>
```

9. 在通过 OAuth2 认证之后，`SignInAdapterImpl` 允许用户登录进入应用。从应用程序的业务角度看，完成的功能和期望的是一致的。代码如下：

```java
@Transactional(propagation = Propagation.REQUIRED)
@PropertySource("classpath:application.properties")
public class SignInAdapterImpl implements SignInAdapter{
  @Autowired
  private UserRepository userRepository;
  @Autowired
  private CommunityService communityService;
  @Autowired
  private SocialUserRepository socialUserRepository;
  @Value("${oauth.success.view}")
  private String successView;
  public String signIn(String userId, Connection<?>
    connection, NativeWebRequest request) {
    User user = userRepository.findOne(userId);
    String view = null;
    if(user == null){
      // Spring Security 临时用户不会被持久化
      user = new User(userId,
      communityService.generatePassword(), null,
      true, true, true, true,
      communityService.createAuthorities(new
       Role[]{Role.ROLE_BASIC, Role.ROLE_OAUTH2}));
    }
    else{
        // 我们拥有一个成功的旧版 oAuth 认证
        // 用户已注册
        // 只有 guid 被发回
        List<SocialUser> socialUsers =
        socialUserRepository.
          findByProviderUserIdOrUserId(userId, userId);
        if(CollectionUtils.isNotEmpty(socialUsers)){
          // 现在只处理 Yahoo！
          view = successView.concat(
            "?spi=" + socialUsers.get(0)
            .getProviderUserId());
        }
```

```
        }
        communityService.signInUser(user);
        return view;
    }
}
```

10. `connectionFactoryLocator` 对象可以引用多个连接工厂。在本章案例中只用了一个：`YahooOAuth2ConnectionFactory`。这些工厂类是社交服务提供者的 Java API 入口点，通常在网上能够找到（官方或非官方渠道），各种 OA 协议（OAuth1、OAuth1.0a 和 OAuth2）的都有。

>  目前网上针对 Yahoo! 的 OAuth2 API 封装非常少，我们不得不自己封装。所以，在 Zipcloud 项目中这些类没有采用 jar 包依赖的方式，而是可以直接作为源码。

11. 现在看一下 Controller 的声明，`dispatcher-context.xml` 配置了一个 `Provider-SignInController`，它是在 Spring Social Core 中完全抽象出来的一个类。然而，为了让 OAuth2 用户在第一次访问网站时能自动注册到应用中，我们创建了一个自定义的 `SignUpController`。

```
@Controller
@RequestMapping"("/signup"")
@PropertySource"("classpath:application.properties"")
public class SignUpController extends CloudstreetApiWCI{
  @Autowired
  private CommunityService communityService;
  @Autowired
  private SignInAdapter signInAdapter;
  @Autowired
  private ConnectionRepository connectionRepository;
  @Value("${oauth.signup.success.view}")
  private String successView;
  @RequestMapping(method = RequestMethod.GET)
  public String getForm(NativeWebRequest request,
    @ModelAttribute User user) {
    String view = successView;
    // 检查是否为通过 Spring Social 登录的新用户
    Connection<?> connection =
      ProviderSignInUtils.getConnection(request);
    if (connection != null) {
      // 从社交连接用户配置文件填充新用户
      UserProfile userProfile =
        connection.fetchUserProfile();
      user.setUsername(userProfile.getUsername());
```

```
        // 完成社交注册 / 登录
        ProviderSignInUtils.
          handlePostSignUp(user.getUsername(),
          request);
        // 登入用户并转至用户主页
        signInAdapter.signIn(user.getUsername(),
         connection, request);
      view += ?spi=+ user.getUsername();
    }
    return view;
  }
}
```

12. 是时候试验一下了。为了能够顺利测试，建议注册一个 Yahoo! 账号（https://login.yahoo.com）。Yahoo! 并没有对本书提供任何赞助，此建议只是因为 Zipcloud 公司的战略是面向财经领域提供服务。笔者才不是因为梅姐（Yahoo! CEO 玛丽莎·梅耶尔）那双"蓝汪汪"的眼睛！

13. 启动 **Tomcat** 服务器，单击 **login** 按钮（在主菜单的最右侧），然后单击 **Sign-in with Yahoo!** 按钮。

14. 此时会跳转到 Yahoo! 的页面，在此进行验证（如果还没有登录），如下图所示。

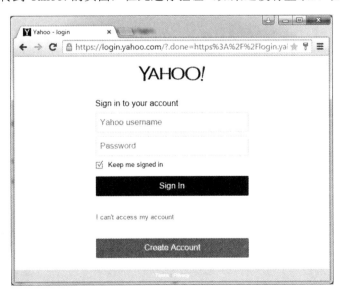

15. 登录成功后，需要允许 Cloudstreet Market 有权访问你的用户资料和联系人信息（如下图所示）。我们并不会使用这些联系人信息；然而，有些 Java 封装的代码是需要访问这些信息的。如果对此不放心，只需创建一个空 Yahoo! 账号即可。

16. 单击 **Agree** 按钮。

17. Yahoo! 此时跳转回本地的 cloudstreetmarket.com 服务器，启动 /api/signin/yahoo 处理程序，并使用认证码作为 URL 参数。

18. 当 Cloudstreet Market 的数据库中不存在为这个 SocialUserd 注册的 User 时，应用会检测到这一情况，并弹出下图所示的对话框。直到对应的账号真正被创建以后，这个对话框才会消失，否则会反复出现。

## 5 使用Spring MVC进行认证

19. 使用下面所列的数据来填写表单。

    ```
    username: <marcus>
    email: <marcus@chapter5.com>
    password: <123456>
    preferred currency: <USD>
    ```

    此外，如果想上传用户头像，可以单击用户图标来上传图片。此时，要确保cloud-streetmarket-api/src/main/resources/application.properties文件中设置的`pictures.user.path`属性指向的是一个文件系统中已经存在的文件夹。

20. 完成这一步后，欢迎页面中会出现"Marcus registers a new account"信息。

21. 同样，API所返回的REST响应中，会多出来两个头信息——Authenticated 和 WWW-Authenticate，如下图所示。这表明我们在应用中已经通过了OAuth2 认证。

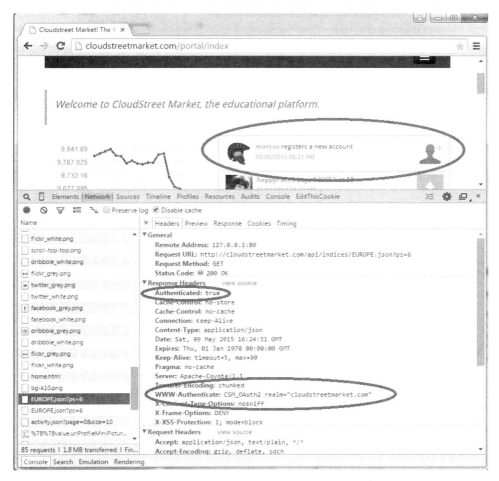

> **说明**
>
> 本节，我们在应用中集成了社交功能。OAuth2 认证包括服务提供者（cloudstreetmarket.com）和用户身份提供者（Yahoo!）。
>
> 现如今，用户使用（或者打算使用）同一个账号访问两个网站，已经是一件比较普遍的情况了，相关的认证协议也非常流行。大部分互联网用户至少拥有一个主流的社交 SaaS 提供者账号（Facebook、Twitter、LinkedIn、Yahoo! 等），这一技术显著减少了用户在 Web 服务提供者那里所花费的注册时间和登录时间。

### 从应用的角度来思考

当用户单击 Sign-in with Yahoo! 按钮后，会有一个 HTTP POST 请求发送给我们的 API 处理程序之一（`/api/signin/yahoo`）。这个处理程序就相当于由 Spring Social 框架所抽象出来的 `ProviderSignInController`。

- 处理程序会将用户重定向至 Yahoo! 服务器，在那里进行认证并向应用程序授予使用其社交身份以及访问 Yahoo! 上的数据的权限。
- Yahoo! 会向应用程序发送一个认证码，作为跳转回应用程序页面的回调 URL 的参数。
- 应用程序会对这个带有认证码参数的回调请求进行处理。这个回调会指向抽象类 `ProviderSignInController` 中的另一个方法处理程序，此处理程序会再次调用 Yahoo! 来交换认证码以获取**刷新令牌**（Refresh Token）和**访问令牌**（Access Token）。这一步操作是在 Spring Social 后台完成的，对用户是透明的。
- 这一处理程序会在数据库查询该用户是否已有保存过的社交连接（Social Connection）数据：
  - 如果能找到，则用户使用此数据通过 Spring Security 认证，用户也会被重定向到 Web 应用的入口主页，该用户的 Yahoo! ID 也会被作为请求参数（参数名为 `spi`）一并发送；
  - 如果没有找到相应连接数据，则用户会被重定向到 `SignupController`，创建并保存该用户的连接数据，随后通过 Spring Security 认证，并被重定向到 Web 应用的入口主页，该用户的 Yahoo! ID 同样会被作为请求参数（参数名为 `spi`）一并发送。
- 在加载入口主页时，HTTP 请求中的 Yahoo! ID 参数会被识别出来，而用户的这个 ID 也会被保存到 HTML5 `sessionStorage` 中。
- 在此之后，用户向 API 服务器所发起的每个 AJAX 请求中，`spi` 标识符都会被作为请求头信息一并发送，直到这个用户注销或者关闭浏览器。

### 从 Yahoo! 的角度来思考

Yahoo! 的 API 提供了两种 OAuth2 认证方式，涉及两种不同流程：一种是适用于服务器端

Web 应用的显式 OAuth2 认证流程，一种是便于前端 Web 客户端使用的隐式 OAuth2 认证流程。这里主要介绍显式的认证流程。

**OAuth2 显式授权流程**

下图简要展示了我们的应用程序与 Yahoo! 之间的通信协议，基本上就是一次标准的 OAuth2 会话。

上图中用 * 号标记的参数都是通信中可选的。Yahoo! 的 OAuth2 指南对这一流程也有详细介绍：

```
https://developer.yahoo.com/oauth2/guide/flows_authcode
```

**刷新令牌与访问令牌**

这两个令牌之间的区别必须要理解。访问令牌用于在对 Yahoo! API 执行操作时标识用户（Yahoo! 用户）。比如下面这个 GET 请求，用于获取 Yahoo! ID 为 abcdef123 的用户的 Yahoo! 用户信息。

```
GET https://social.yahooapis.com/v1/user/abcdef123/profile
Authorization: Bearer aXJUKynsTUXLVY
```

为了给这次 API 调用提供标识信息，所发起的 HTP 请求中，`Authorization` 头信息必须包含**访问令牌**和 `Bearer` 关键字。通常，访问令牌具有较短的使用期限（对于 Yahoo! 而言，是一个小时）。刷新令牌是用于请求新的访问令牌的，其使用期限较长（在 Yahoo! 中，刷新令牌永远不会过期，但是可以被撤销）。

### Spring Social 的作用与关键特性

Spring Social 的作用是与诸如 Facebook、Twitter 或 Yahoo! 这样的**软件即服务**（Software-as-a-Service，SaaS）提供者建立连接。Spring Social 同时还负责在应用（Cloudstreet Market）服务器端以用户的身份调用 API。这两项职责都是由 spring-social-core 依赖来完成的，分别对应于 Connect Framework 和 OAuth 客户端。

简而言之，对 Spring Social 的描述如下：

- 用于处理与服务提供者之间的核心认证和连接流程的连接框架（Connect Framework）。
- 处理 Web 应用环境中的服务提供者、消费者以及用户之间的 OAuth 交换的连接控制器（Connect Controller）。
- 允许用户使用自己的 SaaS 提供者账号登录应用并进行认证的登录控制器（Sign-in Controller）。

#### 社交连接持久化

Spring Social 提供了一些类来将社交连接（Social Connection）信息通过 JDBC（`JdbcUsersConnectionRepository`）持久化保存到数据库中。这个模块甚至内置了定义数据库表结构的 SQL 脚本。

```
create table UserConnection (userId varchar(255) not null,
    providerId varchar(255) not null,
    providerUserId varchar(255),
    rank int not null,
    displayName varchar(255),
    profileUrl varchar(512),
    imageUrl varchar(512),
    accessToken varchar(255) not null,
    secret varchar(255),
    refreshToken varchar(255),
    expireTime bigint,
    primary key (userId, providerId, providerUserId));
create unique index UserConnectionRank on UserConnection(userId,
    providerId, rank);
```

当应用使用 JPA 时，可以创建一个实体类来表示这张数据库表。本节"实现"部分的第 6 步中已经创建了一个 `SocialUser` 实体类。

## 5 使用Spring MVC进行认证

在这个实体类中,包括如下字段:

- userId:注册新用户时,这个字段与 User 类的 @Id (username) 相匹配。如果用户还没有注册过,userId 就是 GUID(Yahoo! 的用户 ID,在 Web 端也被称为 spi)。
- providerId:这个字段就是 Yahoo!、Facebook 或者 Twitter 这些服务提供者的小写名称。
- providerUserId:这个字段就是 GUID,服务提供者系统里的唯一标识符(Yahoo! 的用户 ID 或者 spi)。
- accessToken、secret、refreshToken 与 expireTime:用于连接的 OAuth2 令牌(证书)及其相关信息。

这个框架里有两个接口:

- ConnectionRepository:用于管理用户连接信息的持久化。对于已经认证的用户,其实现类的作用范围是 Request。
- UsersConnectionRepository:用于访问所有用户的连接信息。

我们之前创建了一个 UsersConnectionRepository 接口的实现类(SocialUserServiceImpl),这个实现类被注册到 dispatcher-servlet.xml 文件中,它充当一个工厂来创建 Request 范围的 connectionRepository 实现(SocialUserConnectionRepositoryImpl)。

```
<bean id="connectionRepository" factory-method=
  "createConnectionRepository" factory-bean=
  "usersConnectionRepository" scop="request">
  <constructor-arg value="#{request.userPrincipal.name}" />
  <aop:scoped-proxy proxy-target-class="false" />
</bean>
<bean id="usersConnectionRepository"
  class="edu.zc.csm.core.services.SocialUserServiceImpl"/>
```

这两个自定义的实现类都用到了 Spring Data JPA 的 SocialUserRepository,我们用它来查找、更新、保存和删除连接数据。

在 UsersConnectionRepository 接口的实现类 SocialUserServiceImpl 中,其中的 ConnectionFactoryLocator 属性是 Autowired,而 TextEncryptor 属性则是由默认的 NoOpTextEncryptor 实例来初始化的。

 对于数据库中所维护的 SocialUser 数据,可以用适当的加密方法来代替默认的 TextEncryptor 实例。可以参考 spring-security-crypto 模块:

http://docs.spring.io/spring-security/site/docs/3.1.x/reference/crypto.html

## 不同提供者的配置

对于 Facebook、Twitter、Yahoo! 等提供者，其配置是在 connectionFactoryLocator Bean 中定义的。

### 入口点之一：connectionFactoryLocator

我们在 dispatcherservlet.xml 中定义的 connectionFactoryLocator Bean 在 Spring Social 中具有重要作用，如下所示：

```xml
<bean id="connectionFactoryLocator" class="org.sfw.social.connect.
    support.ConnectionFactoryRegistry">
  <property name="connectionFactories">
    <list>
    <bean class"="org.sfw.social.yahoo.connect.
      YahooOAuth2ConnectionFactory"">
        <constructor-arg value="${yahoo.client.token}" />
        <constructor-arg value="${yahoo.client.secret}" />
        <constructor-arg value="${yahoo.signin.url}" />
      </bean>
    </list>
  </property>
</bean>
```

通过这个 Bean，Spring Social 框架实现了一个 ServiceLocator 模式，以便我们轻松加入或者去除新的社交连接器（Social Connector）。更重要的是，它使系统可以在运行期间决定使用服务提供者的哪个连接器（connectionFactory）。

我们所使用的 connectionFactoryLocator 类型是 ConnectionFactoryRegistry，它是 ConnectionFactoryLocator 接口的一个实现类：

```java
public interface ConnectionFactoryLocator {
    ConnectionFactory<?> getConnectionFactory(String providerId);
    <A> ConnectionFactory<A> getConnectionFactory(Class<A> apiType);
    Set<String> registeredProviderIds();
}
```

在 ProviderSignInController.signin 方法中，我们会通过该接口查找 connectionFactory 对象：

```java
ConnectionFactory<?> connectionFactory =
    connectionFactoryLocator.getConnectionFactory(providerId);
```

参数 providerId 就是一个简单的字符串（本例中为 yahoo）。

### 提供者 ConnectionFactory

像 YahooOAuth2ConnectionFactory 这样的 ConnectionFactory 是在 ConnectionFactoryRegistry 中注册的，注册时还要提供 OAuth2 的 Consumer Key 和 Consumer Secret，用于在服务提供者一端对应用进行标识和授权。

我们已经有现成的 YahooOAuth2ConnectionFactory 类，但是应该能够从官方的 Spring Social 子项目（spring-social-facebook、spring-social-twitter 等）或者其他开源项目中找到需要的服务提供者 ConnectionFactory。

### 使用服务提供者账号登录

为了完成 OAuth2 认证，Spring Social 框架提供了一个抽象的 Spring MVC 控制器——ProviderSignInController。这个控制器会执行 OAuth 流程，并与服务提供者建立连接，会尝试找到已经建立的连接（Connection），并使用这个连接账号在应用上对用户进行认证。

如果没有找到匹配的连接，流程会转向已创建的 Request Mapping 为 /signup 的 SignUp-Controller。此时，不会自动将这个用户注册为 CloudStreetMarket 用户。当一个 API 调用已经通过 OAuth2 的认证，但是没有与本地的某个用户绑定时，我们会通过一个响应头信息——Must-Register 来强制用户手动创建其账号。这个 Must-Register 头信息会触发客户端弹出创建账号的对话框（参见 home_community_activity.js 文件的 loadMore 函数）。

在注册过程中，SocialUser 实体的连接（Connection）会与所创建的 User 实体进行同步（见 CommunityController.createUser 方法）。

ProviderSignInController 与 SignInAdapter 实现的关系很紧密，SignInAdapter 会通过 Spring Security 使用户在 CloudStreetMarket 完成认证。认证是由调用 communityService.signInUser(user) 触发的。

下面的方法会创建 Authentication 对象并将其保存到 SecurityContext 中。

```
@Override
public Authentication signInUser(User user) {
  Authentication authentication = new
    UsernamePasswordAuthenticationToken(user,
      user.getPassword(), user.getAuthorities());
  SecurityContextHolder.getContext().setAuthentication
    (authentication);
  return authentication;
}
```

如下配置为 ProviderSigninController 注册并初始化了一个 Spring Bean。

```
<bean class"="org.sfw.social.connect.web.ProviderSignInController"">
  <constructor-arg ref="connectionFactoryLocator"/>
  <constructor-arg ref="usersConnectionRepository"/>
  <constructor-arg ref="signInAdapter"/>
  <property name="signUpUrl"" value"="/signup"/>
  <property name="postSignInUrl"
```

```
        value="${frontend.home.page.url}"/>
</bean>
```

正如你所见，我们声明了 `signUpUrl` 的 Request Mapping，这样当数据库中没有找到对应的连接数据时，就会重定向到自定义的 `SignupController` 上去。

同样，声明的 `postSignInUrl` 的作用是：在 `ProviderSignInController` 找到现成的连接可以复用以后，用户就可以被重定向到应用的入口主页。

### 扩展

下面了解一下 Spring Social 的其他功能。

#### 调用已认证 API

本节关注的是展示 OAuth2 的客户端认证流程，后续章节将会了解如何使用 Spring Social 框架来以用户的身份向 Yahoo! 的 API 发起请求，还将了解如何使用现有的库来实现这一目的及其工作原理。在我们的应用中，为 Yahoo! 的财经 API 开发了 API 连接器（Connector）。

#### Spring Social ConnectController

Spring Social Web 还另外抽象出了一个控制器类 `ConnectController`，这样社交用户可以直接与他们的社交连接（Social Connection）进行互动，以进行连接、断开和获取连接状态。`ConnectController` 可用于创建交互式监控页面，用于管理该网站所能处理的所有服务提供者的连接。

查阅 Spring Social 参考文档可以进一步了解相关信息：

http://docs.spring.io/spring-social/docs/current/reference/htmlsingle/#connecting

### 其他

#### SocialAuthenticationFilter

将此过滤器添加到 Spring Security 中，就可以通过 Spring Security 的过滤器链来进行社交认证了。这与本书前面所介绍的外部调用方式有所不同。

http://docs.spring.io/spring-social/docs/current/reference/htmlsingle/#enabling-provider-sign-in-with-codesocialauthenticationfilter-code

#### Spring Social Connector 列表

访问 http://projects.spring.io/spring-social 可以找到一系列针对 SaaS 服务提供者所实现的连接器（Connector）。

## 5 使用Spring MVC进行认证

### 开发 OAuth2 认证服务器

可以参考 Spring Security OAuth 项目：

http://projects.spring.io/spring-security-oauth

### Harmonic Development 博客

此博客中关于 Spring Social 的文章很有价值，值得阅读：

http://harmonicdevelopment.tumblr.com/post/13613051804/adding-springsocial-to-a-spring-mvc-and-spring

## 在REST环境中保存认证信息

本节提供了一种在 RESTful 应用中保存认证信息的解决方案。

### 准备

本节介绍的解决方案对客户端临时存储和服务器端永久存储这两种方案进行了折中。

在客户端，使用 HTML5 Session Storage 以 Base64 编码的方式临时存储用户名和密码；在服务器端，对密码进行哈希加密存储。哈希加密是通过 passwordEncoder 来实现的。`passwordEncoder` 以自动装配（Autowired）方式注册到 Spring Security 中，并用于 `UserDetailsService` 的实现类。

### 实现

#### 客户端（AngularJS）

1. 在前面的章节中，我们已经使用过 HTML5 的 sessionStorage 属性。此处的主要改动是创建了一个 httpAuth 工厂。在 http_authorized.js 文件中，这个工厂对 $http 对象进行了封装，这样客户端的存储以及认证所使用的头信息对于上层代码都是透明的。代码如下：

```
cloudStreetMarketApp.factory("httpAuth", function ($http) {
  return {
    clearSession: function () {
      var authBasicItem = 
        sessionStorage.getItem('basicHeaderCSM');
      var oAuthSpiItem = 
        sessionStorage.getItem('oAuthSpiCSM');
      if(authBasicItem || oAuthSpiItem){
        sessionStorage.removeItem('basicHeaderCSM');
        sessionStorage.removeItem('oAuthSpiCSM');
```

```javascript
          sessionStorage.removeItem('authenticatedCSM');
          $http.defaults.headers.common.Authorization = undefined;
          $http.defaults.headers.common.Spi = undefined;
          $http.defaults.headers.common.OAuthProvider = undefined;
    }
  },
  refresh: function(){
    var authBasicItem =
      sessionStorage.getItem('basicHeaderCSM');
    var oAuthSpiItem =
      sessionStorage.getItem('oAuthSpiCSM');
    if(authBasicItem){
      $http.defaults.headers.common.Authorization =
      $.parseJSON(authBasicItem).Authorization;
      }
      if(oAuthSpiItem){
        $http.defaults.headers.common.Spi = oAuthSpiItem;
        $http.defaults.headers.common.OAuthProvider = "yahoo";
    }
  },
  setCredentials: function (login, password) {
  //Base64 编码
  var encodedData = window.btoa(login+":"+password);
    var basicAuthToken = 'Basic '+encodedData;
    var header = {Authorization: basicAuthToken};
    sessionStorage.setItem('basicHeaderCSM',
    JSON.stringify(header));
    $http.defaults.headers.common.Authorization =
      basicAuthToken;
  },
  setSession: function(attributeName, attributeValue) {
    sessionStorage.setItem(attributeName, attributeValue);
  },
  getSession: function (attributeName) {
    return sessionStorage.getItem(attributeName);
  },
  post: function (url, body) {
    this.refresh();
  return $http.post(url, body);
  },
  post: function (url, body, headers, data) {
    this.refresh();
    return $http.post(url, body, headers, data);
  },
  get: function (url) {
```

```
      this.refresh();
      return $http.get(url);
    },
    isUserAuthenticated: function () {
      var authBasicItem =
      sessionStorage.getItem('authenticatedCSM');
      if(authBasicItem){
        return true;
      }
      return false;
    }
}});
```

2. 所有之前使用 `$http` 对象的地方都换成调用这个工厂对象，这样就可以透明地为 AJAX 请求传递及处理认证与标识的头信息了。

3. 这里避免了在不同的控制器上直接操作 `sessionStorage` 属性，这也是为了防止它们与这种存储方案紧密耦合。

4. `account_management.js` 文件将不同的控制器（`LoginByUsernameAndPasswordController`、`createNewAccountController` 和 `OAuth2Controller`）重新分组，这些控制器会通过 `httpAuth` 将认证信息和服务提供者的 **ID** 保存到 `sessionStorage` 中。

5. 为了通过 `httpAuth` 工厂对象获取和更新数据，我们对其他一些工厂对象也进行了修改。例如，`indiceTableFactory`（`home_financial_table.js` 文件中）在不知道认证信息存在的情况下获取市场的股指信息。

```
cloudStreetMarketApp.factory("indicesTableFactory",
    function (httpAuth) {
        return {
            get: function (market) {
                return httpAuth.get("/api/indices/" + market + ".json?ps=6");
            }
        }
});
```

## 服务器端

1. 我们已经在 `cloudstreetmarket-core` 模块的 `security-config.xml` 文件中声明了一个 `passwordEncoder` **Bean**。

   ```
   <bean id="passwordEncoder"
      class="org.sfw.security.crypto.bcrypt.BCryptPasswordEnco der"/>
   ```

2. 在 `security-config.xml` 文件中，`authenticationProvider` 引用了这个 **passwordEncoder**。

   ```
   <security:authentication-manager alias="authenticationManager">
      <security:authentication-provider user-service-ref=
   ```

```
        'communityServiceImpl'>
      <security:password-encoder ref="passwordEncoder"/>
    </security:authentication-provider>
  </security:authentication-manager>
```

3. passwordEncoder 会以 **Autowired** 方式自动装配到 CommunityServiceImpl（我们的 UserDetailsService 接口的实现类）对象中。当有用户注册时，密码会通过 passwordEncoder 进行哈希加密。当用户登录时，保存的哈希值会与用户提交的密码进行比较。CommunityServiceImpl 的代码如下：

```
@Service(value="communityServiceImpl")
@Transactional(propagation = Propagation.REQUIRED)
public class CommunityServiceImpl implements
  CommunityService {
  @Autowired
  private ActionRepository actionRepository;
  ...
  @Autowired
  private PasswordEncoder passwordEncoder;
  ...
  @Override
  public User createUser(User user, Role role) {
    if(findByUserName(user.getUsername()) != null){
      throw new ConstraintViolationException("The
       provided user name already exists!", null, null);
    }
    user.addAuthority(new Authority(user, role));
    user.addAction(new AccountActivity(user,
  UserActivityType.REGISTER, new Date()));
    user.setPassword(passwordEncoder.
      encode(user.getPassword()));
    return userRepository.save(user);
  }
  @Override
  public User identifyUser(User user) {
    Preconditions.checkArgument(user.getPassword() !=null,
      "The provided password cannot be null!");
    Preconditions.checkArgument(
      StringUtils.isNotBlank(user.getPassword()),
      "The provided password cannot be empty!");
    User retreivedUser =
      userRepository.findByUsername(user.getUsername());
    if(!passwordEncoder.matches(user.getPassword(),
      retreivedUser.getPassword())){
      throw new BadCredentialsException"("No match has
       been found with the provided credentials!");
```

```
        }
        return retreivedUser;
    }
    ...
}
```

4. 我们的 `ConnectionFactory` 实现类 `SocialUserConnectionRepositoryImpl` 是由 `SocialUserServiceImpl` 实例化的，同时还传入了一个 Spring `TextEncryptor` 对象。这样，可以加密所保存的 OAuth2 连接数据（最重要的是访问令牌和刷新令牌）。目前，代码还并没有对这些数据进行加密。

> **说明**
>
> 在本节中，我们尝试保持 RESTful API 的无状态，以实现可维护性（可扩展、易部署、容错等）。

### 微服务认证

保持无状态与微服务的关键思想之一——模块的自给自足很相符。为了保持可扩展性，我们不会使用不灵活的会话（Session）。当一个状态需要维护时，这项工作只能由客户端来完成，由客户端在有限时间内保存用户的标识信息和认证信息。

微服务的另一个关键思想是：责任有限，责任明确（水平扩展性）。虽然以我们的应用规模并不需要按照业务领域进行分割，但是设计方案是支持这一原则的。可以将 API 按照业务范围进行切分（Community、Indices 和 Stocks、Monitoring 等）。Spring Security 在 core 模块中，它可以内嵌到任何一个 API War 包中，这不存在任何问题。

现在考虑一下如何在客户端维护状态信息。我们为用户提供了两种登录方式：BASIC 方式和 OAuth2 方式。

- 用户可以先以 BASIC 认证方式注册账号，之后再改成用 OAuth2 登录（需要将社交账号绑定到现有的账号上）。
- 用户也可以使用 OAuth2 注册账号，之后再改成用 BASIC 表单方式进行登录，OAuth2 凭证会很自然地与认证身份绑定。

### 使用 BASIC 认证

当用户注册账号时，会确定用户名和密码。这些认证信息会通过 `httpAuth` 工厂的 `setCredentials` 方法保存起来。

在 `account_management.js` 文件的 `createNewAccountController`（由 `create_account_modal.html` 的模态对话框调用）中，`createAccount` 方法的 `Success` 处理程序调用了 `setCredentials` 方法。

```
httpAuth.setCredentials($scope.form.username, $scope.form.password);
```

现在，这个方法会将 HTML5 `sessionStorage` 作为一个存储设备来使用。

```
setCredentials: function (login, password) {
  var encodedData = window.btoa(login+":"+password);
  var basicAuthToken = 'Basic '+encodedData;
  var header = {Authorization: basicAuthToken};
  sessionStorage.setItem('basicHeaderCSM',
    JSON.stringify(header));
  $http.defaults.headers.common.Authorization = basicAuthToken;
}
```

`window.btoa(...)` 函数的作用是将传入的字符串参数用 Base64 方式进行编码，而向 `$httpProvider.defaults.headers` 这个对象所添加的头信息会在后续的 AJAX 请求中用到。

当用户使用 BASIC 表单进行登录时（`auth_modal.html` 模态对话框会调用 account_management.js 文件中的 `LoginByUsernameAndPasswordController` 对象），用户名和密码也是以同样的方法进行保存的。

`httpAuth.setCredentials($scope.form.username, $scope.form.password);`

现在，通过在 Angular 的 `$http` 服务的上层抽象出一个 `httpAuth`，可以保证所有使用 `$http` 发起的 API 调用请求都设置了 **Authorization** 头信息，如下图所示。

### 使用 OAuth2

在 `auth_modal.html` 页面中通过 OAuth2 进行登录时，浏览器会向 API 处理程序 /api/signin/yahoo（此处理程序在抽象出来的 `ProviderSignInController` 类中）发起一条 POST HTTP 请求。

登录请求会跳转到 Yahoo! 的认证界面，并在 Yahoo! 的页面中完成认证。当 API 最后将请求重定向到我们应用的入口主页时，请求中会增加一个 spi 参数。

`http://cloudstreetmarket.com/portal/index?spi=F2YY6VNSXIU7CTAUB2A6U6KD7E`

这个 spi 参数就是 Yahoo! 的用户 ID（GUID）。cloudstreetmarket-webapp 的 `DefaultController` 会获取这个参数并将其注入模态对话框中。

```
@RequestMapping(value="/*", method={RequestMethod.GET,
RequestMethod.HEAD})
public String fallback(Model model, @RequestParam(value="spi",
  required=false) String spi) {
  if(StringUtils.isNotBlank(spi)){
    model.addAttribute("spi", spi);
  }
  return "index";
}
```

Index.jsp 文件会直接将这个值在顶部菜单的 DOM 节点中渲染出来。

```
<div id="spi" class="hide">${spi}</div>
```

当与顶部菜单绑定的 menuController 初始化时，会读取这个值，并将其保存到 sessionStorage 中。

```
$scope.init = function () {
  if($('#spi').text()){
    httpAuth.setSession('oAuthSpiCSM', $('#spi').text());
  }
}
```

在 httpAuth 工厂（http_authorized.js）中，每次发起 API 请求之前都会调用 refresh() 方法。refresh() 方法会检查这个值是否存在，并添加两个额外头信息：用于 GUID 的 Spi 以及 OAuthProvider（本例中为 yahoo）。代码如下：

```
refresh: function(){
  var authBasicItem = sessionStorage.getItem('basicHeaderCSM');
  var oAuthSpiItem = sessionStorage.getItem('oAuthSpiCSM');
  if(authBasicItem){
    $http.defaults.headers.common.Authorization =
      $.parseJSON(authBasicItem).Authorization;
  }
  if(oAuthSpiItem){
    $http.defaults.headers.common.Spi = oAuthSpiItem;
    $http.defaults.headers.common.OAuthProvider = "yahoo";
  }
}
```

下图展示的是某次 AJAX 请求中的这两个头信息。

```
▼ Request Headers    view source
  Accept: application/json, text/plain, */*
  Accept-Encoding: gzip, deflate, sdch
  Accept-Language: fr-FR,fr;q=0.8,en-US;q=0.6,en;q=0.4,sv;q=0.2
  Cache-Control: max-age=0
  Connection: keep-alive
  Cookie: JSESSIONID=FB477DA810B490F7CEF826DE599DEDF6
  Host: cloudstreetmarket.com
  OAuthProvider: yahoo
  Referer: http://cloudstreetmarket.com/portal/index?spi=F2YY6VNSXIU7CTAUB2A6U6KD7E
  Spi: F2YY6VNSXIU7CTAUB2A6U6KD7E
  User-Agent: Mozilla/5.0 (Windows NT 6.1; WOW64) AppleWebKit/537.36 (KHTML, like Geck
```

## HTML5 SessionStorage

我们在客户端使用 SessionStorage 作为存储用户认证信息以及身份信息（GUID）的方案。在 HTML5 中，通过使用 Web Storage 技术，Web 页面可以在浏览器端进行本地数据的存储。可以通过页面的脚本来访问保存在 Web Storage 中的数据，支持的数据存储容量相对来说比较大（最大可达 5MB），而且不会影响客户端的性能。

Web Storage 遵循同源策略（协议、主机名和端口号共同组成了一个源），来自同一源的页面可以存储和访问同一套数据。在浏览器中，用于数据本地存储的对象有两种：

- `window.localStorage`：存储的数据没有过期时间。
- `window.sessionStorage`：只保存一次会话中的数据（关闭浏览器的选项卡后，数据即丢失）。

这两个对象可以直接通过 window 对象来使用，使用方法简单明了。

```
setItem(key,value);
getItem(key);
removeItem(key);
clear();
```

正如 http://www.w3schools.com/ 所宣称的那样，现如今，几乎所有浏览器都支持 localStorage（根据所面向市场的差异，比例在 94% 到 98% 之间）。下图列出了支持 localStorage 的最低浏览器版本。

| API | | | | | |
|---|---|---|---|---|---|
| Web Storage | 4.0 | 8.0 | 3.5 | 4.0 | 11.5 |

对于那些不兼容的 Web 浏览器，应该用 Cookie 来作为备选项，或者至少在浏览器不支持时显示出警告信息。

## SSL/TLS

在使用 BASIC 方案进行认证时,必须采用加密的通信协议。我们已经看到,认证数据 username:password 以及 Yahoo! 的 GUID 都是作为请求头信息发送的。尽管我们已经采用了 Base64 对这些认证信息进行编码,但这依然没有起到足够的保护作用。

## BCryptPasswordEncoder

在服务器端,我们不会用明文保存用户的密码,只会保存编码过的数据(哈希值)。据宣称,哈希函数是不可逆的。

> "哈希函数是一种将任意长度的数据映射到固定长度的数据的函数。"
>
> ——维基百科

看一下下图所示的映射。

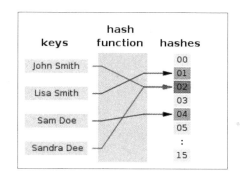

上图中的哈希函数的作用是将姓名映射到 0 至 15 之间的整数。

当保存和更新用户时,我们会主动调用 PasswordEncoder 的实现类。PasswordEncoder 是 Spring Security core 模块的一个接口。

```
public interface PasswordEncoder {
  String encode(CharSequence rawPassword);
  boolean matches(CharSequence rawPassword, String
    encodedPassword);
}
```

Spring Security 提供了三个实现类:StandardPasswordEncoder、NoOpPasswordEncoder 和 BCryptPasswordEncoder。

我们使用的是 BCryptPasswordEncoder,推荐在新项目中使用这个加密算法。相对于 MD5 或者 SHA 哈希算法,BCryptPasswordEncoder 使用了更加健壮的哈希算法和随机生成的盐值(Salt)。

所以，同一个密码可以有不同的 HASH 值。下面列出的是字符串"123456"的不同 BCrypt 哈希值：

```
$2a$10$Qz5slUkuV7RXfaH/otDY9udROisOwf6XXAOLt4PHWnYgOhG59teC6
$2a$10$GYCkBzp2NlpGS/qjp5f6NOWHeF56ENAlHNuSssSJpE1MMYJevHBWO
$2a$10$5uKS72xK2ArGDgb2CwjYnOzQcOmB7CPxK6fz2MGcDBM9vJ4rUql36
```

## 扩展

### 使用 AngularJS 设置 HTTP 头信息

虽然前面已经设置过头信息了，但如果读者想深入了解 AngularJS 的头信息管理，可以浏览这个网页：

https://docs.angularjs.org/api/ng/service/$http

### 浏览器对 localStorage 的支持

若想全面了解各个浏览器版本对 localStorage 的支持情况，可以访问如下网址：

http://caniuse.com/#search=localstorage

### SSL 与 TLS

本书案例已经在服务器上安装了 SSL 证书。要购买和发布 SSL 证书，需要提供 Web 服务器类型（Apache 2）以及**证书签名请求**（Certificate Signing Request，CSR）。这个 CSR 由 JDK 内置的 keytool 工具生成。

- http://arstechnica.com/information-technology/2012/11/securingyour-web-server-with-ssltls/
- http://en.wikipedia.org/wiki/Certificate_signing_request
- https://www.namecheap.com/support/knowledgebase/article.aspx/9422/0/tomcat-using-keytool

# 服务与控制器授权

本节将根据分配给用户的权限来限制其对服务（Service）和控制器（Controller）的访问。

## 准备

我们会针对某个特定 URL 路径以及方法调用添加拦截器，这个拦截器会触发预定义的授权工作流——AbstractSecurityInterceptor。

为了能够测试对服务的限制，我们对 Swagger UI 进行了一些小改动，以便在 BASIC 认证环境中使用。

## 实现

1. 对 CustomBasicAuthenticationEntryPoint 进行修改，当通过 Swagger UI 发起 http 请求调用时，让页面弹出浏览器原生的 BASIC 表单。

```
public class CustomBasicAuthenticationEntryPoint extends
  BasicAuthenticationEntryPoint {
  @Override
  public void commence(HttpServletRequest request,
    HttpServletResponse response, AuthenticationException
    authException) throws IOException, ServletException {
    String referer = (String)
      request.getHeader("referer");
    if(referer != null &&
      referer.contains(SWAGGER_UI_PATH)){
      super.commence(request, response, authException);
      return;
    }
    response.setHeader("WWW-Authenticate", "CSM_Basic
      realm=\"" + getRealmName() + "\"");
    response.sendError(
      HttpServletResponse.SC_UNAUTHORIZED,
      authException.getMessage());
  }
}
```

2. 创建了一个 MonitoringController（一个 RestController），能够根据某一监管目的来管理用户。

3. GET 方法会直接返回 User 对象(不是 UserDTO 对象)，这个对象包含了用户的所有信息。另外，这个控制器还有一个 delete 方法。MonitoringController 的代码如下：

```
@RestController
@RequestMapping(value="/monitoring", produces={"application/xml",
  "application/json"})
@PreAuthorize("hasRole('ADMIN')")
public class MonitoringController extends
  CloudstreetApiWCI{
  @Autowired
  private CommunityService communityService;
  @Autowired
  private SocialUserService socialUserService;
  @RequestMapping(value="/users/{username}", method=GET)
  @ResponseStatus(HttpStatus.OK)
```

```
    @ApiOperation(value = "Details one account", notes = )
    public User getUserDetails(@PathVariable String username){
        return communityService.findOne(username);
    }
    @RequestMapping(value="/users/{username}", method=DELETE)
    @ResponseStatus(HttpStatus.OK)
    @ApiOperation(value = "Delete user account", notes =)
    public void deleteUser(@PathVariable String username){
        communityService.delete(username);
    }
    @RequestMapping(value="/users", method=GET)
    @ResponseStatus(HttpStatus.OK)
    @ApiOperation(value = "List user accounts", notes =)
    public Page<User> getUsers(@ApiIgnore
        @PageableDefault(size=10, page=0) Pageable pageable){
        return communityService.findAll(pageable);
    }
}
```

4. 在 communityService 的实现类中，findAll 和 delete 这两个方法已经通过 @Secured 注解进行保护。

```
@Override
@Secured({"ROLE_ADMIN", "ROLE_SYSTEM"})
public void delete(String userName) {
    userRepository.delete(userName);
}
@Override
@Secured("ROLE_ADMIN")
public Page<User> findAll(Pageable pageable) {
    return userRepository.findAll(pageable);
}
```

5. 需要提醒的是，我们已经在 security-config.xml 文件中设置了一个全局 method-security。

```
<security:global-method-security securedannotations"="enabled"
    "pre-post-annotations"="enabled"
    authentication-manager-ref"="authenticationManager""/>
```

6. 现在试试看。重启 Tomcat 服务器，用浏览器打开新窗口。打开 **Swagger UI**（http://cloudstreetmarket.com/api/index.html），页面如下图所示。

## 5 使用Spring MVC进行认证

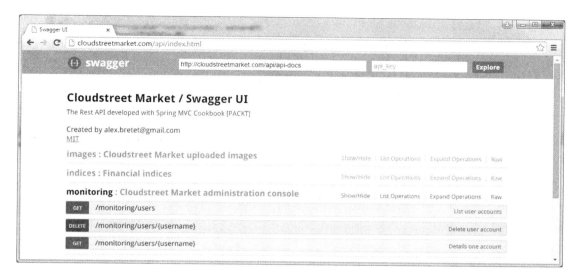

7. 打开 monitoring 选项卡。调用 GET/monitoring/users 方法来获取用户的账号信息列表。
8. 浏览器会弹出下图所示的 BASIC 认证表单。

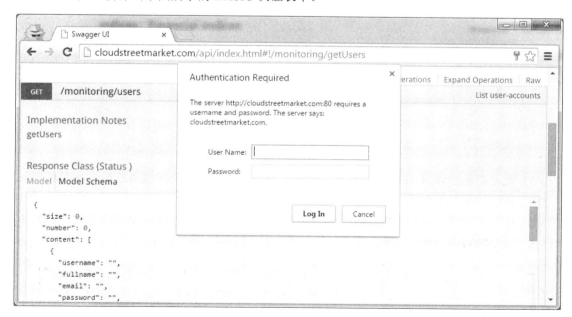

9. 如果单击 Cancel 按钮，会收到 401（Unauthorized）响应码。
10. 为了便于测试,本例没有对 communityController 的 delete 方法用任何注解进行保护。另外，需要记住的是，在 communityController 的路径上，本例没有定义任何特定的

URL 拦截器。

```
@RequestMapping(value"="/{username}", method=DELETE)
@ResponseStatus(HttpStatus.OK
@ApiOperation(value = "Delete a user account", notes =)
public void deleteUser(@PathVariable String username){
    communityService.delete(username);
}
```

11. 在 Swagger UI 中，不登录直接调用这个处理程序，如下图所示，删除用户名为 **other10** 的用户。

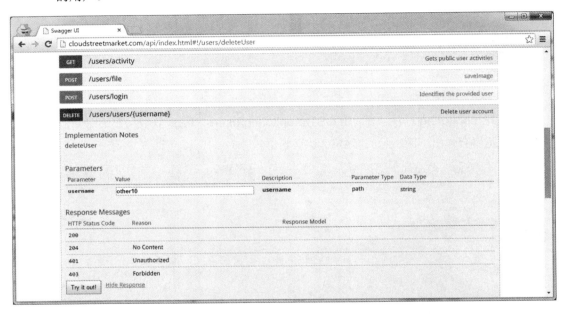

12. 此时会收到 403（Forbidden）响应码，因为与控制器对应的服务层的方法已经通过 @secured 注解保护起来了。

13. 你会发现页面没有弹出 BASIC 的登录窗口。而且，查看一下响应的头信息，应该看不到 WWW-Authenticate 头信息（触发弹出登录框的就是这个头信息）。

>  当用户没有通过认证，并且所请求的 HTTP 资源有安全访问限制时，AuthenticationEntryPoint 会被调用。对于 Spring Security 来说，仅仅将服务层保护起来是不够的，还需要考虑将控制器的 http 方法处理程序也保护起来。

14. 现在，再次通过 **monitoring** 选项卡 GET 用户，应该会再次看到 BASIC 认证对话框。

使用如下信息进行填写。

```
<User Name> admin
<Password> admin
```

会收到下图所示的响应信息，状态码为 200。

15. 当请求 JSON 格式的响应数据时，Swagger UI 并不会对消息体的内容进行美化处理，但里面的数据是全的。

 注意这行响应信息：

WWW-Authenticate: CSM_Basic realm="cloudstreetmarket.com"

## 说明

现在来了解一下 Spring Security 授权流程是如何工作的以及如何进行配置。

### Spring Security 授权

AuthenticationManager 的实现类会将 GrantedAuthority 对象保存到 SecurityContext 的 Authentication 对象中。可以通过 AccessDecisionManager 来读取 GrantedAuthority 的数据并将其与所要求的访问权限进行比较来判断其是否有访问权限。

AccessDecisionManager 实现类可以是系统自带的，也可以是由外部实现的，这也是为什么框架使用字符串来渲染权限信息的原因。

如果 GrantedAuthority 的 getAuthority() 方法的返回值不能用字符串来表示，就会返回 null，表示 AuthenticationManager 必须支持这种类型的 Authority。这种机制使不同的 getAuthority() 实现都被约束在有限的责任范围内。

### 配置属性

本章在介绍 GrantedAuthority 对象时（"基于 BASIC 的认证方式"一节），已经提到过配置属性（Configuration Attribute）。

配置属性在 SecurityInterceptor 以及 AccessDecisionManager 实现类中起到了很关键的作用，因为 SecurityInterceptor 会委托给 AccessDecisionManager。配置属性实现了 ConfigAttribute 接口，这个接口只有一个方法：

```
public interface ConfigAttribute extends Serializable {
  String getAttribute();
}
```

 配置属性会作为注解对方法进行安全访问控制，也可以作为访问属性对 URL 进行安全访问控制（Intercept-url）。

我们在 security-config.xml 文件中定义了如下指令来告诉 Spring Security：对于匹配 /basic.html 的 Web 请求，期望的配置属性是 ROLE_BASIC。

```
<security:intercept-url pattern="/basic.html" access="hasRole('BASIC')"/>
```

在默认的 AccessDecisionManager 实现中，只要用户拥有对应的 GrantedAuthority，就拥有访问权限。而在基于投票（Vote）的 AccessDecisionManager 实现类中，以 ROLE_ 为前缀的配置属性会被视为角色，RoleVoter 会对它们进行检查。本章后续内容将会对 AccessDecisionManager 进行介绍。

SecurityInterceptor 所保护的 Secure 对象是需要进行安全检查的对象（Object）和行为（Action）。框架负责处理的 Secure 对象有两种：

- 类似 ServletRequest 或者 ServletResponse 这样的 Web 资源。**FilterSecurityIntercepto** 会对这些资源进行检查。FilterSecurityInterceptor 是位于过滤器链（Filter Chain）中非常靠后位置的核心过滤器。
- 方法调用的 org.aopalliance.intercept.MethodInvocation 的实现类。**MethodSecurityInterceptor** 会对它们进行检查。

在 HTTP 请求或者方法真正调到 Secure 对象之前，安全拦截器就已经基于事件驱动异步地将这些调用拦截了。处理这些调用时，Spring Security 框架一直都有一套简单的模式。这个模式基于对 `AbstractSecurityInterceptor` 子类的使用。

`AbstractSecurityInterceptor` 对 Secure 对象的检查有一套完整的工作流：

- 查找和 Secure 对象相关的配置属性。
- 将 Secure 对象、当前 Authentication 对象以及配置属性提交给 `AccessDecisionManager` 接口，决定是否进行授权。
- 在执行过程中修改 Authentication 对象（可选）。
- 允许调用 Secure 对象（假设已经授予访问权限）。
- 在调用完成并返回以后，如果已配置 `AfterInvocationManager` 接口，则调用该接口。如果调用抛出了异常，则不调用 `AfterInvocationManager`。

这一工作流可以概括成下图所示的图表。

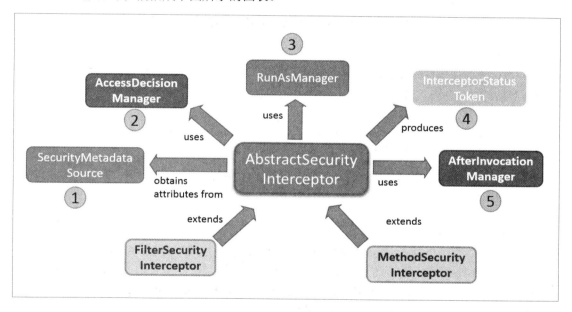

此图来源于 Spring Security 参考文档，它突出显示了 `SecurityInterceptor` 在检查安全对象时可以使用的不同元素。

主要思想是利用从 `ecurityMetadaSource` 所获取的属性以及 `AuthenticationManager` 的认证功能来对 `AccessDecisionManager` 接口和 `AfterInvocationManager` 接口进行委托。

在需要修改 `SecurityContext` 的 Authentication 对象时（工作流的第 3 步），可以将

RunAsManager 依赖添加到 SecurityInterceptor 中。这种情况很少见。

RunAsManager 接口定义如下：

```
public interface RunAsManager {
  Authentication buildRunAs(Authentication authentication,
      Object object, Collection<ConfigAttribute> attributes);
  boolean supports(ConfigAttribute attribute);
  boolean supports(Class<?> clazz);
}
```

如果没有设置 RunAsManager，则 SecurityInterceptor 会使用 NullRunAsManager 这个实现类。此外，还可以配置 AfterInvocationManager 接口来对调用所返回的 statusToken 对象进行修改（工作流第 5 步）。

### 调用前预处理

AccessDecisionManager 对象会判断某次访问请求是否必须被允许。

#### AccessDecisionManager

AccessDecisionManager 接口是由 SecurityInterceptor 调用的（工作流第 2 步），它负责最终的访问控制决策。该接口由如下三个方法组成：

```
public interface AccessDecisionManager {
  void decide(Authentication authentication, Object object,
   Collection<ConfigAttribute> configAttributes) throws
      AccessDeniedException, InsufficientAuthenticationException;
  boolean supports(ConfigAttribute attribute);
  boolean supports(Class<?> clazz);
}
```

如上所示，方法名都是直观易懂的。

- decide 方法会根据所提供的参数给出一个是否允许访问的决定。Authentication 对象代表的是调用这个方法的发起人，object 参数代表要检查的 Secured 对象，configAttributes 则是 Secured 对象的配置属性（Configuration Attribute）。当禁止访问时，会抛出 AccessDeniedException 异常。
- supports(ConfigAttribute attribute) 方法在安全检查的早期被调用，用来判断 AccessDecisionManager 是否能够处理某个特定的 ConfigAttribute 对象。
- supports(Class<?> clazz) 在调用 Secure 对象前执行，用来保证所配置的 AccessDecisionManager 支持所要提交的 Secure 对象的类型。

## 5 使用Spring MVC进行认证

 当使用命名空间配置时，Spring Security 会自动注册一个默认的 AccessDecisionManager 实例，这个实例会基于 intercept-url 和 protect-pointcut 声明（以及 secure 方法中所使用的注解）中所指定的 access 属性来评估方法调用和 Web 访问。

可以采用如下几种方式来指定一个特定的或者自定义的 `AccessDecisionManager` 对象。

- 在处理 Web 资源时，使用 **http** 命名空间：

    ```
    <security:http ... access-decision-manager-ref"="xxx"">
    </security:http>
    ```

- 在处理方法调用时，使用 **global-method-security** 命名空间：

    ```
    <security:global-method-security access-decision-manager-ref""="" ... />
    ```

Spring Security 框架有三个基于投票的 `AccessDecisionManager` 实现类，分别是 AffirmativeBased、ConsensusBased 和 UnanimousBased。对应的投票人就是符合条件的实现了 `AccessDecisionVoter` 接口的类。`AccessDecisionVoter` 接口的定义如下：

```
public interface AccessDecisionVoter<S> {
  boolean supports(ConfigAttribute attribute);
  boolean supports(Class<?> clazz);
  int vote(Authentication authentication, S object,
  Collection<ConfigAttribute> attributes);
}
```

框架提供了一些 `AccessDecisionVoter` 接口的实现类，包括 `AuthenticatedVoter`、`Jsr250Voter`、`PreInvocationAuthorizationAdviceVoter`、`WebExpressionVoter`、`RoleVoter` 等。在进行安全检查时，符合条件的 `AccessDecisionVoter` 会对是否授权进行投票。投票人资格是由 `AccessDecisionManager.decisionVoters` 属性中所注册的 voter 决定的，同样依赖于 voter 的 supports 方法。

`AccessDecisionManager` 会根据投票结果来决定是否抛出 `AccessDeniedException` 异常。每种 `AccessDecisionVoter` 是按照不同的标准来评估 Secure 对象的。

> "在 Spring Security 框架所提供的 AccessDecisionVoter 中，最常用的是比较简单的 RoleVoter。RoleVoter 会简单地将配置属性作为角色名称来处理，如果已经给用户分配了该角色，则投票授予其访问权限。"
>
> ——Spring Security 参考文档

### 调用后处理

在 Spring Security 框架中，只有一个 AfterInvocationManager 实现类——AfterInvocationProviderManager。这个类会将所有符合条件的 AfterInvocationProvider 实现类整理到一起，给它们提供一个修改 SecurityInterceptor 结果的机会。

类似于 AccessDecisionManager 接口，AfterInvocationProvider 接口定义如下：

```java
public interface AfterInvocationProvider {
  Object decide(Authentication authentication, Object object,
    Collection<ConfigAttribute> attributes, Object returnedObject)
    throws AccessDeniedException;
  boolean supports(ConfigAttribute attribute);
  boolean supports(Class<?> clazz);
}
```

**基于表达式的访问控制**

从 Spring Security 3 开始，就已经可以使用 Spring 表达式语言（Expression Language，EL）来定义 Web 保护（Web Security）和方法保护（Method Security）。

"表达式作为安全保护检查上下文的一部分，是通过 root 对象进行评估的。Spring Security 框架会为 Web 保护和方法保护提供特定的类来作为 root 对象，用以提供内置的表达式和对用户身份等信息的访问权限。"

——Spring Security 参考文档

表达式 root 对象的基类是 SecurityExpressionRoot。这个抽象类提供了下表所示的方法和属性，用于代表常用的内置表达式。

| 表达式 | 说明 |
| --- | --- |
| hasRole([role]) | 如果当前用户拥有指定的角色 role，则返回 true。默认情况下，如果提供的 role 没有前缀 ROLE_，会自动添加。可以通过修改 DefaultWebSecurityExpressionHandler 的 defaultRolePrefix 来进行自定义设置 |
| hasAnyRole([role1, role2]) | 如果当前用户拥有其中的任意角色（使用逗号进行分隔的字符串），则返回 true。默认情况下，如果提供的 role 没有前缀 ROLE_，会自动添加。可以通过修改 DefaultWebSecurityExpressionHandler 的 defaultRolePrefix 来进行自定义设置 |
| hasAuthority([authority]) | 如果当前用户拥有指定的 authority，则返回 true |
| hasAnyAuthority([authority1, authority2]) | 如果当前用户拥有其中任意权限（使用逗号进行分隔的字符串），则返回 true |
| principal | 允许直接访问当前用户的 principal 对象 |
| authentication | 允许直接访问 SecurityContext 对象中的当前 Authentication 对象 |

| 表达式 | 说明 |
|---|---|
| permitAll | 永远为 true |
| denyAll | 永远为 false |
| isAnonymous() | 如果当前用户是匿名用户，则返回 true |
| isRememberMe() | 如果当前用户是 Remember-Me 用户，则返回 true |
| isAuthenticated() | 如果用户不是匿名用户，则返回 true |
| isFullyAuthenticated() | 如果用户既不是匿名用户也不是 Remember-me 用户，则返回 true |
| hasPermission(Object target, Object permission) | 如果用户拥有指定 target 的指定 permission 权限，则返回 true。例如，hasPermission(domainObject, 'read') |
| hasPermission(Object targetId, String targetType, Object permission) | 如果用户拥有指定 target 的指定 permission 权限，则返回 true。例如，hasPermission(1,'com.example.domain.Message', 'read') |

**Web Security 表达式**

使用 Spring Security 的命名空间时，`<http>` 段有一个 use-expression 属性，默认值为 true。这个属性的作用是要求 intercept-url 元素使用表达式作为 access 属性的值。

对于 Web Security，表达式 root 对象的基类是 WebSecurityExpressionRoot，它继承了 SecurityExpressionRoot 的方法，并另外提供了一个方法：hasIpAddress(...)。

WebSecurityExpressionRoot 会暴露在 HttpServletRequest 对象的上下文中用以进行访问控制的评估，这个 HttpServletRequest 对象是通过 request 这个名称来访问的。

如果使用了表达式，那么 AccessDecisionManager 对象里就会添加一个 WebExpression-Voter 对象。

**Method Security 表达式**

方法级别的安全控制表达式在 Spring Security 3.0 就已经引入了。表达式可用的安全控制注解有四个：@PreAuthorize, @PostAuthorize, @PreFilter 和 @PostFilter。

### 使用 @PreAuthorize 和 @PostAuthorize 进行访问控制

要使用这些注解，必须先在 Security Bean 中进行激活：

```
<security:global-method-security pre-post-annotations"="enabled"">
```

@PreAuthorize 通常用于允许或者禁止方法调用。我们已经在 MonitoringController 类中使用过这个注解。

```
@PreAuthorize("hasRole('ADMIN')")
public class MonitoringController extends CloudstreetApiWCI{
  ...
}
```

表达式 hasRole('ADMIN') 的意思是：只有角色为 ROLE_ADMIN 的用户才能访问这个控制器。

 ROLE_ 前缀是自动添加的，这样能够避免单词重复。这个特性可用于 Web Security（intercept-url: access 属性）表达式，也可用于 Method Security。

参考 Spring Security 文档中的这个例子：

```
@PreAuthorize("hasPermission(#contact, 'admin')")
public void deletePermission(Contact contact, Sid recipient,
Permission permission);
```

在这里，表达式里传入了一个方法参数，用于判断当前用户是否拥有给定 Contact 的 admin 权限。

@PostAuthorize 不是很常用，可用于在调用完方法以后执行访问控制的检查。为了在表达式中访问 AccessDecisionManager 所返回的值，可以使用内建的名称 returnObject。

### 使用 @PreFilter 和 @PostFilter 进行集合过滤

现在 Spring Security 已经能够通过表达式来对集合进行过滤，而这个集合可以是方法调用所返回的结果。

参考一下 Spring Security 文档中的例子：

```
@PreAuthorize("hasRole('USER')")
@PostFilter("hasPermission(filterObject, 'read') or
    hasPermission(filterObject, 'admin')")
public List<Contact> getAll();
```

Spring Security 会对返回的集合进行遍历并删除那些表达式的值为 false 的元素。filterObject 代表集合中的当前对象。也可以使用 @PreFilter 在调用方法之前进行过滤，尽管这种需求不是很常见。

实际上，为了在表达式中能够使用 hasPermission()，需要在应用上下文中显式配置一个 PermissionEvaluator 对象。配置示例如下：

```
<security:global-method-security...>
  <security:expression-handler ref="expressionHandler"/>
</security:global-method-security>
<bean id="expressionHandler"
  class="org.sfw.security.access.expression.method.DefaultMethod
```

```
    SecurityExpressionHandler">
    <property name="permissionEvaluator"
      ref="myPermissionEvaluator"/>
</bean>
```

myPermissionEvaluator 是接口 PermissionEvaluator 的实现类：

```
public interface PermissionEvaluator extends AopInfrastructureBean {
  boolean hasPermission(Authentication authentication,
    Object targetDomainObject, Object permission);
  boolean hasPermission(Authentication authentication,
    Serializable targetId, String targetType, Object permission);
}
```

### JSR-250 与传统方法保护

JSR-250 是 2006 年发布的 Java 规范申请（Java Specification Request），它规定了一套用于处理常见语义模式的注解。在这些注解中，有一些是和安全相关的。

| 注解名称 | 描述 |
| --- | --- |
| RolesAllowed | 应用程序中能访问该方法的安全角色 |
| PermitAll | 所有角色都可以访问所注解的方法，或者所注解的类的所有方法 |
| DenyAll | 所有角色都不允许调用指定的方法 |
| DeclareRoles | 通过应用程序声明安全角色 |

Spring Security 支持这些注解，但是必须激活：

```
<security:global-method-security jsr250-annotations"="enabled""…/>
```

Spring Security 还支持传统的 @Secured 注解（如果已启用）：

```
<security:global-method-security secured-annotations"="enabled""…/>
```

### 扩展

#### Domain Object Security（ACL）

一些更复杂的应用可能需要采用认证决议（Authorization Decisions），这取决于方法调用的实际域对象。

```
http://docs.spring.io/spring-security/site/docs/current/reference/
htmlsingle/#domain-acls
```

#### Spring EL

想了解更多关于 Spring EL 的其他信息，可以访问如下网址：

```
http://docs.spring.io/spring/docs/current/spring-framework-reference/
html/expressions.html
```

### Spring Security 参考

Spring Security 参考文档和 Spring JavaDoc 是本节的主要参考资料来源，希望读者能喜欢所选择的资料、展开的分析以及分享的观点。

```
http://docs.spring.io/spring-security/site/docs/current/apidocs/
http://docs.spring.io/spring-security/site/docs/current/reference/htmlsingle
```

## 其他

- 角色分级和角色嵌套是很常见的需求：
  ```
  http://docs.spring.io/spring-security/site/docs/current/
  reference/htmlsingle/#authz-hierarchical-roles
  ```

# 6
# 实现HATEOAS

本章主要内容：
- 将 DTO 改造成 Spring HATEOAS 资源
- 为超媒体驱动的 API 构建链接
- 选择暴露 JPA 实体的策略
- 通过 OAuth 从第三方 API 获取数据

## 引言

什么是 HATEOAS？如果你之前从未见过这个词，那么很可能还不知道这个词该怎么读。有些人读成"hate-ee-os"，还有些人读成"hate O-A-S"。重要的是，我们要记住它是 Hypermedia as the Engine of Application State（超媒体即应用状态引擎）的缩写。最起码，应该记住超媒体（Hypermedia）。

超媒体代表一种资源的功能，能够嵌入指向外部资源的结点。超媒体资源虽然与其他资源相互连接，但还是会限定在自己的域中，因为它不能从技术的角度将其他资源的域作为自身的一部分进行开发。

可以把 HATEOAS 想象成维基百科来理解：我们创建了一个页面，但不是所有的章节都包含在这个网页标题（域）中，并且其中一章已经在外部页面中被覆盖，管理员不太会让这种情况发生。

HATEOAS 是一种适用于 REST 架构的约束条件，它要求资源保持域一致性，与此同时，为了整体的内聚性着想，它还要求明确地保持自文档（Self Documentation）。

## Richardson 成熟度模型

Richardson 成熟度模型（Richardson Maturity Model，由 Leonard Richardson 提出）提供了

一种方法来根据 REST API 所符合的约束等级来进行分级和资格评估。

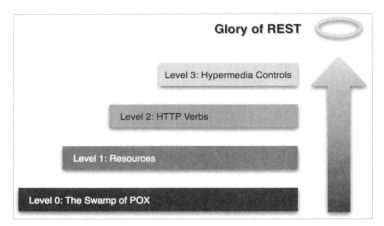

API 越符合 REST 的要求，它的级别就越高。

0 级：POX 沼泽（The Swamp of POX），这个模型的起始状态。在此级别，协议（通常是 HTTP）仅用于传输数据（而非利用它所具备的状态描述功能）。同样，这一级别的 API 里也不会存在具体资源的 URI，每个 URI 只使用一个方法（在 HTTP 协议中通常是 POST）。

1 级：利用特定资源的 URI 对资源进行描述。可以从 URI 中得到资源的标识符。然而，这一级别的 API 依旧仅使用了协议的一个方法（对于 HTTP 协议，同样是 POST 方法）。

2 级：HTTP 动词（Verb）的使用体现了对协议功能的使用方式的改进。对于 HTTP 而言，这意味着 API 在根据具体用途来使用 HTTP 方法（GET 用于读取，POST 用于创建，PUT 用于修改，DELETE 用于删除等）。此外，API 还提供了可靠的响应码将操作状态告知用户。

3 级：超媒体控件（Hypermedia Controls）是这一模型的最高一级。这体现了 HATEOAS 的作用，可以向客户端提供 API 发现（API-discovery）功能。

可以访问 Martin Fowler 的博客进一步了解 Richardson 成熟度模型：

http://martinfowler.com/articles/richardsonMaturityModel.html

# 将DTO改造成Spring HATEOAS资源

本节将展示如何创建 Spring HATEOAS 资源。本节只介绍了一个具体的资源 IndexResource（用来代替之前的 IndexOverviewDTO），读者可以自行查阅 **cloudstreetmarket-api** 和 **cloudstreetmarket-core** 的代码来了解其他的改动。

在本阶段，我们已经将 HATEOAS 原则应用到了所有的资源，这些资源构成了我们的核心业务，这些业务非常准确地反映了 Yahoo! 的财经数据结构（指数、报价、产品、历史数据、

# 6 实现HATEOAS

图表等）。

## 实现

1. 打开 Eclipse 的 Git 视图，检出 v6.x.x 分支的最新代码。然后运行 **cloudstreetmarket-parent** 模块的 `maven clean install` 命令（在该模块上单击鼠标右键，在弹出菜单中选择 **Run as...** 中的 **Maven Clean** 选项，然后选择 **Run as...** 中的 **Maven Install** 选项）。接着执行 **Maven Update Project** 命令来同步 Eclipse 的 Maven 配置（在该模块上单击鼠标右键，然后选择 **Maven | Update Project** 命令）。

    这个分支包括一些 SQL 脚本，会使用来自 Yahoo! 的真实财经数据预先向数据库添加一些数据。

2. 在新下载的代码中，在 cloudstreetmarket-parent 以及 zipcloud-parent 的同一级目录中有一个新的 /app 文件夹。将这个 /app 文件夹复制到你的系统主目录中：
   - 对于 Windows 操作系统，复制到 C:\Users\{system.username}\app 中。
   - 对于 Linux 操作系统，复制到 /home/usr/{system.username}/app 中。
   - 对于 Mac OS X 操作系统，复制到 /Users/{system.username}/app 目录中。

3. Spring HATEOAS 依赖于下面这些模块，这些依赖项已经被添加到 **cloudstreetmarket-parent**、**cloudstreetmarket-core** 和 **cloudstreetmarket-api** 中：

   ```
   <dependency>
     <groupId>org.springframework.hateoas</groupId>
     <artifactId>spring-hateoas</artifactId>
     <version>0.17.0.RELEASE</version>
   </dependency>
   ```

4. 正如本节标题所示，我们的目标是将现有的 DTO 从发布的 API 中删除。现在已经删除了 IndexOverviewDTO、MarketOverviewDTO、ProductOverviewDTO 和 StockProductOverviewDTO。

5. 使用 IndexResource、StockProductResource、ChartResource、ExchangeResource、IndustryResource 以及 MarketResource 来代替那些已经被删除的 DTO。

6. 正如下面 IndexResource 类所展示的那样，所有这些新定义的类都继承了 Spring HATEOAS Resource 类：

   ```
   @XStreamAlias("resource")
   public class IndexResource extends Resource<Index> {
     public static final String INDEX = "index";
     public static final String INDICES = "indices";
     public static final String INDICES_PATH = "/indices";
   ```

```
    public IndexResource(Index content, Link... links) {
      super(content, links);
    }
}
```

7. 对于 IndexResource，资源都是通过 JPA 实体类（Index.java）来创建的。这些实体对象被保存在 content 成员变量下的 Resource 父类中。

8. 对 JPA 实体类进行改造，将 Id 字段 @Id 抽象到 Identifiable 接口的实现类中。

```
@Entity
@Table(name="index_value")
@XStreamAlias("index")
public class Index extends ProvidedId<String> {

  private String name;

  @Column(name="daily_latest_value")
  private BigDecimal dailyLatestValue;

  @Column(name="daily_latest_change")
  private BigDecimal dailyLatestChange;

  @Column(name="daily_latest_change_pc")
  private BigDecimal dailyLatestChangePercent;

  @Column(name = "previous_close")
  private BigDecimal previousClose;

  private BigDecimal open;

private BigDecimal high;

private BigDecimal low;

@ManyToOne(fetch = FetchType.EAGER)
@JsonSerialize(using=IdentifiableSerializer.class)
@JsonProperty("exchangeId")
@XStreamConverter(value=IdentifiableToIdConverter.class,
 strings={"id"})
@XStreamAlias("exchangeId")
 private Exchange exchange;

@JsonIgnore
@XStreamOmitField
```

```
@ManyToMany(fetch = FetchType.LAZY)
@JoinTable(name = "stock_indices", joinColumns =
 {@JoinColumn(name = "index_code") },
inverseJoinColumns = {@JoinColumn(name = "stock_code")})
private Set<StockProduct> components = new
LinkedHashSet<>();

@Column(name="last_update", insertable=false,
  columnDefinition="TIMESTAMP DEFAULT CURRENT_TIMESTAMP")

@Temporal(TemporalType.TIMESTAMP)
private Date lastUpdate;

public Index(){}

public Index(String indexId) {
  setId(indexId);
}

//getter 与 setter

  @Override
  public String toString() {
  return "Index [name=" + name + ", dailyLatestValue=" +
   dailyLatestValue + ", dailyLatestChange=" +
   dailyLatestChange + ", dailyLatestChangePercent=" +
   dailyLatestChangePercent + ", previousClose=" +
   previousClose + ", open=" + open + ", high=" + high + ",
   low=" + low + ", exchange=" + exchange + ", lastUpdate="
   + lastUpdate + ", id=" + id + "]";
  }
}
```

9. 下面是 ProvidedId 类的具体实现,它是 Identifiable 接口的一个实现类:

```
@MappedSuperclass
public class ProvidedId<ID extends Serializable> implements
  Identifiable<ID> {
  @Id
  protected ID id;
  @Override
  public ID getId() {
    return id;
  }
  public void setId(ID id) {
    this.id = id;
```

```
    }
    @Override
    public String toString() {
      return id;
    }
    @Override
    public int hashCode() {
      return Objects.hash(id);
    }
    @Override
    public boolean equals(Object obj) {
      if (this == obj)
        return true;
      if (obj == null)
        return false;
      if (getClass() != obj.getClass())
        return false;
      ProvidedId <?> other = (ProvidedId <?>) obj;
      return Objects.equals(this.id, other.id);
    }
  }
```

### 说明

本节主要的工作是加入一个新的 Spring 依赖，创建几个新的资源对象（Resource 子类），最后对实体类做一些修改来实现 `Identifiable` 接口。下面进一步展开讲解。

#### Spring HATEOAS 资源

正如本章开头所介绍的那样，HATEOAS 是和链接相关的。我们可以要求框架自身提供一种现成的类型来支持链接以及链接展示的标准化，也是很合理的逻辑。这就是 Spring HATEOAS 中的 `ResourceSupport` 类的作用：对附属在资源上的链接进行收集和管理。或者，REST 资源也存储内容。框架提供了一个已经继承了 `ResourceSupport` 类的 `Resource` 类。

简而言之，通过 Spring HATEOAS 框架，有两种方式来创建资源对象（`IndexResource` 和 `StockProductResource` 等）。

- 可以让资源类直接继承 `ResourceSupport` 类。对于此方式，我们必须自行管理包装类里的资源内容，这些资源内容已经超出了框架的控制范围。
- 也可以让资源类继承 `Resource<T>` 类，这个类型 T 要与资源的 POJO 内容成员变量的类型保持一致。在我们开发的 Web 应用里，选用的就是这种方式。框架在内容绑定、链接创建甚至控制器层面上为我们的资源对象（`IndexResource`）提供了许多好东西，在后面会展开讲解。

## ResourceSupport 类

ResourceSupport 类是一个实现了 Identifiable<Link> 接口的对象：

`public class ResourceSupport extends Object implements Identifiable<Link>`

下面两个表格的内容来自于 ResourceSupport 的 JavaDoc 文档，对其构造器和成员方法进行了讲解。

| 构造器 | 描 述 |
|---|---|
| ResourceSupport() | 创建一个新的 ResourceSupport 对象 |

| 方 法 | 描 述 |
|---|---|
| Void add(Iterable<Link> links) | 将给定的所有链接添加到资源中 |
| Void add(Link... links) | 将给定的所有链接添加到资源中 |
| Void add(Link link) | 将给定的链接添加到资源中 |
| Link getId( ) | 返回一个 ref 为 Link.REL_SELF 的 link 对象 |
| Link getLink(String rel) | 根据给定的 ref 返回一个 link 对象 |
| List<Link> getLinks( ) | 返回资源所包含的所有 link 对象 |
| boolean hasLink(String rel) | 资源是否包含给定 ref 的链接 |
| boolean hasLinks( ) | 资源是否包含任何链接 |
| boolean removeLinks( ) | 删除当前已添加到资源的所有链接 |
| Boolean equals(Object obj) | |
| int hashCode( ) | |
| String toString( ) | |

正如前文所说，这个类全是和链接相关的，Spring HATEOAS 围绕链接提供了一套小工具。

## Resource 类

Resource 类是 POJO 的包装类，POJO 对象会保存到这个类的 content 属性中。Resource 类在底层继承了 ResourceSupport 类：

`public class Resource<T> extends ResourceSupport`

下面两个表格的内容来自于 Resource 类的 JavaDoc 文档，简单介绍了 Resource 类的构造器和成员方法。

| 构造器 | 描 述 |
|---|---|
| Resource(T content, Iterable<Link> links) | 根据给定的内容和链接新建一个 Resource 对象 |
| Resource(T content, Link... links) | 根据给定的内容和链接（可选）新建一个 Resource 对象 |

| 方法 | 描述 |
| --- | --- |
| TgetContent() | 返回内部的实体对象 |
| void add(Iterable<Link> links) | 将给定的所有链接添加到资源中 |
| void add(Link... links) | 将给定的所有链接添加到资源中 |
| void add(Link link) | 将给定的链接添加到资源中 |
| Link getId() | 返回一个 ref 为 Link.REL_SELF 的 link 对象 |
| Link getLink(String rel) | 根据给定的 ref 返回一个 link 对象 |
| List<Link> getLinks() | 返回资源所包含的所有 link 对象 |
| boolean hasLink(String rel) | 资源是否包含给定 ref 的链接 |
| boolean hasLinks() | 资源是否包含任何链接 |
| boolean removeLinks() | 删除当前已添加到资源的所有链接 |
| Boolean equals(Object obj) | |
| int hashCode() | |
| String toString() | |

两个简单的构造器、一个用于获取内容的 getter，以及一些与链接相关的辅助方法，这就是 Resource 类的全部"家当"。

### Identifiable 接口

Identifiable 接口在 Spring HATEOAS 中起着关键作用，因为不管是 Resource 和 ResourceSupport，还是后面会介绍到的 Resources 和 PagedResources 类，这些关键类都是 Identifiable 接口的实现类。

Spring HATEOAS 中的 Identifiable 接口只有一个方法，它是一个泛型接口，用于定义对象的 ID。

```
public interface Identifiable<ID extends Serializable> {
   ID getId();
}
```

因此，框架就可以在不需要了解传递过来的对象的内部信息的情况下，直接使用这个方法来获取 ID。由于一个类可以实现多个接口，所以给一个对象添加这样一个修饰符的代价是可以忽略不计的。同样，这个接口的限制也是非常少的。

对框架来说，这个接口（和方法）最重要的作用是在 Resource 对象之外创建链接。看一下 LinkBuilderSupport 的 slash 方法，你会注意到，如果 ID 不是 Identifiable（通常最后一个接口就是 Identifiable）的实例，那么所创建的 Link 对象会根据 ID 类型的 toString() 方法返回的字符串来进行设置。

# 6 实现HATEOAS

 如果想实现一个自定义的 ID 类型，要牢记这种方式。

### 抽象 @Id 实体类

如果打算使用 Spring HATEOAS 而又不打算使用 Spring Data REST，那么将 @Id 从实体基类中分离出来进行解耦并不是完全必要的，至少不需要采用我们所用的这种方式。

这一实践来源于 Oliver Gierke 的 Spring RestBucks 应用。Spring RestBucks 是一个能够用来展现 Spring REST 的许多主流功能特性的示例应用。

 Oliver Gierke 任职于 Pivotal Software 公司，他是 Spring Data 模块的主要开发人员，也参与了 Spring HATEOAS 项目。Spring Data 是一个非常棒的项目和产品。我们可以相信他的眼光和判断。

在其 `AsbtractId` 的实现中，O.Gierke 定义了一个 ID 属性作为其私有成员，并为它添加了 `@JsonIgnore` 注解。他强烈要求人们不要将 ID 属性作为资源内容对外暴露，他认为，在 REST 中资源的 ID 应该是它的 URI。

如果有机会去了解 Spring Data REST 框架，你会发现这种方式在这个框架中是一种非常合理的方式。Spring Date REST 框架将 REST 资源与 Spring Date 仓库（Repositories）紧密地联系起来。

本书不会对 Spring Data REST 框架展开介绍。不管怎样，对于本书的应用而言，不暴露 ID 实体类也并不是什么非常关键和重要的事情。基于这些原因，并且为了与本书第 7 章在这一点上保持一致，我们会将 ID 作为资源属性对外暴露。

### 扩展

如果前面关于 HATEOAS 的介绍还不能让你对这一概念有足够认识的话，可以参考 Pivotal（Spring.io）的文章：

`https://spring.io/understanding/HATEOAS`

### 其他

- 推荐访问 O.Gierke 的 Spring REST 示例应用，这个应用从实战角度展示了 Spring HATEOAS 的用法，其中既有与 Spring Data REST 耦合的，也有不依赖 Data REST 的。网址如下：
  `https://github.com/olivergierke/spring-restbucks`

- 可以在如下网址查看有关是否暴露 ID 属性的讨论：
  https://github.com/spring-projects/spring-hateoas/issues/66
- 建议阅读一些关于 Spring Data REST 的内容，因为本书对此方面的介绍少之又少。Spring Date REST 基于 Spring Date Repository 构建 REST 资源，并且会自动发布其 CRUD 服务。可以通过如下链接进行深入了解：
  http://docs.spring.io/spring-data/rest/docs/current/reference/html

## 为超媒体驱动的API创建链接

本节着重介绍如何利用 Spring HATEOAS 来创建链接，以及如何将这些链接绑定到相应的资源上。

下面会对资源装配器（Resource Assembler）做更加详细的介绍，这是一种可复用的转换组件，可以用来将实体类（比如 Index）传给它们的资源（IndexResource）。这些组件还具备创建链接的功能。

### 实现

1. 通过使用已经注册为 @Component 的资源装配器，可以将这些资源（IndexResource，ChartResource，ExchangeResource，IndustryResource，MarketResource 等）通过其关联的实体类（Index，ChartIndex，ChartStock，Exchange，Industry，Market 等）创建出来。

```
import static org.sfw.hateoas.mvc.ControllerLinkBuilder.linkTo;
import static org.sfw.hateoas.mvc.ControllerLinkBuilder.methodOn;
import org.sfw.hateoas.mvc.ResourceAssemblerSupport;
import org.sfw.hateoas.EntityLinks;
import static edu.zc.csm.api.resources.ChartResource.CHART;
import static
  edu.zc.csm.api.resources.ExchangeResource.EXCHANGE;
import static
  edu.zc.csm.api.resources.StockProductResource.COMPONENTS;

@Component
public class IndexResourceAssembler extends
  ResourceAssemblerSupport<Index, IndexResource> {
  @Autowired
  private EntityLinks entityLinks;
  public IndexResourceAssembler() {
    super(IndexController.class, IndexResource.class);
  }
  @Override
  public IndexResource toResource(Index index) {
```

```
      IndexResource resource =
        createResourceWithId(index.getId(), index);
    resource.add(
        entityLinks.linkToSingleResource(index.getExchange()).
          withRel(EXCHANGE)
);
    resource.add(
      linkTo(methodOn(ChartIndexController.class).get(in
        dex.getId(), ".png", null, null, null, null, null, null, null)).
        withRel(CHART)
);
    resource.add(
      linkTo(methodOn(StockProductController.class).getS
        everal(null, null, index.getId(), null, null, null, null)).
        withRel(COMPONENTS)
);
return resource;
    }
    @Override
    protected IndexResource instantiateResource(Index entity) {
      return new IndexResource(entity);
    }
  }
```

 我们已经使用这些装配器为资源生成了链接。这些装配器使用了 ControllerLinkBuilder 的静态方法（linkTo 与 methodOn）以及明确的字符串标签（EXCHANGE，CHART 和 COMPONENTS），这些字符串标签都是资源本身所定义的常量。

2. 对之前的 SwaggerConfig 类进行修改，以便在非 Swagger 环境中使用基于注解的配置方式，这个类被重命名为 AnnotationConfig。

3. 为 AnnotationConfig 添加如下两个注解：

   ```
   @EnableHypermediaSupport(type = { HypermediaType.HAL })
   @EnableEntityLinks
   ```
   （因为还不存在与这两个注解作用等价的 XML 配置。）

4. 给装配器里的所有控制器在类层次上添加 @ExposesResourceFor 注解。

5. 让这些控制器返回所创建的资源或者资源分页。

   ```
   @RestController
   @ExposesResourceFor(Index.class)
   @RequestMapping(value=INDICES_PATH,
     produces={"application/xml", "application/json"})
   ```

```
public class IndexController extends
  CloudstreetApiWCI<Index> {
  @Autowired
  private IndexService indexService;
  @Autowired
  private IndexResourceAssembler assembler;
  @RequestMapping(method=GET)
  public PagedResources<IndexResource> getSeveral(
    @RequestParam(value="exchange", required=false) String
    exchangeId,@RequestParam(value="market", required=false)
    MarketId marketId, @PageableDefault(size=10, page=0,
    sort={"previousClose"}, direction=Direction.DESC)
    Pageable pageable){
      return pagedAssembler.toResource(
        indexService.gather(exchangeId,marketId,
        pageable), assembler);
  }
    @RequestMapping(value="/{index:[a-zA-Z0-9^.-]+}{extension:\\.
[az]+}",
    method=GET)
  public IndexResource get(
    @PathVariable(value="index") String indexId,
    @PathVariable(value="extension") String extension){
    return assembler.toResource(
      indexService.gather(indexId));
  }
}
```

6. 现在，创建一个 CloudstreetApiWCI 泛型。CloudstreetApiWCI 可以拥有一个 @Autowired 的 PagedResourcesAssembler 泛型。

```
@Component
@PropertySource("classpath:application.properties")
public class CloudstreetApiWCI<T extends Identifiable<?>>
  extends WebContentInterceptor {
...
    @Autowired
    protected PagedResourcesAssembler<T> pagedAssembler;
...
}
```

> 因为 WebCommonInterceptor 最初的用途并不是作为父控制器来共享一些属性和工具方法，所以我们在 WebCommonInterceptor 和控制器之间创建了一个中间组件。

# 6 实现HATEOAS

7. 为了自动装配 PagedResourcesAssemblers，我们在 `dispatcher-servlet.xml` 中注册了一个 Bean——PagedResourcesAssembler。

```
<bean class="org.sfw.data.web.PagedResourcesAssembler">
  <constructor-arg><null/></constructor-arg>
  <constructor-arg><null/></constructor-arg>
</bean>
```

8. 最后，调用 API 来获取 index 值为 ^GDAXI 的数据（http://cloudstreetmarket.com/api/indices/%5EGDAXI.xml），会得到下图所示的输出结果。

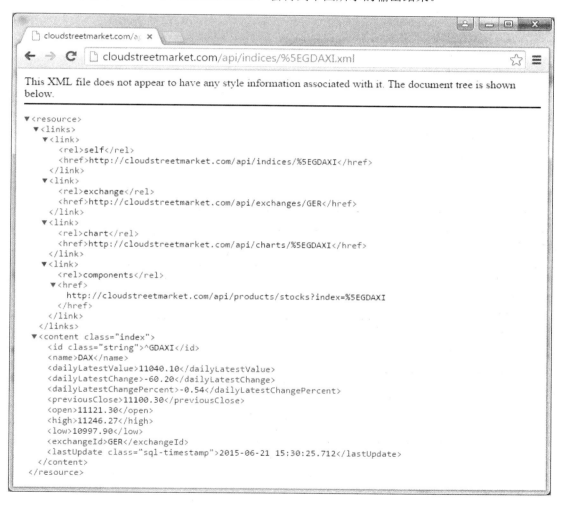

我们将这些终端结点以及 URI 路径称为链接。通过这些链接，可以获取和某个 index 相关的其他实体的信息（如果想要直接暴露这些实体的话）。

### 说明

下面详细介绍一下链接的创建。

**资源装配器**

这类特殊的转换器（资源装配器，Resource Assembler）所考虑的是可复用性，其主要功能如下：

- 创建资源并为其填充内容来进行初始化。
- 通过实体状态或者静态全局设计来创建资源的链接。

框架提供了一个 ResourceAssemblerSupport 父类，其作用是减少在装配器中编写的模板代码。ResourceAssemblerSupport 是一个抽象泛型类，它通过提供一系列额外方法来加强装配器的功能。它的签名如下所示，其中 T 是控制器类或其父类。

```
public abstract class ResourceAssemblerSupport<T, D extends ResourceSupport>
  implements ResourceAssembler<T, D>
```

下表简单列出了 ResourceAssemblerSupport 类的一些方法。

| 方　法 | 描　述 |
| --- | --- |
| `List<D> toResources(Iterable<? extends T> entities)` | 将所有给定的实体转换成资源 |
| `protected D createResourceWithId(Object id, T entity)` | 按照给定的 ID 创建一个新资源，这个新资源拥有一个指向自己的链接 |
| `D createResourceWithId(Object id, T entity, Object... parameters)` | - |
| `protected D instantiateResource(T entity)` | 实例化资源对象，默认的实现方式是调用无参构造函数并利用反射机制进行初始化。也可以对该方法进行覆盖来手动配置资源对象（比如当性能成为问题时，可以用这种方式来提高性能） |

ResourceAssemblerSupport 类实现了 ResourceAssembler 接口。ResourceAssembler 是一个单个方法接口，用来迫使装配器类都必须提供一个 toResource(T entity) 方法。

```
public interface ResourceAssembler<T, D extends ResourceSupport> {
  D toResource(T entity);
}
```

# 6 实现HATEOAS

可以看到，我们在装配器类中覆盖了 `instantiateResource` 方法。正如 JavaDoc 中所说明的那样，如果不覆盖该方法，框架就会通过查找资源类中的无参构造函数并通过反射机制来初始化创建相应的资源。我们倾向于避免在资源中使用这种构造方式，因为这会带来额外的开销。

## PagedResourcesAssembler

这个类非常神奇，它是一个泛型类，用于为客户端创建基于链接的资源分页。只需要非常少的配置，Spring HATEOAS 就能为我们创建一套完整、可直接使用的资源类型页。

基于我们当前的配置，可以访问如下 URL：

`http://cloudstreetmarket.com/api/indices.xml`

会得到下图所示的结果。

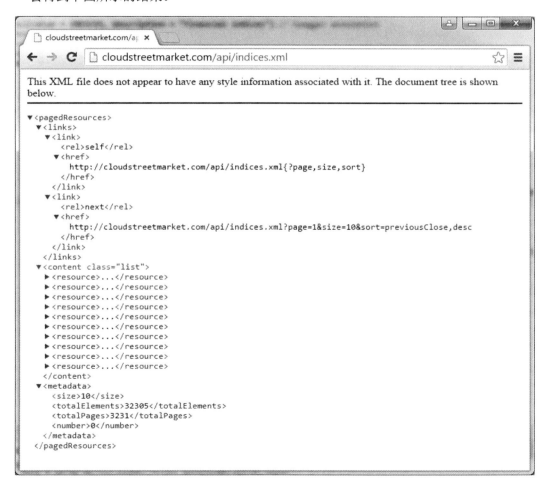

现在能理解 rel 为 next 的 link 的含义了吧？明白这个链接是如何通过方法处理程序注解的反射以及相应的默认值和其他设置值创建出来的了吗？可以访问 next 链接来了解一下这些导航信息是如何更新和增加的。

在 `IndexController.getSeveral()` 方法处理程序（参见如下代码片段）中，通过让 `PagedResourcesAssembler` 使用自定义的 `IndexResourceAssembler` 对象来保证每个资源都能够被正确地创建出来（包括内容和链接）。

```
@RequestMapping(method=GET)
public PagedResources<IndexResource> getSeveral(
@RequestParam(value="exchange", required=false) String exchangeId,
@RequestParam(value="market", required=false) MarketId marketId,
@PageableDefault(size=10, page=0, sort={"previousClose"},
 direction=Direction.DESC) Pageable pageable){
return pagedAssembler.toResource(
indexService.gather(exchangeId, marketId, pageable),
assembler);
}
```

### 创建链接

现在了解一下在装配器中创建资源链接的方式。`IndexResourceAssembler` 类中的 `toResource()` 方法使用了两种不同的技术：第一个技术是通过 `EntityLink` 来调用 JPA 实体类；第二个技术是通过 `ControllerLinkBuilder` 的静态方法来直接调用 Controller。

**EntityLink**

通过在配置类中声明 `@EnableEntityLinks` 注解，`EntityLink` 的实现类 `ControllerEntityLinks` 就会被注册到系统中。框架会在 **ApplicationContext** 的所有 Spring MVC 控制器中查找带有 `@ExposesResourceFor(xxx.class)` 注解的控制器。

Spring MVC 控制器上的 `@ExposesResourceFor` 注解定义了控制器所管理的模型类型。通过注册的这一信息，框架就可以在控制器和 JAP 实体类之间建立映射关系。

需要注意的是，注册的 `ControllerEntityLinks` 实现类是假定控制器类上有 `@RequestMapping` 配置信息。`@RequestMapping` 配置如下：

- 对于资源集合，需要提供类级别的 `@RequestMapping` 注解。控制器需要暴露一个映射到空路径的方法，比如 `@RequestMapping(method = RequestMethod.GET)`。
- 对于单个资源，应该暴露它所管理的 JAP 实体类的 id，比如 `@RequestMapping("/{id}")`。

明确了这些问题，框架就会通过 `@Autowiring` 来自动装配 `EntityLinks` 的实现类（`ControllerEntityLinks`）对象，这个对象会使用它的一系列方法来生成链接。

```
public interface EntityLinks extends Plugin<Class<?>>{
  LinkBuilder linkFor(Class<?> type);
  LinkBuilder linkFor(Class<?> type, Object... parameters);
  LinkBuilder linkForSingleResource(Class<?> type, Object id);
  LinkBuilder linkForSingleResource(Identifiable<?> entity);
  Link linkToCollectionResource(Class<?> type);
  Link linkToSingleResource(Class<?> type, Object id);
  Link linkToSingleResource(Identifiable<?> entity);
}
```

**ControllerLinkBuilder**

正如前面介绍的那样,Spring HATEOAS 提供了一个 `ControllerLinkBuilder` 工具类,它通过指向控制器类来创建链接。

```
resource.add(
  linkTo(
  methodOn(StockProductController.class)
  .getSeveral(null, null, index.getId(), null, null, null, null)
  )
  .withRel(COMPONENTS)
);
```

正如 Spring HATEOAS 的文档所说明的那样,`ControllerLinkBuilder` 在后台使用了 Spring 的 `ServletUriComponentsBuilder` 来从当前的请求中获取基本的 URI 信息。

如果我们的应用运行在 http://cloudstreetmarket/api 中,那么框架会基于这个根 URI 来创建链接,后面会加上控制器的映射地址(/indices),最后再加上方法处理程序指定的路径。

## 扩展

### @RequestMapping 的正则表达式用法

在 `IndexController`,`StockProductController`,`ChartStockController` 和 `ChartIndexController` 这几个控制器类中,用于获取单个资源的 `GET` 方法处理程序中有一个很特殊的 `@RequestMapping` 定义。`IndexController` 的 `get()` 方法如下:

```
@RequestMapping(value="/{index:[a-zA-Z0-9^.-]+}{extension:\\.
  [a-z]+}", method=GET)
public IndexResource get(
  @PathVariable(value="index") String indexId,
  @PathVariable(value="extension") String extension){
  return assembler.toResource(indexService.gather(indexId));
}
```

由于 Yahoo! 的股指代码要比简单的字符串复杂很多,尤其是考虑到现实中的状况,股指代码可能会有一个或者多个圆点符号。这种情况会导致 Spring MVC 不能正确地将 `@PathVariable`

# Spring MVC 实战

中的 index 与 extension 区分开来（在中间将它们隔开）。

幸运的是，Spring MVC 允许使用正则表达式定义 URI 模板样式（URI Template Patterns）。语法就是 {varName:regex}，其中第一部分定义的是变量名，第二部分定义的是正则表达式。

本案例为股指定义的正则表达式为：[a-zA-Z0-9^.-]+ expression。这个表达式允许使用 ^ 和 . 符号，这两个符号在 Yahoo! 的股指代码中是很常见的。

## 其他

- 想要了解有关 Spring HATEOAS 的更多内容，可以访问这个网址：http://docs.spring.io/spring-hateoas/docs/current/reference/html/。
- 本节所介绍的 HATEOAS 表述（representation）使用的是**超文本应用语言**（Hypertext Application Language，HAL）。Spring HATEOAS 支持 HAL 并将其作为默认的展示格式。可以访问 https://tools.ietf.org/html/draft-kelly-json-hal-06 和 http://stateless.co/hal_specification.html 了解有关 HAL 规范的信息。

## JPA实体的暴露策略

资源所暴露的内容对象都是 JPA 实体。之所以将 JPA 实体封装在某个资源中，是由实体本身的本质所决定的。一般都认为实体代表的是一个专有的可识别区域。理想情况下，对它的描述定义应该能够完全转换成所暴露的 REST 资源。

那么，我们该如何在 REST HATEOAS 中表示一个实体对象呢？该如何安全而又一致地表示 JPA 的关联关系呢？

为了解决这些问题，本节介绍一种简单而又谨慎的方法。

### 实现

1. 我们已经将一个 Index 实体类作为资源使用（Index.java），现在使用另一个实体类——Exchange.java。这个实体类采用了一种类似的策略来暴露它的 JPA 关联关系。

    ```
    import edu.zc.csm.core.converters.IdentifiableSerializer;
    import edu.zc.csm.core.converters.
      IdentifiableToIdConverter;

    @Entity
    public class Exchange extends ProvidedId<String> {
      private String name;

      @ManyToOne(fetch = FetchType.EAGER)
      @JoinColumn(name = "market_id", nullable=true)
    ```

```java
@JsonSerialize(using=IdentifiableSerializer.class)
@JsonProperty("marketId")
@XStreamConverter(value=IdentifiableToIdConverter.class,
   strings={"id"})
@XStreamAlias("marketId")
private Market market;

@OneToMany(mappedBy = "exchange", cascade =
   CascadeType.ALL, fetch=FetchType.LAZY)
@JsonIgnore
@XStreamOmitField
private Set<Index> indices = new LinkedHashSet<>();

@OneToMany(mappedBy = "exchange", cascade =
   CascadeType.ALL, fetch=FetchType.LAZY)
@JsonIgnore
@XStreamOmitField
private Set<StockProduct> stocks = new
   LinkedHashSet<>();

public Exchange(){}
public Exchange(String exchange) {
   setId(exchange);
}

//getter 与 setter

@Override
public String toString() {
   return "Exchange [name=" + name + ", market=" +
      market + ", id=" + id+ "]";
}
}
```

2. Exchange.java 的实体引用了两个自定义的工具类，通常主实体对象会获取外部所关联的实体对象并将其作为输出结果（JSON 或 XML）的一部分，而这两个类的作用是改变获取所关联的外部实体对象的方式。这两个功能类也就是下面介绍的 IdentifiableSerializer 和 IdentifiableToIdConverter。

   □ IdentifiableSerializer 用于整理 JSON 格式的输出结果。

```
import org.springframework.hateoas.Identifiable;
import com.fasterxml.jackson.core.JsonGenerator;
import com.fasterxml.jackson.core.JsonProcessingException;
import com.fasterxml.jackson.databind.JsonSerializer;
```

```
import com.fasterxml.jackson.databind.SerializerProvider;
public class IdentifiableSerializer extends
  JsonSerializer<Identifiable<?>> {
  @Override
  public void serialize(Identifiable<?> value, JsonGenerator jgen,
    SerializerProvider provider) throws IOException,
  JsonProcessingException {
    provider.defaultSerializeValue(value.getId(), jgen);
  }
}
```

- IdentifiableToIdConverter 类用于整理 XML 格式的输出结果（依赖于 XStream 库）。

```
import com.thoughtworks.xstream.converters.Converter;
public class IdentifiableToIdConverter implements Converter
  {
    private final Class <Identifiable<?>> type;
    public IdentifiableToIdConverter(final Class
      <Identifiable<?>> type, final Mapper mapper, final
      ReflectionProvider reflectionProvider, final
      ConverterLookup lookup, final String valueFieldName) {
        this(type, mapper, reflectionProvider, lookup,
        valueFieldName, null);
    }
  public IdentifiableToIdConverter(final
    Class<Identifiable<?>> type, final Mapper mapper,
      final ReflectionProvider reflectionProvider,
      final ConverterLookup lookup, final String valueFieldName,
      Class valueDefinedIn) {
        this.type = type;
        Field field = null;
        try {
field = (valueDefinedIn != null? valueDefinedIn :
  type.getSuperclass()).getDeclaredField("id");
if (!field.isAccessible()) {
  field.setAccessible(true);
  }
    } catch (NoSuchFieldException e) {
      throw new IllegalArgumentException(
        e.getMessage()+": "+valueFieldName);
        }
      }
    public boolean canConvert(final Class type) {
      return type.isAssignableFrom(this.type);
    }
```

```
      public void marshal(final Object source,
        final HierarchicalStreamWriter writer,
          final MarshallingContext context) {
            if(source instanceof Identifiable){
              writer.setValue(
                ((Identifiable<?>)source).getId()
                .toString()
              );
            }
        }
      public Object unmarshal(
        final HierarchicalStreamReader reader,
        final UnmarshallingContext context) {
          return null;
      }
  }
```

## 说明

现在了解一下这种策略是如何工作的。

### REST CRUD 原则

REST 的架构约束之一是呈现统一接口（Uniform Interface）。资源都是通过 URL 终端结点暴露给外部的，而想要做到统一接口，则意味着能够用不同的 HTTP 方法（如果适用的话）来调用这些 URL 结点。

资源可以以多种形式（JSON、XML 等）进行展示，信息和错误消息也必须是可自描述的。实现 HATEOAS 能够为 API 的自描述特性提供很大的便利。

在 REST 中，内容越直观越好，越便于推理越好。从这个角度来讲，作为一个 Web 或者 UI 开发人员，笔者做出了如下假设：

- 对某个 URL 终端结点调用 GET 方法所获取的对象的结构，也就是在更新对象时向 PUT 方法所发送的数据的结构。
- 同样，在通过 POST 方法来创建新对象时，也要采用相同的结构。

在不同的 HTTP 方法中保持数据结构的一致性是一个严肃而谨慎的观点，在需要保护 API 的相关方的利益时，要坚持这一观点。维护 API 相关方的利益，一直都为时未晚。

### 对外暴露最小化

信息对外暴露最小化是本章的核心思想，这通常是确保每个 URL 终端结点不会用于暴露其所属控制器之外的其他信息数据的好方法。

JPA 实体可以与其他实体存在关联关系（@OneToOne，@OneToMany，@ManyToOne 或 @ManyToMany）。

有些关联关系已经添加了 @JsonIgnore 或者 @XStreamOmitField 注解，还有一些关联关系添加了 @JsonSerialize 和 @JsonProperty（或者 @XStreamConverter 和 @XStreamAlias）注解。

**实体无关联关系**

在这种情况下，该实体的数据库表不会有指向另一个实体的数据库表的外键。相应的策略就是在 REST 中完全忽略关联关系以反映数据库的状态。对应的注解依赖于所支持的表述格式以及所选择的序列化类库。对于 JSON 格式的数据，如果使用的是 Jackson，对应的注解是 @JsonIgnore。对于 XML 格式的数据，如果使用的是 XStream，对应的注解是 @XstreamOmitField。

**实体有关联关系**

在这种情况下，该实体的数据库表会有一个指向另一个实体的数据库表的外键。

如果想更新某个数据库表的实体，而这个表依赖于其他数据库表的实体，那么要为这个实体提供外键。此时的思路是：像数据库表的其他列一样，将这个外键作为一个专有字段进行暴露。这也同样依赖于所支持的表述格式和所配置的数据整合类（Marshaller）。

如果使用 JSON 格式和 Jackson 库，需要使用下面的代码片段：

```
@JsonSerialize(using=IdentifiableSerializer.class)
@JsonProperty("marketId")
```

正如你所看到的，我们重命名了属性来表明展示的是 ID。我们还创建了 IdentifiableSerializer 类来从实体中提取 ID 字段，并只拿这个 ID 作为属性值。

如果使用 XML 格式和 XStream 库，对应的代码就是：

```
@XStreamConverter(value=IdentifiableToIdConverter.class, strings={"id"})
@XStreamAlias("marketId")
```

同样，重命名了属性来表明正在展示的是一个 ID，并使用了自定义的转换器 IdentifiableToIdConverter，这个转换器同样只选择实体的 **ID** 作为属性值。

下图所示为股指 ^AMBAPT 的 XML 格式数据。

```
        ▼<href>
            http://cloudstreetmarket.com/api/products/stocks?index=%5EAMBAPT
          </href>
        </link>
      </links>
    ▼<content class="index">
        <id class="string">^AMBAPT</id>
        <name>A.M. Best's Asian/Pacific Insur</name>
        <dailyLatestValue>1379.17</dailyLatestValue>
        <dailyLatestChange>-1.65</dailyLatestChange>
        <dailyLatestChangePercent>-0.12</dailyLatestChangePercent>
        <previousClose>1380.82</previousClose>
        <open>1379.17</open>
        <high>1379.17</high>
        <low>1379.17</low>
        <exchangeId>SNP</exchangeId>
        <lastUpdate class="sql-timestamp">2015-06-25 01:33:24.231</lastUpdate>
      </content>
    </resource>
```

**资源分离**

这一策略促进了资源间更加清晰地进行分离，每个资源所展示的字段都与数据库中的模式完全匹配。在不同的 HTTP 方法中保持 HTTP 请求数据不变是 Web 开发中很标准的实践方式。

当遵循 HATEOAS 的要求时，应该充分鼓励使用链接来访问相关的实体而非使用嵌套的视图。

前面"为超媒体驱动的 API 创建链接"一节展示了一些使用链接来访问那些与 @...ToOne 或 @...ToMany 关联的实体的例子，下图所展示的正是这些链接。这些链接属于某个对外暴露的实体，而这个实体就是上一节中所访问过的。

## 扩展

这里逐一介绍一下所使用的数据装配器（Marshaller）的官方信息来源。

### Jackson 自定义序列化器

访问下面这个链接可以找到关于这些序列化器（Serializer）的官方维基指南：

http://wiki.fasterxml.com/JacksonHowToCustomSerializers

### XStream 转换器

XStream 项目已经从 codehaus.org 迁移到 Github 上了。欲查看 XStream 转换器的官方入门指南，可访问此网址：

http://x-stream.github.io/converter-tutorial.html

# 6 实现HATEOAS

## 通过OAuth从第三方API获取数据

在通过 OAuth2 对用户进行认证以后，了解一下如何利用用户的 OAuth2 账号来调用远程第三方 API 是很有用的。

### 实现

1. 你可能已经注意到，IndexController，StockProductController，ChartIndexController 和 ChartStockController 都会调用对应服务的 gather(...) 方法。这表明对第三方服务提供者（Yahoo!）的查找完成了。

2. 比如，在 IndexServiceImpl 类中，可以找到 gather(String indexId) 方法：

```java
@Override
public Index gather(String indexId) {
    Index index = indexRepository.findOne(indexId);
    if(AuthenticationUtil.userHasRole(Role.ROLE_OAUTH2)){
        updateIndexAndQuotesFromYahoo(index != null ?
          Sets.newHashSet(index) : Sets.newHashSet(new
            Index(indexId)));
        return indexRepository.findOne(indexId);
    }
    return index;
}
```

3. 下面的 updateIndexAndQuotesFromYahoo(...) 方法将服务层和第三方 API 连接起来。

```java
@Autowired
private SocialUserService usersConnectionRepository;

@Autowired
private ConnectionRepository connectionRepository;

private void updateIndexAndQuotesFromYahoo(Set<Index>
  askedContent) {
    Set<Index> recentlyUpdated = askedContent.stream()
    .filter(t -> t.getLastUpdate() != null &&
      DateUtil.isRecent(t.getLastUpdate(), 1))
    .collect(Collectors.toSet());

  if(askedContent.size() != recentlyUpdated.size()){
    String guid =
    AuthenticationUtil.getPrincipal().getUsername();
    String token = usersConnectionRepository
      .getRegisteredSocialUser(guid) .getAccessToken();
```

```
      Connection<Yahoo2> connection = connectionRepository
        .getPrimaryConnection(Yahoo2.class);
      if (connection != null) {
       askedContent.removeAll(recentlyUpdated);
         List<String> updatableTickers =
         askedContent.stream()
          .map(Index::getId)
          .collect(Collectors.toList());
       List<YahooQuote> yahooQuotes = connection.getApi()
         .financialOperations().getYahooQuotes(updatableTickers, token);

       Set<Index> upToDateIndex = yahooQuotes.stream()
         .map(t -> yahooIndexConverter.convert(t))
         .collect(Collectors.toSet());

        final Map<String, Index> persistedStocks =
          indexRepository.save(upToDateIndex) .stream()
          .collect(Collectors.toMap(Index::getId,
          Function.identity()));

       yahooQuotes.stream()
         .map(sq -> new IndexQuote(sq,
          persistedStocks.get(sq.getId())))
          .collect(Collectors.toSet());
         indexQuoteRepository.save(updatableQuotes);
      }
    }
  }
```

4. 对于 Facebook，Twitter 和 LinkedIn 这种网站，应该能够找到一套完整的 API 适配器 sdk 来调用相应的 AP，I 而不需要做任何修改。在本例中，必须开发必要的适配器，这样才能通过 Yahoo! 获取那些财经数据并加以利用。

5. 我们给 FinancialOperations 接口添加了两个方法，代码片段如下：

```
public interface FinancialOperations {
  List<YahooQuote> getYahooQuotes(List<String> tickers,
    String accessToken) ;
  byte[] getYahooChart(String indexId, ChartType type,
    ChartHistoSize histoSize, ChartHistoMovingAverage
    histoAverage, ChartHistoTimeSpan histoPeriod, Integer
    intradayWidth, Integer intradayHeight, String token);
}
```

# 6 实现HATEOAS

6. 这个接口的一个实现类 FinancialTemplate 如下：

```java
public class FinancialTemplate extends
  AbstractYahooOperations implements FinancialOperations {
    private RestTemplate restTemplate;
  public FinancialTemplate(RestTemplate restTemplate,
    boolean isAuthorized, String guid) {
    super(isAuthorized, guid);
    this.restTemplate = restTemplate;
    this.restTemplate.getMessageConverters()
      .add( new YahooQuoteMessageConverter(
        MediaType.APPLICATION_OCTET_STREAM));
  }
  @Override
  public List<YahooQuote> getYahooQuotes(List<String>
    tickers, String token) {
      requiresAuthorization();
      final StringBuilder sbTickers = new StringBuilder();
      String url = "quotes.csv?s=";
      String strTickers = "";
      if(tickers.size() > 0){
        tickers.forEach(t ->
          strTickers = sbTickers.toString();
          strTickers = strTickers.substring(0,
            strTickers.length()-1);
      }
      HttpHeaders headers = new HttpHeaders();
      headers.set("Authorization", "Bearer "+token);
      HttpEntity<?> entity = new HttpEntity<>(headers);
      return restTemplate.exchange(buildUri(FINANCIAL,
        url.concat(strTickers).concat("&f=snopl1c1p2hgbavx c4")),
        HttpMethod.GET, entity ,
      QuoteWrapper.class).getBody();
  }
  ...
}
```

7. FinancialTemplate 对象是作为全局的 Yahoo2Template 类的成员变量一起初始化的。Yahoo2Template 是通过在 IndexServiceImpl 类中调用 connection.getApi() 返回的。

8. 通过这种方式，不仅可以从 Yahoo! 获取股票指数和股票报价的数据，还可以获取图表。现在能够实时展示超过 25 000 支股票和 30 000 种股票指数的数据，如下图所示。

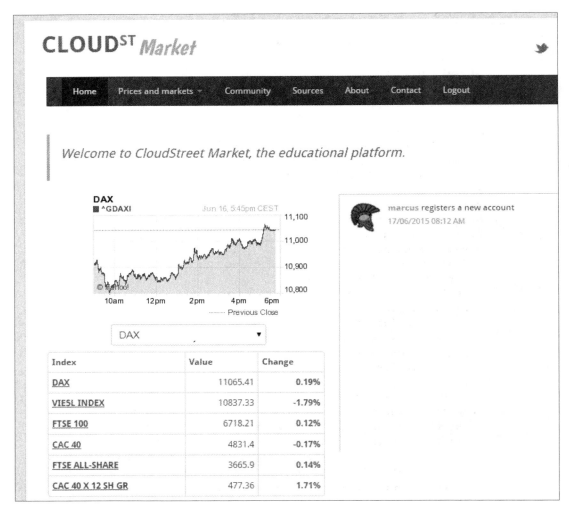

9. 客户端能够使用所提供的 HATEOAS 链接，会使用这些链接来渲染视图的细节，比如股指详情和股票详情，如下图所示。

6 实现HATEOAS

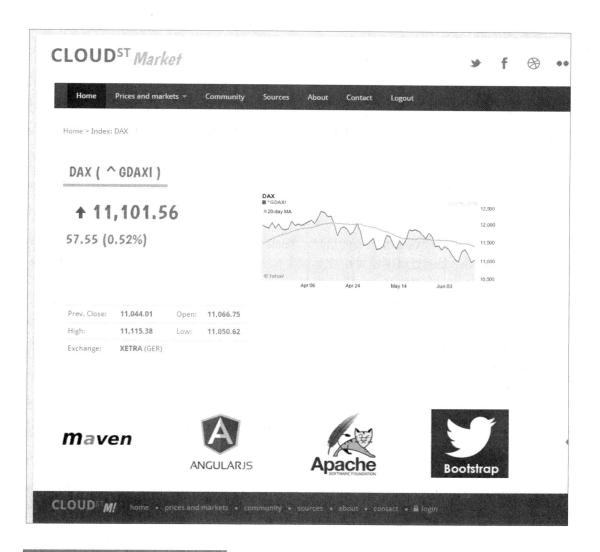

> **说明**
>
> 现在了解一下本节相关的一些理论知识。
>
> ### 关于 Yahoo! 财经数据
>
> 在我们的应用中，还有一个重构的地方需要进行解释，那就是历史数据和图表。
>
>   Yahoo! 的财经 API 提供了历史数据，我们可以利用这些数据来创建图表，而且最初也是这么计划的。不过现在 Yahoo! 也能生成图表了（包括历史数据和当天数据），而且这些图表完全是可以定制的（根据时间段、平均线、图标或者股票的展示项等）。

我们已经决定不再去获取历史数据了，从技术角度讲，获取历史数据和获取报价（数据快照）是非常类似的，我们决定直接使用 Yahoo! 生成的图表。

### 图表生成与展示

我们的应用提供了一个有趣的例子——以 REST 形式来提供图片。可以查看一下 `ChartIndexController`（或 `ChartStockController`）来了解是如何以字节数组的形式返回图片的。

还可以看一下 `home_financial_graph.js` 文件来了解浏览器所收到的内容是如何设置到 HTML 的 `<img...>` 标签的。

### 如何获取和刷新财经数据

这个问题依赖于通过 OAuth 验证的用户。Yahoo! 为认证用户和非认证用户提供了不同的速率和限制。Yahoo! 是通过调用者的 IP 来标识非认证调用的。在我们的系统中，这个 IP 也就是 `CloudstreetMarket` 应用的 IP。如果 Yahoo! 认为来自于我们的这个 IP 的调用次数太多，那可就是大问题了。但是，如果是来自于某个特定用户的调用太多，Yahoo! 会仅仅限制这个用户而不会影响该应用的其他用户（这种情况发生以后可以通过应用程序来进行恢复）。

正如你所见到的那样，用来处理 Yahoo! 财经数据的 HTTP 方法处理程序会调用相应服务对象的 `gather()` 方法。在这些 `gather()` 方法中，Yahoo! 的第三方 API 会介入我们的数据库和控制器之间。

如果用户是通过 OAuth2 认证的，那么对应的服务会检查数据库中是否存在这一数据，还会检查在预定的缓冲期里数据是否更新过。这个缓冲期是和数据的类型关联的（对于指数和股票数据，缓冲期是 1 分钟）。

- 如果答案是 yes，会直接将数据返回客户端。
- 如果答案是 no，就需要从 Yahoo! 重新请求数据，对数据进行转换并保存到数据库中，最后将数据返回客户端。

现在我们还没有为那些并未进行 OAuth 认证的用户做安排，比较容易想到的一种方法就是让他们共用一个 Yahoo! OAuth 账号。

### 调用第三方服务

我们的 Spring 配置为每个用户定义了一个作用域为 Request 的 Bean——connectionRepository。connectionRepository 实例是通过 `SocialUserServiceImpl` 类的工厂方法 `createConnectionRepository` 来创建的。

基于此点，我们在服务层自动装配这两个 Bean。

`@Autowired`

```
private SocialUserService usersConnectionRepository;
@Autowired
private ConnectionRepository connectionRepository;
```

然后，updateIndexAndQuotesFromYahoo 方法就通过 Spring Security 获取了一个已登录的 userId (guid)。

```
String guid = AuthenticationUtil.getPrincipal().getUsername();
```

访问令牌是从实体类 SocialUser（来自数据库）中提取的。

```
String token = usersConnectionRepository
  .getRegisteredSocialUser(guid).getAccessToken();
```

Yahoo! 的 connection 对象是通过数据库获取的：

```
Connection<Yahoo2> connection =
  connectionRepository.getPrimaryConnection(Yahoo2.class);
```

如果 connection 不为 null，就可以通过 connection 对象来调用第三方 API 了：

```
List<YahooQuote> yahooQuotes = connection.getApi()
  .financialOperations().getYahooQuotes(updatableTickers, token);
```

这一次，我们已经得到了真正的 FinancialTemplate（Yahoo! 财经 API 的 Java 表示），不过你应该能够为第三方 API 提供者找到类似的现成实现工具。

### 扩展

本节提供了许多开源 Spring Social 适配器（Adaptor），可以在项目中使用。

#### Spring Social——现成 API 提供者

下面的网址聚合了目前最新的 Spring Social 扩展，这些扩展连接了许多主流服务提供者并通过 API 进行了绑定。

```
https://github.com/spring-projects/spring-social/wiki/Api-Providers
```

### 其他

- **Yahoo! 财经股票行情自动收录器**：我们已经使用一套 Yahoo! 财经参考数据（股票数据和股指数据）对数据库预先进行了填充，这样，就可以直接指向资源和对资源进行查询了，而第二次再查询资源时，这些资源就已经通过 Yahoo! 的 API 更新为实时数据了。

  这套参考数据来自于 **Samir Khan** 的博客 (http://investexcel.net/all-yahoo-finance-stock-tickers)。我们已经使用基本的文本编辑器和宏指令将这些 XML 数据转换成了 SQL 语句。

# 7
# 开发CRUD操作与校验

到目前为止，我们已经了解了如何构建 API 的只读 HTTP 方法。Spring MVC 控制器中的这些方法需要掌握，或者至少了解其中的一部分技术。开发非只读的 HTTP 方法需要掌握更多潜在的要点，每个要点都直接影响用户体验，所以都非常重要。本章将介绍以下四个知识点：

- 为所有 HTTP 方法扩展 REST 处理程序。
- 使用 Bean 校验支持工具校验资源。
- 为 REST 的消息和内容加入国际化支持。
- 使用 HTML5 和 AngularJS 校验客户端表单。

## 引言

开发 CRUD 操作与校验是当前十分受关注的话题之一。

我们的应用会通过很多种方式来转换，通过 REST 处理程序、HTTP 规范，从标准化事务管理到错误消息（内容）国际化。

在前面的章节中，以及本书的全局策略，我们都在关注 Spring MVC 怎么才能在现在和将来都扮演好这个关键角色：致力于应用的可伸缩性和微服务通信的最佳实践。决定跳过这些细节是一个艰难的选择，还是要让框架自己不断调整来适应新的设计和挑战。本书试着在一个先进、可持续发展、可伸缩的应用中，去展现一个统一、集成的 Spring MVC。

本章包含四个小节，其中第 1 节改造了两个控制器以支持对各自的资源进行 CRUD 操作，此内容涉及数据库事务和 HTTP 规范。

本章描述了 Spring MVC 支持的两种校验策略，因为校验错误信息经常需要通过多种语言来呈现，因此要确保应用支持国际化。这里简单了解一下 AngularJS 在此场景下该怎样使用，以及如何将其用于处理前端校验，以将用户行为限定于特定业务的数据管理中。

## 7 开发CRUD操作与校验

# 为所有HTTP方法扩展REST处理程序

这是本章的核心内容。本节将详细描述如何使用 Spring MVC 方法处理程序来处理那些本书尚未提及的 HTTP 方法——非只读方法。

## 准备

下面将介绍返回的状态码和 HTTP 的标准使用方式——PUT/POST/DELETE 方法，这需要配置兼容 HTTP 的 Spring MVC 控制器。本节也会回顾底层的请求荷载（request-payload）的映射注解是怎么工作的，比如 @RequestBody，以及如何更有效地使用它们。最后会介绍 Spring 事务，因为它是一个内容很宽泛也很重要的知识点。

## 实现

接下来的这几步将描述如何修改两个控制器、一个服务和一个仓库。

1. 打开 Eclipse 的 Git 视图，检出 v7.x.x 分支的最新版本，然后运行 cloudstreetmarket-parent 模块的 maven clean install 命令（在该模块上单击鼠标右键，在弹出菜单中选择 **Run as...** | **Maven Clean** 命令，然后选择 **Run as...** | **Maven Install** 命令）。接着同步 Eclipse 的 Maven 配置（在该模块上单击鼠标右键，然后选择 **Maven** | **Update Project** 命令）。

2. 在 zipcloud-parent 模块上执行 Maven clean 和 Maven install 命令，然后在 cloudstreetmarket-parnet 上进行同样操作。然后，选择 **Maven** | **Update Project** 命令。

3. 在本章，我们关注两个 REST 控制器：UsersController 和新创建的 TransactionController。

    TransactionController 允许用户处理金融交易（比如买卖产品）。

4. 这里给出一个简化版本的 UserController。

    ```
    @RestController
    @RequestMapping(value=USERS_PATH,
      produces={"application/xml", "application/json"})
    public class UsersController extends CloudstreetApiWCI{
      @RequestMapping(method=POST)
      @ResponseStatus(HttpStatus.CREATED)
      public void create(@RequestBody User user,
      @RequestHeader(value="Spi", required=false) String guid,
      @RequestHeader(value="OAuthProvider", required=false)
      String provider,
    ```

```
            HttpServletResponse response) throws IllegalAccessException{
            ...
            response.setHeader(LOCATION_HEADER, USERS_PATH + user.getId());
        }
        @RequestMapping(method=PUT)
        @ResponseStatus(HttpStatus.OK)
        public void update(@RequestBody User user, BindingResult result){
            ...
        }
        @RequestMapping(method=GET)
        @ResponseStatus(HttpStatus.OK)
        public Page<UserDTO> getAll(@PageableDefault(size=10, page=0)
            Pageable pageable){
            return communityService.getAll(pageable);
        }
        @RequestMapping(value="/{username}", method=GET)
        @ResponseStatus(HttpStatus.OK)
        public UserDTO get(@PathVariable String username){
            return communityService.getUser(username);
        }
        @RequestMapping(value="/{username}", method=DELETE)
        @ResponseStatus(HttpStatus.NO_CONTENT)
        public void delete(@PathVariable String username){
            communityService.delete(username);
        }
    }
```

5. 下面是一个简化版本的 TransactionController。

```
        @RestController
        @ExposesResourceFor(Transaction.class)
        @RequestMapping(value=ACTIONS_PATH + TRANSACTIONS_PATH,
        produces={"application/xml", "application/json"})
        public class TransactionController extends
            CloudstreetApiWCI<Transaction> {
```

（这里给出的 GET 方法处理程序来自前面章节。）

```
        @RequestMapping(method=GET)
        @ResponseStatus(HttpStatus.OK)
        public PagedResources<TransactionResource> search(
            @RequestParam(value="user", required=false) String userName,
            @RequestParam(value="quote:[\\d]+", required=false) Long quoteId,
            @RequestParam(value="ticker:[a-zA-Z0-9-:]+",
                required=false) String ticker,
            @PageableDefault(size=10, page=0, sort={"lastUpdate"},
                direction=Direction.DESC) Pageable pageable){
```

```
    Page<Transaction> page =
      transactionService.findBy(pageable, userName, quoteId, ticker);
      return pagedAssembler.toResource(page, assembler);
  }
  @RequestMapping(value="/{id}", method=GET)
  @ResponseStatus(HttpStatus.OK)
  public TransactionResource get(@PathVariable(value="id")
    Long transactionId){
    return assembler.toResource(
      transactionService.get(transactionId));
  }
```

（这里介绍的 PUT 和 DELETE 方法处理程序是非只读方法。）

```
  @RequestMapping(method=POST)
  @ResponseStatus(HttpStatus.CREATED)
  public TransactionResource post(@RequestBody Transaction transaction) {
    transactionService.hydrate(transaction);
    ...
    TransactionResource resource = assembler.toResource(transaction);
    response.setHeader(LOCATION_HEADER,
      resource.getLink("self").getHref());
      return resource;
  }
  @PreAuthorize("hasRole('ADMIN')")
  @RequestMapping(value="/{id}", method=DELETE)
  @ResponseStatus(HttpStatus.NO_CONTENT)
  public void delete(@PathVariable(value="id") Long transactionId){
      transactionService.delete(transactionId);
  }
}
```

6. 在 POST 方法中调用的 hydrate 方法准备了底层业务用例的实体，它根据请求荷载（Request Payload）中接收的 ID 填充其关联关系。

 这个技巧会应用到所有 CRUD 操作的 REST 资源中。

7. 下面是 transactionServiceImpl 类的 hydrate 方法。

```
  @Override
  public Transaction hydrate(final Transaction transaction) {

    if(transaction.getQuote().getId() != null){
      transaction.setQuote(
        stockQuoteRepository.findOne(
```

```
        transaction.getQuote().getId()));
  }
  if(transaction.getUser().getId() != null){
    transaction.setUser(userRepository.findOne(transaction.
      getUser().getId()));
  }
  if(transaction.getDate() == null){
    transaction.setDate(new Date());
  }
  return transaction;
}
```

[  这里没有什么惊奇之处，主要是构建实体以满足我们的需要。可以创建一个接口来标准化这个操作。 ]

8. 所有的服务层已完成，能够驱动统一的数据库事务。

9. 目前，所有的服务实现都默认带有注解 `@Transactional(readOnly = true)`。查看下面这个 `TransactionServiceImpl` 示例。

```
@Service
@Transactional(readOnly = true)
public class TransactionServiceImpl implements
  TransactionService{
  ...
}
```

10. 这些服务实现中的非只读方法使用 `@Transactional` 注解覆盖了类定义。

```
@Override
@Transactional
public Transaction create(Transaction transaction) {
if(!transactionRepository.findByUserAndQuote(transaction.
  getUser(), transaction.getQuote()).isEmpty()){
    throw new DataIntegrityViolationException("A transaction
      for the quote and the user already exists!");
  }
  return transactionRepository.save(transaction);
}
```

11. 这个规范同样应用于自定义仓库实现（比如 `IndexRepositoryImpl`）。

```
@Repository
@Transactional(readOnly = true)
public class IndexRepositoryImpl implements IndexRepository{
  @PersistenceContext
  private EntityManager em;
```

```
@Autowired
private IndexRepositoryJpa repo;
...
@Override
@Transactional
public Index save(Index index) {
  return repo.save(index);
}
...
}
```

## 说明

首先,快速回顾一下本节提到的控制器的不同 CRUD 服务,参见下表。

| URI | 方法 | 用途 | 响应代码 |
| --- | --- | --- | --- |
| /actions/transactions | GET | 查询交易 | 200 OK |
| /actions/transactions/{id} | GET | 获取一个交易 | 200 OK |
| /actions/transactions | POST | 创建一个交易 | 201 Created |
| /actions/transactions | DELETE | 删除一个交易 | 204 No Content |
| /users/login | POST | 用户登录 | 200 OK |
| /users | GET | 获取所有用户 | 200 OK |
| /users/{username} | GET | 获取一个用户 | 200 OK |
| /users | POST | 创建一个用户 | 201 Created |
| /users/{username} | PUT | 更新一个用户 | 200 OK |
| /users/{username} | DELETE | 删除一个用户 | 204 No Content |

### HTTP/1.1 规范—RFC 7231 语义和内容

为了更好地理解本节的内容,需要弄清楚一些 HTTP 规范要点。

首先,建议看看与语义和内容相关的 HTTP 1/1 Internet 标准文档(RFC 7231):
https://tools.ietf.org/html/rfc7231

#### 基本要求

在 HTTP 规范文档中,请求方法概述一节(4.1 节)中声明了服务必须支持 GET 和 HEAD 方法,其他请求方法都是可选的。

该节也规定了,若一个使用有效方法名(GET、POST、PUT、DELETE 等)的请求没有匹配任何方法处理程序时,其响应状态码为 405 Not supported。同样,对于使用了未被识别的方法名（非标准）的请求，其响应状态码为 501 Not Implemented。这两种状态码为原生支持，并自动配置在 Spring MVC 中。

**安全与幂等方法**

此文档介绍了可用于描述请求方法的安全和幂等（Idempotent）限定符（Qualifier）。安全的方法基本上就是指只读方法，使用这个方法的客户端不会明确请求状态改变，也不会要求把状态改变作为请求的结果。

安全这个词在这里可以理解为：这个方法可以被信任，不会对系统造成任何伤害。

一个重要的因素是要从客户端的角度来考虑问题。安全方法的概念不是阻止对系统进行具有"潜在风险"的操作或处理，这不是真正的只读。总之，不管出现什么情况，客户端都不应对此负责。在所有的 HTTP 方法中，只有 GET、HEAD、OPTIONS 和 TRACE 方法被定义为安全。

规范使用幂等限定符来标识 HTTP 请求，当同样的请求被重复调用时，总是会产生与第一次调用一致的结果，从客户端的角度来说必须确保这样。

幂等的方法包括 GET、HEAD、OPTIONS、TRACE（安全的方法），以及 PUT 和 DELETE。

方法的幂等有什么作用？例如，客户端可以重复发送 PUT 请求，即使在收到任意响应之前出现了连接问题。

> 客户端知道重复的请求会得到相同的结果，即使最开始的请求成功了（虽然响应可能会不一样）。

**其他特定方法的约束**

POST 方法一般用来在服务端创建资源，因此，这个方法会返回 201 Created 状态码，并在响应头信息中提供被创建资源的标识符。如果没有创建资源，POST 方法能够返回除了 206 Partial Content、304 Not Modified 和 416 Range Not Satisfiable 之外所有类型的状态码。

POST 请求的结果有时可能是一个已经存在的资源，在这种情况下，例如，客户端能够被重定向到这个资源（带有 303 状态码和一个 Location 头字段）。作为 POST 方法的替代，PUT 方法通常用来更新或者改变已存在资源的状态，发送 200（OK）或者 204（No Content）到客户端。

匹配不一致的临界情况将导致 409（Conflict）或者 415（Unsupported Media Type）错误。更新时没有找到匹配项的临界情况，会引发带有 201（Created）状态码的资源创建操作。

另一组约束用于成功接收的 DELETE 请求。如果删除成功，会返回 204（No Content）或 200（OK）状态码；如果未成功删除，则返回 202（Accepted）状态码。

**使用 @RequestBody 映射请求荷载**

在本书第 4 章"为无状态架构构建 REST API"中，已经介绍并使用了 RequestMapping-

HandlerAdapter，Spring MVC 通过这个 Bean 为 @RequestMapping 注解提供扩展支持。

在这个场景中，RequestMappingHandlerAdapter 是访问中心，并通过 getMessageConverters() 和 getMessag eConverters(List<HttpMessageConverter<?>> messageConverters) 方法重载了 HttpMessageConverters。

@RequestBody 注解的作用是绑定 HttpMessageConverters。下面将介绍 HttpMessageConverters。

## HttpMessageConverters

HttpMessageConverters，自定义或者原生，用于绑定指定的 MIME 类型。它们用于以下场景：

- 将 Java 对象转换为 HTTP 响应荷载。从 Accept 请求头信息中选择 MIME 类型，用于 @ResponseBody 注解（@RestController 注解间接地抽象了 @ResponseBody 注解）。
- 将 HTTP 请求荷载转换为 Java 对象。从 Content-Type 请求头信息中选择 MIME 类型，在方法处理程序的参数上声明 @RequestBody 注解时，这些转换器会被调用。

通常，HttpMessageConverters 匹配下面的 HttpMessageConverter 接口。

```
public interface HttpMessageConverter<T> {
  boolean canRead(Class<?> clazz, MediaType mediaType);
  boolean canWrite(Class<?> clazz, MediaType mediaType);
  List<MediaType> getSupportedMediaTypes();
  T read(Class<? extends T> clazz, HttpInputMessage inputMessage)
    throws IOException, HttpMessageNotReadableException;
  void write(T t, MediaType contentType, HttpOutputMessage
    outputMessage) throws IOException,
    HttpMessageNotWritableException;
}
```

getSupportedMediaTypes() 方法返回指定转换器支持的 mediaType（MIME 类型）列表。此方法主要用于报告等用途以及 canRead/canWrite 实现。这些 canRead/canWrite 方法被框架用于在运行时收集第一个 HttpMessageConverter，包括以下两种情况：

- 对于由 @RequestBody 定位的给定 Java 类，匹配客户端提供的 Content-Type 请求头信息。
- 对于符合 HTTP 响应荷载的 Java 类，匹配客户端提供的 Accept 请求头信息（通过 @ReponseBody 定位）。

### 提供的 HttpMessageConverter 种类

在最新版本的 Spring MVC（4+）中，框架提供了一些原生的 HttpMessageConverter 扩展。以下表格列出了所有原生 HttpMessageConverters、MIME 类型，以及对应的 Java 类型。

# Spring MVC 实战

简短的说明文字大部分来源于 JavaDoc，以方便读者对各项进行深入了解。

| URI | 默认支持的媒体类型 | 转换关系 |
| --- | --- | --- |
| `FormHttpMessage`<br>`Converter` | 可读 / 写 application/xwww-form-urlencoded，<br>可以读 multipart/form-data | `MultiValueMap<String, ?>` |
| | 对于部分转换器，还内嵌（默认）了<br>`ByteArrayHttpMessageConverter`，<br>`StringHttpMessageConverter` 和<br>`ResourceHttpMessageConverter` | |
| `AllEncompassing`<br>`FormHttpMessage`<br>`Converter` | 可读 / 写 application/xwww-form-urlencoded，<br>可读 multipart/form-data | `MultiValueMap<String, ?>` |
| | 该转换器继承了 `FormHttpMessageConverter`，内嵌了额外的 `HttpMessageConverters` JAXB 或者 Jackson（如果在基于 XML/JSON 的类路径中） | |
| `XmlAwareFormHttp`<br>`MessageConverter` | 可读 / 写 application/xwww-form-urlencoded，<br>可读 multipart/form-data | `MultiValueMap<String, ?>` |
| | 该转换器继承了 `FormHttpMessageConverter`，通过 `SourceHttpMessage-`<br>`Converter` 为基于 XML 的部分提供了支持 | |
| `BufferedImageHttp`<br>`MessageConverter` | 可读取已注册 ImageReader 支持的所有媒体类型。可写第一个可用的已注册 ImageWriter 的媒体类型 | `java.awt.image.`<br>`BufferedImage` |
| `ByteArrayHttp`<br>`MessageConverter` | 可读 \*/\*，可写 application/octetstream | `byte[ ]` |
| `GsonHttpMessage`<br>`Converter` | 可读 / 写 application/json，<br>application/\*+json | `java.lang.Object` |
| | 使用 Google Gson 库的 Gson 类，此转换器可用于绑定类型化 Bean 或无类型 HashMap | |
| `Jaxb2Collection`<br>`HttpMessage`<br>`Converter` | 可读 XML 集合 | `T extends java.util.`<br>`Collection` |
| | 该转换器可读包含有使用 `XmlRootElement` 和 `XmlType` 进行注解的类的集合，注意此转换器不支持写操作（JAXB2 必须存在于类路径中） | |
| `Jaxb2RootElement`<br>`HttpMessage`<br>`Converter` | 可读 / 写 XML | `java.lang.Object` |
| | 该转换器可读带有 XmlRootElement 和 XmlType 注解的类，可写带有 XmlRootElement 注解的类或其子类（JAXB2 必须存在于类路径中） | |
| `MappingJackson2`<br>`HttpMessage`<br>`Converter` | 可读 / 写 application/json，<br>application/\*+json | `java.lang.Object` |
| | 使用 Jackson 2.x ObjectMapper，该转换器可用于绑定类型化 Bean 或无类型 HashMap 实例（Jackson 2 必须存在于类路径中） | |

续表

| URI | 默认支持的媒体类型 | 转换关系 |
|---|---|---|
| `MappingJackson2XmlHttpMessageConverter` | 可读/写 application/xml，text/xml，application/*+xml | `java.lang.Object` |
| | 使用 Jackson 2.x 扩展组件读/写 XML 编码的数据（https://github.com/FasterXML/jackson-dataformat-xml）（Jackson 2 必须存在于类路径中） | |
| `MarshallingHttpMessageConverter` | 可读/写 text/xml 和 application/xml | `java.lang.Object` |
| | 使用 Spring 的 Marshaller 和 Unmarshaller 抽象（OXM） | |
| `ObjectToStringHttpMessageConverter` | 可读/写 text/plain | `java.lang.Object` |
| | 使用 `StringHttpMessageConverter` 读/写内容，并使用 `ConversionService` 来完成字符串内容与目标对象类型之间的转换（必须配置） | |
| `ProtobufHttpMessageConverter` | 可读 application/json，application/xml，text/plain 和 application/x-protobuf；可写 application/json，application/xml，text/plain，application/x-protobuf 和 text/html | `javax.mail.Message` |
| | 使用 Google Protocol Buffers（https://developers.google.com/protocol-buffers）生成消息的 Java 类，需要安装 protoc 库 | |
| `ResourceHttpMessageConvertre` | 可读/写 */* | `org.springframework.core.io.Resource` |
| | 如果 JavaBeans Activation Framework（JAF）可用，用它来确定被写资源的内容类型（Content-Type）；如果 JAF 不可用，则使用 application/octet-stream | |
| `RssChannelHttpMessageConverter` | 可读/写 application/rss+xml | `com.rometools.rome.feed.rss.Channel` |
| | 该转换器可处理来自 ROME 项目（https://github.com/rometools）的 Channel 对象（ROME 必须存在于类路径中） | |
| `AtomFeedHttpMessageConverter` | 可读/写 application/atom+xml | `com.rometools.rome.feed.atom.Feed` |
| | 可处理来自 ROME 项目（https://github.com/rometools）的 Atom 流（ROME 必须存在于类路径中） | |
| `SourceHttpMessageConverter` | 可读/写 text/xml，application/xml，application/*-xml | `javax.xml.transform.Source` |
| `StringHttpMessageConverter` | 可读/写 */* | `java.lang.String` |

### 使用 MappingJackson2HttpMessageConverter

在本节中，MappingJackson2HttpMessageConverter 使用非常广泛，在金融交易的创建/更新与用户首选项的更新方面都用到了它。另外，我们使用 AngularJS 将 HTML 表单映射到一个属性与实体匹配的已构建 json 对象，然后作为 application/json 的 MIME 类型通过 POST/PUT 提交这个 json 对象。

这种方法首选提交一个 application/x-www-form-urlencoded 表单内容，因为我们可以确切地把这个对象映射到一个实体。在我们的场景中，表单准确地匹配一个后端资源。这对 REST 设计来说是非常有益的结果（约束）。

### 使用 @RequestPart 上传图片

@RequestPart 注释可用于将 multipart/formdata 请求的一部分与方法参数相关联。它可以与参数类型一起使用，例如 org.springframework.web.multipart.MultipartFile 和 javax.servlet.http.Part。对于其他任何参数类型，这部分内容通过 HttpMessageConverter 传递，与 @RequestBody 一样。

@RequestBody 注解用于处理用户预置的图片，以下是 UserImageController 中的示例实现：

```
@RequestMapping(method=POST, produces={"application/json"})
@ResponseStatus(HttpStatus.CREATED)
public String save( @RequestPart("file") MultipartFile file,
  HttpServletResponse response){
String extension =
  ImageUtil.getExtension(file.getOriginalFilename());
String name =
  UUID.randomUUID().toString().concat(".").concat(extension);
if (!file.isEmpty()) {
   try {
           byte[] bytes = file.getBytes();
           Path newPath =
             Paths.get(pathToUserPictures);
           Files.write(newPath, bytes,
             StandardOpenOption.CREATE);
   ...
...
response.addHeader(LOCATION_HEADER,
  env.getProperty("pictures.user.endpoint").concat(name));
return "Success";
...
}
```

请求的文件部分是作为一个参数注入的，服务端的文件系统会创建一个来自请求文件内容的新文件。响应中会添加新的 Location 头信息，并包含创建的图像链接。

在客户端，这个头信息被读取并作为 background-image CSS 属性注入 div 中（可参考 user-account.html）。

### 事务管理

本节突出了我们应用于处理 REST 架构的不同层之间的事务的基本原则。事务管理本身可以作为一个完整的章节来介绍，这里只进行大概的描述。

#### 简单的方法

为了构建我们的事务管理，必须记住 Spring MVC 控制器并非事务型。在这个前提下，我们不能期望事务管理在同一个控制器的相同方法处理程序中覆盖两个不同的服务调用。每个服务调用启动一个新的事务，该事务在返回结果时即终止。

我们在类级别上将服务定义为 @Transactional(readonly="true")，然后需要写访问的方法在方法级别上使用额外的 @Transactional 注解来覆盖这个定义。本节的第 10 步介绍了在 TransactionServiceImpl 服务上的事务变化。通过默认传播，事务在不同的业务服务、存储库和方法之间被维护和复用。

默认情况下，抽象的 Spring Data JPA 仓库是事务型的，我们只需要为自定义的仓库指定事务行为，就像为我们的服务做的一样。

本节的第 11 步对自定义仓库 IndexRepositoryImpl 进行了事务型更改。

### 更多

如前所述，我们在应用的不同层级配置了一致的事务管理。

#### 事务管理

本节的介绍是有限的，如果感觉理解不够深入，建议查阅以下几个主题的相关信息。

#### ACID 属性

有四个属性（或概念）经常被用来评估事务的可靠性，它们对于事务的设计非常有用也非常重要。这些属性是：原子性、一致性、隔离性和持续性。

在维基百科上可以了解关于 ACID 事务的更多信息：

https://en.wikipedia.org/wiki/ACID

#### 全局事务和本地事务

我们在应用里面只定义了本地事务。本地事务用于应用层的管理，无法跨越多个 Tomcat 服务器传播，当多个事务资源被调用时也无法保证本地事务的一致性。举个例子，在与消息传

# Spring MVC 实战

递相关联的数据库中进行操作时，当我们回滚尚未投递的消息时，可能还需要回滚先前发生的相关数据库操作，这时，只有通过全局事务进行两步提交才能实现这一目的。全局事务由 JTA 事务管理器进行处理。

在 Spring 参考手册中可以查阅更多相关信息：

http://docs.spring.io/spring/docs/2.0.8/reference/transaction.html

由于历史原因，JTA 事务管理器仅在 J2EE/JEE 容器中提供。要实现应用级的 JTA 事务管理，需要借助其他替代方案，比如 Atomikos (http://www.atomikos.com)、Bitronix (https://github.com/bitronix/btm)，或者 JOTM (http://jotm.ow2.org/xwiki/bin/view/Main/WebHome)，来实现 J2SE 环境中的全局事务。

Tomcat（7+）也可以与应用级 JTA 事务管理器一起使用，以使用 TransactionSynchronizationRegistry 和 JNDI 数据源来反映容器中的事务管理。

https://codepitbull.wordpress.com/2011/07/08/tomcat-7-with-full-jta

### 其他

通过 Cache-Control，ETag 和 Last-Modifed 这三个头信息，可以进行性能优化、获取有用的元数据，本节没有对此进行详细说明。Spring MVC 支持这些头信息，并可将其作为入口点。建议查阅 Spring 参考手册：

http://docs.spring.io/spring-framework/docs/current/spring-frameworkreference/html/mvc.html#mvc-caching-etag-lastmodified

## 使用 Bean Validation 校验资源

在学习了请求荷载数据绑定过程之后，我们需要了解一下数据校验。

### 准备

本节的目标是展示怎么使用 Spring MVC 拒绝请求荷载中不满足 Bean 校验（JSR-303）或者不满足 Spring 校验器定义的约束的请求。

在完成 Maven 和 Spring 配置之后，我们将会清楚如何将校验器绑定到请求上，怎么定义校验器执行自定义规则，怎么设置 JSR-303 校验，以及怎么处理校验结果。

### 实现

1. 向 Hibernate 校验器（Validator）添加 Maven 依赖。

# 7 开发CRUD操作与校验

```xml
<dependency>
  <groupId>org.hibernate</groupId>
  <artifactId>hibernate-validator</artifactId>
  <version>4.3.1.Final</version>
</dependency>
```

2. 在 `dispatcher-servlet.xml` (cloudstreetmarket-api) 中注册一个 Local-ValidatorFactoryBean。

```xml
<bean id="validator"
class="org.sfw.validation.beanvalidation.LocalValidatorFactoryBean"/>
```

3. 在 `UsersController` 和 `TransactionController` 的 POST 和 PUT 方法的 `@RequestBody` 参数上加上 `@Valid` 注解。

```java
@RequestMapping(method=PUT)
@ResponseStatus(HttpStatus.OK)
public void update(@Valid @RequestBody User user,
BindingResult result){
  ValidatorUtil.raiseFirstError(result);
  user = communityService.updateUser(user);
}
```

 注意这里的 `BindingResult` 对象作为方法参数注入进来，稍后将介绍 `ValidatorUtil` 类。

4. 两个 CRUD 控制器现在有了新的 `@InitBinder` 注解的方法。

```java
@InitBinder
  protected void initBinder(WebDataBinder binder) {
      binder.setValidator(new UserValidator());
}
```

5. 这个方法绑定了一个新创建的校验器实现到这个请求上。以下是一个校验器实现类 `UserValidator`。

```java
package edu.zipcloud.cloudstreetmarket.core.validators;
import java.util.Map;
import javax.validation.groups.Default;
import org.springframework.validation.Errors;
import org.springframework.validation.Validator;
import edu.zc.csm.core.entities.User;
import edu.zc.csm.core.util.ValidatorUtil;
public class UserValidator implements Validator {
  @Override
  public boolean supports(Class<?> clazz) {
```

```
            return User.class.isAssignableFrom(clazz);
        }
        @Override
        public void validate(Object target, Errors err) {
            Map<String, String> fieldValidation =
                ValidatorUtil.validate((User)target, Default.class);
            fieldValidation.forEach(
                (k, v) -> err.rejectValue(k, v)
            );
        }
    }
```

6. 在用户实体中，加入一组特定的注解。

```
    @Entity
    @Table(name="users")
    public class User extends ProvidedId<String> implements UserDetails{
        ...
        private String fullName;
        @NotNull
        @Size(min=4, max=30)
        private String email;
        @NotNull
        private String password;
        private boolean enabled = true;
        @NotNull
        @Enumerated(EnumType.STRING)
        private SupportedLanguage language;
        private String profileImg;

        @Column(name="not_expired")
        private boolean accountNonExpired;
        @Column(name="not_locked")
        private boolean accountNonLocked;

        @NotNull
        @Enumerated(EnumType.STRING)
        private SupportedCurrency currency;

        private BigDecimal balance;
        ...
    }
```

7. 我们创建了 ValidatorUtil 类来让这些校验更加简单，减少重复代码的数量。

```
    package edu.zipcloud.cloudstreetmarket.core.util;
```

```java
import java.util.Arrays;
import java.util.HashMap;
import java.util.Map;
import java.util.Set;
import javax.validation.ConstraintViolation;
import javax.validation.Validation;
import javax.validation.Validator;
import javax.validation.ValidatorFactory;
import javax.validation.groups.Default;
import org.springframework.validation.BindingResult;

public class ValidatorUtil {
    private static Validator validator;
    static {
      ValidatorFactory factory =
        Validation.buildDefaultValidatorFactory();
      validator = factory.getValidator();
    }
```

下面的validate方法允许我们从任何可能需要的位置调用JSR验证。

```java
public static <T> Map<String, String> validate(T object,
  Class<?>... groups) {
  Class<?>[] args = Arrays.copyOf(groups, groups.length + 1);
  args[groups.length] = Default.class;
  return extractViolations(validator.validate(object, args));
}
private static <T> Map<String, String> extractViolations(Set<Const
  raintViolation<T>> violations) {
  Map<String, String> errors = new HashMap<>();
  for (ConstraintViolation<T> v: violations) {
    errors.put(v.getPropertyPath().toString(),
  "["+v.getPropertyPath().toString()+"] " +
  StringUtils.capitalize(v.getMessage()));
  }
  return errors;
}
```

下面的raiseFirstError方法不是一个标准,它是我们向客户端呈现服务器端错误的方式:

```java
public static void raiseFirstError(BindingResult result)
{
  if (result.hasErrors()) {
    throw new
```

```
            IllegalArgumentException(result.getAllErrors().
            get(0).getCode());
        }
    else if (result.hasGlobalErrors()) {
    throw new
        IllegalArgumentException(result.getGlobalError().
        getDefaultMessage());
            }
    }
    }
```

8. 根据本书第 4 章所介绍的内容，cloudstreetmarket-api 的 RestExceptionHandler 仍然配置为处理 IllegalArgumentExceptions，使用 ErrorInfo 格式的响应渲染它们。

```
@ControllerAdvice
public class RestExceptionHandler extends
    ResponseEntityExceptionHandler {
    @Autowired
    private ResourceBundleService bundle;
    @Override
    protected ResponseEntity<Object>
        handleExceptionInternal(Exception ex, Object body,
        HttpHeaders headers, HttpStatus status, WebRequest request) {
        ErrorInfo errorInfo = null;
        if(body!=null &&
            bundle.containsKey(body.toString())){
                String key = body.toString();
                String localizedMessage = bundle.get(key);
                errorInfo = new ErrorInfo(ex, localizedMessage, key, status);
        }
        else{
            errorInfo = new ErrorInfo(ex, (body!=null)?
            body.toString() : null, null, status);
        }
    return new ResponseEntity<Object>(errorInfo, headers, status);
    }
    @ExceptionHandler({
        InvalidDataAccessApiUsageException.class,
        DataAccessException.class,
        IllegalArgumentException.class })
    protected ResponseEntity<Object> handleConflict(final
        RuntimeException ex, final WebRequest request) {
            return handleExceptionInternal(ex,
            I18N_API_GENERIC_REQUEST_PARAMS_NOT_VALID, new
```

7　开发CRUD操作与校验

```
            HttpHeaders(), BAD_REQUEST, request);
    }
}
```

9. 通过改进 UI 界面的导航，有一个新的用于更新用户首选项的表单，用户登录后即可访问这个表单，如下面两图所示。

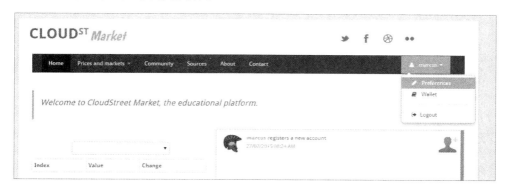

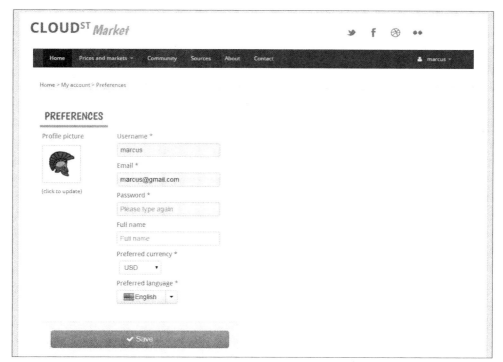

10. 在这个 Preferences 表单中，当前端数据校验被禁用时（本章的最后一节会介绍前端

校验），不填写 Email 字段会在 HTTP 响应中产生如下（可定制的）ErrorInfo 对象。

```
{"error":"[email] Size must be between 4 and 30",
"message":"The request parameters were not valid!",
"i18nKey":"error.api.generic.provided.request.parameters.not.valid",
"status":400,
"date":"2016-01-05 05:59:26.584"}
```

11. 在前端，为了处理此错误，accountController（在 account_management.js 中）被实例化为一个自定义 errorHandler 工厂的依赖。代码如下：

```
cloudStreetMarketApp.controller('accountController',
  function ($scope, $translate, $location, errorHandler,
  accountManagementFactory, httpAuth, genericAPIFactory){
      $scope.form = {
      id: "",
      email: "",
      fullName: "",
      password: "",
      language: "EN",
      currency: "",
      profileImg: "img/anon.png"
        };
...
}
```

12. accountController 具有调用 errorHandler.renderOnForm 方法的 **update** 方法：

```
$scope.update = function () {
  $scope.formSubmitted = true;

  if(!$scope.updateAccount.$valid) {
      return;
  }
    httpAuth.put('/api/users',
      JSON.stringify($scope.form)).success(
    function(data, status, headers, config) {
        httpAuth.setCredentials($scope.form.id,
          $scope.form.password);
      $scope.updateSuccess = true;
      }
  ).error(function(data, status, headers, config) {
        $scope.updateFail = true;
        $scope.updateSuccess = false;
        $scope.serverErrorMessage =
```

```
            errorHandler.renderOnForms(data);
        }
    );
};
```

13. errorHandler 在 main_menu.js 中的定义如下，它具有从 i18n 代码拉取翻译消息的能力。

```
cloudStreetMarketApp.factory("errorHandler", ['$translate',
function ($translate) {
    return {
        render: function (data) {
        if(data.message && data.message.length > 0){
          return data.message;
        }
        else if(!data.message && data.i18nKey &&
          data.i18nKey.length > 0){
          return $translate(data.i18nKey);
          }
        return $translate("error.api.generic.internal");
        },
        renderOnForms: function (data) {
        if(data.error && data.error.length > 0){
          return data.error;
        }
        else if(data.message && data.message.length > 0){
          return data.message;
        }
        else if(!data.message && data.i18nKey &&
          data.i18nKey.length > 0){
          return $translate(data.i18nKey);
        }
        return $translate("error.api.generic.internal");
        }
    }
}]);
```

**Preferences** 表单如下图所示。

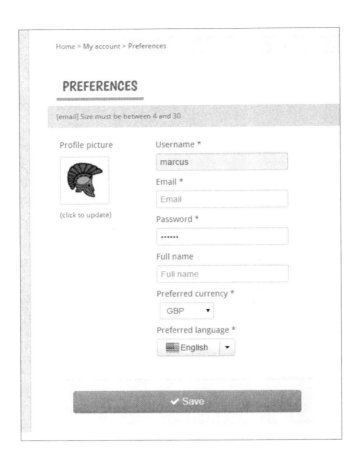

 为了模拟这个错误,前端校验需要禁用,可以在 user-account.html 的 `<form name="updateAccount" ... novalidate>` 添加 novalidate 属性来完成。

14. 回到服务端,为金融交易实体创建一个自定义的校验器,这个校验器使用了 Spring 的 `ValidationUtils`。

```
@Component
public class TransactionValidator implements Validator {
  @Override
  public boolean supports(Class<?> clazz) {
    return Transaction.class.isAssignableFrom(clazz);
  }
  @Override
  public void validate(Object target, Errors errors) {
```

```
        ValidationUtils.rejectIfEmpty(errors, "quote", "
          transaction.quote.empty");
        ValidationUtils.rejectIfEmpty(errors, "user", "
          transaction.user.empty");
        ValidationUtils.rejectIfEmpty(errors, "type", "
          transaction.type.empty");
    }
}
```

> **说明**

### 使用 Spring 校验器

Spring 提供了一个 `Validator` 接口（org.sfw.validation.Validator），用来在我们想要的层次中创建组件来注入或者实例化。因此，Spring 校验组件可以用在 Spring MVC 控制器中。`Validator` 接口如下：

```
public interface Validator {
  boolean supports(Class<?> clazz);
  void validate(Object target, Errors errors);
}
```

`supports(Class<?> clazz)` 方法用来评估 Validatoe 实现类支持的范围，也用来限制它对特定的类型或者超类的使用。

`validate(Object target, Errors errors)` 方法规定了校验器的校验逻辑。传入的 `target` 对象用于评估，校验结果保存在 `org.springframework.validation.Errors` 接口的实例中。以下是 `Errors` 接口的一部分代码。

```
public interface Errors {
  ...
  void reject(String errorCode);

  void reject(String errorCode, String defaultMessage);

  void reject(String errorCode, Object[] errorArgs, String
    defaultMessage);
  void rejectValue(String field, String errorCode);
    void rejectValue(String field, String errorCode, String
    defaultMessage);
  void rejectValue(String field, String errorCode, Object[]
    errorArgs, String defaultMessage);
    void addAllErrors(Errors errors);
    boolean hasErrors();
    int getErrorCount();
    List<ObjectError> getAllErrors();
```

```
    ...
  }
```

使用 Spring MVC，可能需要绑定并触发一个 Validator 到指定的方法处理程序上，框架会查找校验器实例绑定到传入的请求上。可以通过以下四步来完成绑定：

```
@InitBinder
  protected void initBinder(WebDataBinder binder) {
      binder.setValidator(new UserValidator());
  }
```

 我们已经使用了 @InitBinder 注解来附加其他的对象（格式化工具）到传入的请求（参考本书第 4 章的 "绑定请求与编排响应" 节）。

Binders(org.springframework.validation.DataBinder)允许在目标对象上设置属性值，Binders 还为数据校验和绑定结果分析提供支持。

DataBinder.validate() 方法在每次绑定步骤完成之后被调用，这个方法会调用附加到 DataBinder 上的主要校验器的 validate 方法。绑定过程会产生一个结果对象，是 org.springframework.validation.BindingResult 接口的一个实例，这个结果对象可以通过 DataBinder.getBindingResult() 方法获得。

实际上，BindingResult 实现也是一个 Errors 实现（如下所示），前面已经介绍了 Errors 接口。

```
public interface BindingResult extends Errors {
  Object getTarget();
  Map<String, Object> getModel();
  Object getRawFieldValue(String field);
  PropertyEditor findEditor(String field, Class<?> valueType);
  PropertyEditorRegistry getPropertyEditorRegistry();
  void addError(ObjectError error);
  String[] resolveMessageCodes(String errorCode);
  String[] resolveMessageCodes(String errorCode, String field);
  void recordSuppressedField(String field);
  String[] getSuppressedFields();
}
```

上面创建了一个校验器的实现。当一个传入的请求进入特定的控制器方法处理程序时，请求荷载被转换成由 @RequestBody 注解标注的目标类型（在本例中为 Entity）。校验器实现的一个实例会绑定到注入的 @RequestBody 对象上。如果注入的 @RequestBody 对象定义了 @Valid 注解，框架会要求 DataBinder 在每次绑定完成之后校验这个对象，并将错误信息保存到 DataBinder 的 BindingResultobject 中。

最后，BindingResult 对象作为方法处理程序的参数注入，所以能够决定如何处理这个错

## 7 开发CRUD操作与校验

误（如果有的话）。在绑定过程中，缺失字段和属性访问异常将被转换为 `FieldErrors`，这些 `FieldErrors` 同样储存在 `Errors` 实例中。以下错误代码用于 `FieldErrors`：

```
Missing field error: "required"
Type mismatch error: "typeMismatch"
Method invocation error: "methodInvocation"
```

如果需要向用户返回更友好的错误消息，`MessageSource` 可用于完成查找工作，从带有以下方法的 `MessageSourceResolvable` 实现中获取正确的本地化消息：

```
MessageSource.getMessage(org.sfw.context.MessageSourceResolvable,
    java.util.Locale)
```

 `FieldError` 继承了 `ObjectError`，`ObjectError` 继承了 `DefaultMessageSourceResolvable`，它是 `MessageSourceResolvable` 的实现类。

**ValidationUtils**

`ValidationUtils` 是一个工具类（`org.sfw.validation.ValidationUtils`），提供了一组方便的静态方法用来调用校验器和拒绝空字段，这些工具方法可用于在一行代码里进行判断并同时处理 `Errors` 对象。本节的第 14 步详细描述了在 `TransactionValidator` 中如何应用 `ValidationUtils`。

**国际化**

下一节将聚焦于错误信息与内容的国际化，这里先看看如何从控制器中捕获错误，以及如何显示它们。`UserController` 的 `update` 方法在其第一行有如下自定义方法的调用：

```
ValidatorUtil.raiseFirstError(result);
```

我们根据需要创建了 `ValidatorUtil` 支持类，这是为了让校验器发现任何错误时都抛出一个 `IllegalArgumentException` 异常。`ValidatorUtil.raiseFirstError(result)` 方法也可以在 `TransactionController.update(...)` 方法处理程序中找到，这个方法处理程序依赖于第 14 步介绍的 `TransactionValidator`。

当 `Transaction` 对象中不存在引用对象时，`TransactionValidator` 创建一个带有 `transaction.quote.empty` 消息的错误，然后抛出一个带有 `transaction.quote.empty` 详细情况的 `IllegalArgumentException`。

在下一节中，我们将重新学习如何构建一个适当的国际化 JSON 响应，并通过 `IllegalArgumentException` 发回客户端。

## JSR-303/JSR-349 Bean Validation

Spring Framework 4.0 及以上版本支持 Bean Validation 1.0（JSR-303）和 Bean Validation 1.1（JSR-349），并且适配了 Bean Validation 与 Validator 接口一起工作，允许使用注解创建类级别的校验器。

JSR-303 和 JSR-349 这两个规范定义了一系列适用于 Bean 的约束，以注解形式放在 javax.validation.constraints 包中。

通常，使用规范代替实现进行编码的一个巨大优势在于不需要知道哪一个实现被使用。同样，实现类也可以被另一个实现来替代。

Bean Validation 最初被设计用于持久化 Bean，尽管规范与 JPA 耦合度相对较低。参考实现仍然保留了 Hibernate 校验器，拥有一个持久化提供者来支持这些校验规范是一个显著优势。在 JPA2 中，持久化提供者会在持久化之前自动调用 JSR-303 校验。来自两个不同层级（控制层和模型层）的这种校验，确保了更高的信任度。

### 字段约束注解

我们在 User 实体类中定义了两个 JSR-303 注解——@NotNull 和 @Size，规范中还包括更多注解。下表总结了 JEE7 的 javax.validation.constraints 包中的注解。

| 注解类型 | 描述 |
| --- | --- |
| AssertFalse | 被注解的元素必须为 False |
| AssertFalse.List | 在同一个元素上定义多个 AssertFalse 注解 |
| AssertTrue | 被注解的元素必须为 True |
| AssertTrue.List | 在同一个元素上定义多个 AssertTrue 注解 |
| DecimalMax | 被注解的元素必须为数字，并且小于等于指定的最大值 |
| DecimalMax.List | 在同一个元素上定义多个 DecimalMax 注解 |
| DecimalMin | 被注解的元素必须为数字，并且大于等于指定的最小值 |
| DecimalMin.List | 在同一个元素上定义多个 DecimalMin 注解 |
| Digits | 被注解的元素必须为数字，并且在限定范围之内，支持的类型包括 BigDecimal, BigInteger, CharSequence, byte, short, int, long, 以及各自的包装类（Null 为有效值） |
| Digits.List | 在同一个元素上定义多个 Digits 注解 |
| Future | 被注解的元素必须为未来时间 |
| Future.List | 在同一个元素上定义多个 Future 注解 |
| Max | 被注解的元素必须为数字，并且小于等于指定的最大值 |
| Max.List | 在同一个元素上定义多个 Max 注解 |
| Min | 被注解的元素必须为数字，并且大于等于指定的最小值 |

续表

| 注解类型 | 描 述 |
|---|---|
| `Min.List` | 在同一个元素上定义多个 `Min` 注解 |
| `NotNull` | 被注解的元素不能为 Null |
| `NotNull.List` | 在同一个元素上定义多个 `NotNull` 注解 |
| `Past` | 被注解的元素必须为过去时间 |
| `Past.List` | 在同一个元素上定义多个 `Past` 注解 |
| `Pattern` | 被注解的 `CharSequence` 必须匹配指定的正则表达式 |
| `Pattern.List` | 在同一个元素上定义多个 `Pattern` 注解 |
| `Size` | 被注解的元素的大小必须在指定边界之间（包括该值） |
| `Size.List` | 在同一个元素上定义多个 `Size` 注解 |

**特定实现的约束**

Bean Validation 实现也可以超越规范，提供额外的校验注解。Hibernate 具有一些有趣的实现，比如 @NotBlank、@SafeHtml、@ScriptAssert、@CreditCardNumber、@Email 等。Hibernate 文档中提供了相关的说明，文档 URL 如下：

```
http://docs.jboss.org/hibernate/validator/4.3/reference/en-US/html_single/#table-custom-constraints
```

**本地校验器（可重用）**

我们已经在 Spring 上下文中定义了下面这个校验器 Bean：

```
<bean id="validator" class="org.sfw.validation.beanvalidation.
LocalValidatorFactoryBean"/>
```

这个 Bean 生成校验器实例来实现 JSR-303 和 JSR-349，可以在这里配置一个特定的提供类。默认情况下，Spring 会在类路径中查找 Hibernate Validator 的 jar 包。这个 Bean 被定义后，就可以在需要的地方注入进去。

我们在 `UserValidator` 中注入了这个校验器实例，使它兼容 JSR-303 和 JSR-349。

对于国际化，校验器生成一组默认消息码。这些默认的消息码和值类似这样：

```
javax.validation.constraints.Max.message=must be less than or
    equal to {value}
javax.validation.constraints.Min.message=must be greater than or
    equal to {value}
javax.validation.constraints.Pattern.message=must match "{regexp}"
javax.validation.constraints.Size.message=size must be between
    {min} and {max}
```

随意在你自己的资源文件里覆盖它们吧！

## 扩展

本节来了解一些前面没有讲解过的数据校验概念和组件。

### ValidationUtils

`ValidationUtils` 是 Spring 的工具类，提供了一些方便的静态方法，用于在代码中调用 `Validator`，并阻止空字段来构造错误对象。

http://docs.spring.io/spring/docs/3.1.x/javadoc-api/org/springframework/validation/ValidationUtils.html

### 分组约束

可以跨越多个字段关联约束，来得到一系列更高级的约束。

http://beanvalidation.org/1.1/spec/#constraintdeclarationvalidationprocess-groupsequence

http://docs.jboss.org/hibernate/stable/validator/reference/en-US/html_single/#chapter-groups

### 创建自定义校验器

有时候，创建拥有自定义注解的特定校验器是非常有用的。

http://howtodoinjava.com/2015/02/12/spring-mvc-custom-validatorexample/

### Spring Validation 参考手册

Spring 的 `Validation` 参考手册是个不错的信息源：

http://docs.spring.io/spring/docs/current/spring-framework-reference/html/validation.html

## 其他

- 访问 Bean Validation 的官网，可以查看完整的规范（JSR-303 和 JSR-349）：
  http://beanvalidation.org/1.1/spec

# REST消息与内容的国际化

在讨论消息和内容的国际化之前，有必要讨论一下校验。基于全球化和云服务，仅支持一种语言通常是不够的。

本节提供了一个符合我们设想的实现，所以继续满足不依赖 HTTP 会话的可伸缩性标准。本节将了解如何去定义 `MessageSource` Bean 来获取最合适的本地化消息，以及如何序列化资源属性使之可用于前端。我们会在前端使用 AngularJS 和 angular-translate 实现内容的动态转换。

## 7 开发CRUD操作与校验

### 实现

在本节中,前端和后端都有工作要做。

#### 后端

1. 以下 Bean 已经注册到核心上下文中(csm-core-config.xml)。

```xml
<bean id="messageBundle"
    class="edu.zc.csm.core.i18n.
    SerializableResourceBundleMessageSource">
<property name="basenames" value="classpath:/METAINF/
    i18n/messages,classpath:/META-INF/i18n/errors"/>
    <property name="fileEncodings" value="UTF-8" />
    <property name="defaultEncoding" value="UTF-8" />
</bean>
```

2. 下面这个 Bean 引用了一个 SerializableResourceBundleMessageSource,用来收集资源文件并提取其中的属性。

```java
/**
 * @author rvillars
 * {@link https://github.com/rvillars/bookapp-rest}
 */
public class SerializableResourceBundleMessageSource
    extends ReloadableResourceBundleMessageSource {
    public Properties getAllProperties(Locale locale) {
        clearCacheIncludingAncestors();
        PropertiesHolder propertiesHolder =
            getMergedProperties(locale);
        Properties properties = propertiesHolder.getProperties();
        return properties;
    }
}
```

3. 这个 Bean 可在两个地方被访问到。

   新创建的 PropertiesController 针对某一地区(这里指语言)公开(序列化)所有消息和错误。

```java
@RestController
@ExposesResourceFor(Transaction.class)
@RequestMapping(value="/properties")
public class PropertiesController{
    @Autowired
    protected SerializableResourceBundleMessageSource
        messageBundle;
    @RequestMapping(method = RequestMethod.GET,
```

293

```
      produces={"application/json; charset=UTF-8"})
  @ResponseBody
  public Properties list(@RequestParam String lang) {
    return messageBundle.getAllProperties(new
      Locale(lang));
  }
}
```

在控制器和服务之间创建一个特别的服务层来简化消息和错误。

```
@Service
@Transactional(readOnly = true)
public class ResourceBundleServiceImpl implements
  ResourceBundleService {
  @Autowired
protected SerializableResourceBundleMessageSource
  messageBundle;
  private static final Map<Locale, Properties>
    localizedMap = new HashMap<>();
  @Override
  public Properties getAll() {
    return getBundleForUser();
  }
  @Override
  public String get(String key) {
    return getBundleForUser().getProperty(key);
  }
  @Override
  public String getFormatted(String key, String...
    arguments) {
    return MessageFormat.format(
      getBundleForUser().getProperty(key), arguments
    );
  }
  @Override
  public boolean containsKey(String key) {
    return getAll().containsKey(key);
  }
  private Properties getBundleForUser(){
    Locale locale =
      AuthenticationUtil.getUserPrincipal().getLocale();
    if(!localizedMap.containsKey(locale)){
      localizedMap.put(locale,
        messageBundle.getAllProperties(locale));
    }
```

```
        return localizedMap.get(locale);
    }
}
```

 ResourceBundleServiceImpl 现在使用了同样的 SerializableResourceBundleMessageSource，也可以从登录的用户（Spring Security）获取区域信息，若没有对应的区域信息则回退到 English。

4. ResourceBundleServiceImpl 服务被注入 WebContentInterceptor CloudstreetApiWCI。

```
@Autowired
protected ResourceBundleService bundle;
```

5. 在 TransactionController 中，以下代码用于提取错误信息。

```
if(!transaction.getUser().getUsername()
    .equals(getPrincipal().getUsername())){
  throw new AccessDeniedException(
    bundle.get(I18nKeys.I18N_TRANSACTIONS_USER_FORBIDDEN)
);
}
```

6. I18nKeys 类只是用于将资源键值标记为常量。

```
public class I18nKeys {
  //Messages
public static final String I18N_ACTION_REGISTERS =
  "webapp.action.feeds.action.registers";
public static final String I18N_ACTION_BUYS =
  "webapp.action.feeds.action.buys";
public static final String I18N_ACTION_SELLS =
  "webapp.action.feeds.action.sells";
  ...
}
```

7. 资源文件位于 core 模块中，如下图所示。

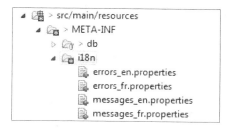

### 前端

1. angular-translate 的依赖已被添加到 index.jsp 中。

   ```
   <script src="js/angular/angular-translate.min.js"></script>
   <script src="js/angular/angular-translate-loader-url.min.js"></script>
   ```

2. 转换模块以如下方式配置在 index.jsp 中。

   ```
   cloudStreetMarketApp.config(function ($translateProvider) {
         $translateProvider.useUrlLoader('/api/properties.json');
      $translateProvider.useStorage('UrlLanguageStorage');
      $translateProvider.preferredLanguage('en');
      $translateProvider.fallbackLanguage('en');
   });
   ```

    它指向的 API 端点只服务于消息和错误。

3. 用户语言在主菜单中设置（main_menu.js）。加载完成后，从用户对象中提取语言设置（默认为 EN）。

   ```
   cloudStreetMarketApp.controller('menuController', function
      ($scope, $translate, $location, modalService, httpAuth,
      genericAPIFactory) {
         $scope.init = function () {
         ...
         genericAPIFactory.get("/api/users/"+httpAuth.getLoggedInUser()+".json")
         .success(function(data, status, headers, config) {
            $translate.use(data.language);
            $location.search('lang', data.language);
      });
      }
      ...
   }
   ```

4. 在 DOM 中，国际化信息被直接引用，并通过转换指令进行转换。可以参考如下 stock-detail.html 文件示例。

   ```
   <span translate="screen.stock.detail.will.remain">Will remain</span>
   ```

   index-detail.html 的另一个示例如下。

   ```
   <td translate>screen.index.detail.table.prev.close</td>
   ```

   在 home.html 中，也可以找到值已被转换的局部变量，例如下面的示例。

   ```
   {{value.userAction.presentTense | translate}}
   ```

5. 例如，在应用中更新你的个人设置，把语言设置成 French，试着从 stock-search 结果中访问 stock-detail 页面，如下图所示。

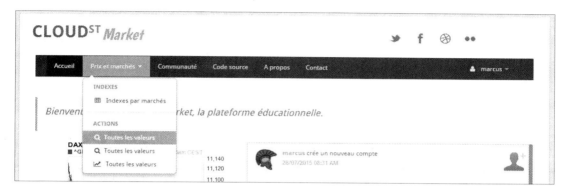

6. 通过 stock-detail 页面可以看到转换结果（法语），如下图所示。

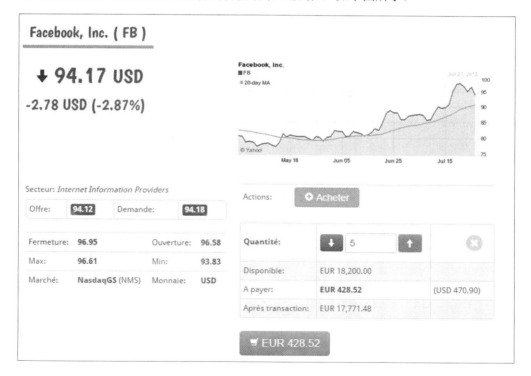

说明

让我们来看看后端的变化。首先要明白的是，国际化消息是使用一个消息键（Message

Key）从自动装配的 `SerializableResourceBundleMessageSource` Bean 中提取出来的。这个 Bean 继承了一个特定的 `MessageSource` 实现。`MessageSource` 具有多种类型，了解它们之间的差异很重要。我们将重新认识提取用户 Locale 的方式，还将了解如何基于不同的可读路径（Sessions、Cookies、Accept 头信息等）使用 `LocaleResolver` 读取或猜测用户的语言。

### MessageSource Bean

首先，`MessageSource` 是 Spring 的一个接口（`org.sfw.context.MessageSource`）。`MessageSource` 对象负责解析来自不同参数的消息。

最有趣的参数是我们需要的消息的键，以及区域设置（Locale，语言/区域组合，用于正确选择语言）。如果没有提供区域设置，或者 `MessageSource` 无法解析到匹配的语言/区域文件（或消息条目），则会退回到更通用的文件并再次尝试，直到成功解析。

如下所示，`MessageSource` 实现类只暴露了 `getMessage(…)` 方法。

```
public interface MessageSource {
  String getMessage(String code, Object[] args, String
    defaultMessage, Locale locale);
  String getMessage(String code, Object[] args, Locale locale)
    throws NoSuchMessageException;
  String getMessage(MessageSourceResolvable resolvable, Locale
    locale) throws NoSuchMessageException;
}
```

在 Spring 中，这个轻量级接口由多个对象实现（尤其在上下文组件中）。但是我们更关注一些特别的 `MessageSource` 实现类，在 Spring 4.0 以上版本中有三个类值得一提。

#### ResourceBundleMessageSource

此 `MessageSource` 实现类使用特定的基本名（Basename）访问资源包。它依赖于底层的 JDK `ResourceBundle` 实现，与 `MessageFormat`（`java.text.MessageFormat`）提供的 JDK 标准消息解析结合使用。

对于每个消息，访问的 `ResourceBundle` 实例和生成的 `MessageFormat` 都被缓存。`ResourceBundleMessageSource` 提供的缓存比 `java.util.ResourceBundle` 类内置的缓存快得多。

使用 `java.util.ResourceBundle`，当 JVM 运行时，不能重新加载资源。因为 `ResourceBundleMessageSource` 依赖于 `ResourceBundle`，它也有相同的限制。

#### ReloadableResourceBundleMessageSource

相比 `ResourceBundleMessageSource`，它使用 `Properties` 实例作为消息的自定义数据结构，通过使用 Spring 资源对象的 `PropertiesPersister` 策略来加载数据。这个策略不仅可以基于文件时间戳的改变来加载文件，还可以通过特定的字符集来加载文件。

ReloadableResourceBundleMessageSource 支持使用 cacheSeconds 设置来重新加载属性文件，还支持以编码的方式清理属性缓存。

用于标识资源文件的基本名称都定义在 basenames 属性中（在 ReloadableResourceBundleMessageSource 配置中）。定义的基本名称遵循基本的 ResourceBundle 约定，其中不包括特定的文件扩展名及语言代码。我们可以引用任意的 Spring 资源位置。使用"classpath:"前缀，资源仍然可以从类路径中加载，但是在这种情况下 cacheSeconds 属性值仅在设置为 -1（永久缓存）时才能工作。

**StaticMessageSource**

StaticMessageSource 是一个简单的实现，支持通过编码的方式注册消息，主要用于测试目的。

### 自定义 MessageSource Bean

我们已经实现了一个特定的控制器，对于作为查询参数传入的给定语言，序列化并暴露资源绑定的属性文件（错误和消息）。

为达到这个目的，我们创建了一个自定义的 SerializableResourceBundleMessageSource 对象（参考了 Roger Villars 的 bookapp-rest 应用，https://github.com/rvillars/bookapp-rest）。

这个自定义的 MessageSource 继承了 ReloadableResourceBundleMessageSource，可以用以下定义来生成这个 Bean：

```xml
<bean id="messageBundle" class="edu.zc.csm.core.i18n.
  SerializableResourceBundleMessageSource">
<property name="basenames" value="classpath:/METAINF/
  i18n/messages,classpath:/META-INF/i18n/errors"/>
  <property name="fileEncodings" value="UTF-8" />
  <property name="defaultEncoding" value="UTF-8" />
</bean>
```

在此明确指定了资源文件在 classpath 中的路径，这样可以避免在全局上下文中定义一个全局的 Bean。

```
<resources location="/, classpath:/META-INF/i18n" mapping="/resources/**"/>
```

注意，在 Spring MVC 中，国际化资源文件默认放在 /WEB-INF/i18n 目录中。

### 使用 LocaleResolver

在我们的应用中，要将区域设置切换为其他语言 / 地区，需要使用用户首选项界面，这意味着要通过某种方式把信息保存到数据库中。实际上 LocaleResolution 是在客户端操作的，通过异步方式从语言偏好中读取用户的数据并调用国际化信息。然而，某些应用可能想在服务

端操作 `LocaleResolution`。为此，需要注册一个 `LocaleResolver Bean`。

`LocaleResolver` 是 Spring 的一个接口（`org.springframework.web.servlet.LocaleResolver`）：

```
public interface LocaleResolver {
  Locale resolveLocale(HttpServletRequest request);
  void setLocale(HttpServletRequest request, HttpServletResponse
  response, Locale locale);
}
```

在 Spring MVC 4.0 以上版本中有四个具体的实现，下面分别介绍。

### AcceptHeaderLocaleResolver

`AcceptHeaderLocaleResolver` 使用 HTTP 请求中的 `Accept-Language` 头信息，它提取了第一个 Local 的值。这个值从操作系统配置中读取，一般由客户端的 Web 浏览器设置。

### FixedLocaleResolver

这个解析器固定返回一个带有可选时区的默认区域设置。默认的区域设置为当前的 JVM 默认 Locale 值。

### SessionLocaleResolver

当应用使用用户会话时，这个解析器是最适合的。它读取并设置一个会话属性，属性名仅供内部使用。

```
public static final String LOCALE_SESSION_ATTRIBUTE_NAME =
  SessionLocaleResolver.class.getName() + ".LOCALE";
```

默认情况下，根据默认的区域设置或者 `Accept-Language` 头信息的值来设置。会话也可以包含一个相关的时区属性。如果需要二选一，可以指定一个默认的时区。

在实际使用中，会创建一个额外的特定 Web 过滤器。

### CookieLocaleResolver

`CookieLocaleResolver` 是一个适合于本书这样的无状态应用的解析器，cookie 的名称可以通过 `cookieName` 属性来自定义。如果在内部定义的请求参数中没有找到区域设置信息，它会尝试读取 cookie 值，并回退读取 `Accept-Language` 头信息。

Cookie 可以包含一个分配的时区值，也可以指定一个默认的时区。

## 扩展

### 通过 angular-translate.js 在客户端进行翻译

在客户端，我们使用 `angular-translate.js` 进行翻译和切换用户区域设置。angular-translate.js 库非常全面易用。作为一个依赖，它非常有用。

这个产品提供的主要内容包括：

- 内容翻译（过滤器/指令）组件。
- 异步加载国际化数据。
- 使用 MessageFormat.js 提供多元化支持。
- 易于使用且可扩展。

**angular-translate** 简介如下图所示。

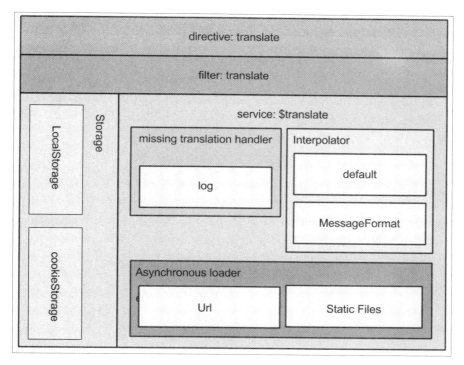

国际化资源可以从 API 端点下载（本书案例使用此方法），也可以从 Web 应用路径发布的静态资源文件中得到。这些特定区域设置的资源通过 LocalStorage 或者 cookie 保存到客户端。

存储的数据被赋给一个变量（在本书的案例中是 UrlLanguageStorage），该变量对于任何可能需要翻译功能的模块都是可访问或可注入的。

正如下面的示例所示，translate 指令可用于实际渲染翻译消息。

```
<span translate>i18n.key.message</span> or
<span translate=" i18n.key.message" >fallBack translation in
English (better for Google indexes) </span>
```

# Spring MVC 实战

或者，可以使用一个预定义的翻译过滤器来翻译 DOM 中的译文键，而不需要让每一个控制器或者服务知道它们：

```
{{data.type.type == 'BUY' ?
  'screen.stock.detail.transaction.bought' :
  'screen.stock.detail.transaction.sold' | translate}}
```

可以在 angular-translate 的文档中查阅到更多信息：

https://angular-translate.github.io

## 使用HTML5和AngularJS校验客户端表单

在前端和后端都对提交的数据进行校验是一个很好的实践。对于数据校验，改善用户体验，保证数据的完整性，两个不同的任务，面向不同的团队。

我们认为，前端验证已经取代了过去那种由后端管理的表单校验。在 API 与 Web 内容解耦的可扩展环境中，校验现在是由客户端界面负责。客户端界面可以是多个（甚至由第三方实现），例如网站、移动网站、手机应用等。

本节，我们将重点关注表单的数据校验，特别是 AngularJS 的表单数据校验。

### 实现

1. 再次查看 User Preferences 表单。这是一个 HTML 定义（useraccount.html）。

```
<form name="updateAccount" action="#"
  ngclass=" formSubmitted ? 'submitted':''">
  <fieldset>
    <div class="clearfix span">
      <label for="id" translate>
        screen.preference.field.username</label>
      <div class="input">
<input type="text" name="id" placeholder="Username"
  ngmodel="form.id" ng-minlength="4" ng-maxlength="15"
  readonly required/>
<span class="text-error" ng-show="formSubmitted &&
  updateAccount.id.$error.required" translate>
  error.webapp.user.account.username.required</span>
        </div>
<label for="email" translate>
  screen.preference.field.email</label>
      <div class="input">
<input type="email" name="email" placeholder="Email"
  ngmodel=" form.email"/>
<span class="text-error" ng-show="formSubmitted &&
```

## 7 开发CRUD操作与校验

```html
    updateAccount.email.$error" translate>error.webapp.user.account.
email</span>
        </div>
<label for="password" translate>
  screen.preference.field.password</label>
        <div class="input">
<input type="password" name="password" ng-minlength="5"
  placeholder="Please type again" ng-model="form.password" required/>
<span class="text-error" ng-show="formSubmitted &&
  updateAccount.password.$error.required" translate>
  error.webapp.user.account.password.type.again</span>
<span class="text-error" ng-show="formSubmitted &&
  updateAccount.password.$error.minlength" translate>
  error.webapp.user.account.password.too.short</span>
</div>
<label for="fullname" translate>
  screen.preference.field.full.name</label>
        <div class="input" >
<input type="text" name="fullname" placeholder="Full name"
  ng-model="form.fullname"/>
        </div>
<label for="currencySelector" translate>
  screen.preference.field.preferred.currency</label>
        <div class="input">
<select class="input-small" id="currencySelector"
  ngmodel="form.currency" ng-init="form.currency='USD'"
  ngselected="USD" ng-change="updateCredit()">
        <option>USD</option><option>GBP</option>
        <option>EUR</option><option>INR</option>
        <option>SGD</option><option>CNY</option>
        </select>
        </div>
<label for="currencySelector" translate>
  screen.preference.field.preferred.language</label>
        <div class="input">
        <div class="btn-group">
<button onclick="return false;" class="btn" tabindex="-1">
  <span class="lang-sm lang-lbl" lang="{{form.language |
  lowercase}}"></span></button>
<button class="btn dropdown-toggle" data-toggle="dropdown"
  tabindex="-1">
        <span class="caret"></span>
        </button>
        <ul class="dropdown-menu">
<li><a href="#" ng-click="setLanguage('EN')"><span
```

# Spring MVC 实战

```html
class="lang-sm lang-lbl-full" lang="en"></span></a></li>
<li><a href="#" ng-click="setLanguage('FR')"> <span
    class="lang-sm lang-lbl-full" lang="fr"></span></a></li>
        </ul>
      </div>
    </div>
  </div>
</fieldset>
</form>
```

2. account_management.js 包括了两个函数和四个变量，来控制表单数据校验及其样式。

```javascript
$scope.update = function () {
    $scope.formSubmitted = true;
    if(!$scope.updateAccount.$valid) {
      return;
    }
httpAuth.put('/api/users',
  JSON.stringify($scope.form)).success(
    function(data, status, headers, config) {
      httpAuth.setCredentials(
        $scope.form.id, $scope.form.password);
        $scope.updateSuccess = true;
        }).error(function(data,status,headers,config) {
          $scope.updateFail = true;
          $scope.updateSuccess = false;
$scope.serverErrorMessage =
  errorHandler.renderOnForms(data);
    });
};
    $scope.setLanguage = function(language) {
    $translate.use(language);
    $scope.form.language = language;
}

// 变量初始化
$scope.formSubmitted = false;
$scope.serverErrorMessage ="";
$scope.updateSuccess = false;
$scope.updateFail = false;
```

创建两个 CSS 类，用于渲染字段上的错误信息：

```css
.submitted  input.ng-invalid{
  border: 2px solid #b94a48;
  background-color: #EBD3D5;!important;
}
```

```
.submitted .input .text-error {
  font-weight:bold;
  padding-left:10px;
}
```

3. 如果试着输入一个错误的 e-mail，或者不输入密码，提交表单，可以看到下图所示的校验效果。

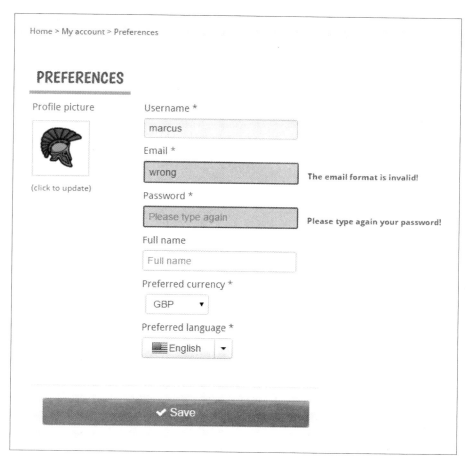

### 说明

AngularJS 提供了设置客户端表单校验工具。和 AngularJS 一样，这些工具能够与现代 HTML5 技术与标准很好地集成。

HTML5 表单提供了原生的数据校验，可以针对不同的表单元素（输入、选择……）通过标记和属性来设置基本的字段校验（字符长度限制、必填项……）。

AngularJS 完善和扩展了这些标准定义，让它们从一开始就具有交互性和响应性，没有任何开销。

### 校验约束

下面来看看可用于表单控件的校验选项。

#### 必填项

input 字段可以标记为 required（HTML5 标记）。

```
<input type="text" required />
```

#### 最小/最大长度

ng-minlength 指令用来断定输入的字符长度是否达到指定的阈值。

```
<input type="text" ng-minlength="3" />
```

同样，ng-maxlength 指令限制了输入字符的最大长度。

```
<input type="text" ng-maxlength="15" />
```

#### 正则表达式

ng-pattern 指令用来确保输入的数据符合预期的形式。

```
<input type="text" ng-pattern="[a-zA-Z]" />
```

#### 数字/电子邮件/URL

这些 HTML5 输入类型通过 AngularJS 来约束所填内容的格式。

```
<input type="number" name="quantity" ng-model="form.quantity" />
<input type="email" name="email" ng-model=" form.email" />
<input type="url" name="destination" ng-model=" form.url" />
```

### 在表单中控制变量

AngularJS 在 DOM 包含的 $scope 中发布属性来匹配表单状态，这使得 JavaScript 的表单校验非常便于控制错误和渲染状态。

这些属性可以通过以下结构来访问：

```
formName.inputFieldName.property
```

#### 已修改/未修改状态

可以使用下面的属性来评估是否已修改：

```
formName.inputFieldName.$pristine;
formName.inputFieldName.$dirty;
```

### 有效 / 无效状态

表单的有效状态可以通过定义字段或者全局的有效性来评估：

```
formName.inputFieldName.$valid;
formName.inputFieldName.$invalid;
formName.$valid;
formName.$invalid;
```

### 错误

在我们之前定义的有效性校验之后，有关错误的更多信息可以从 $error 属性中提取：

```
myForm.username.$error.pattern
myForm.username.$error.required
myForm.username.$error.minlength
```

$error 对象包括了特定表单的所有校验结果，并反映这些校验是否令人满意。

### 表单状态嵌入与样式

与 AngularJS 一样，范围内的嵌入信息通常会继续绑定到 DOM 状态上。因此，表单状态和控制状态是通过 CSS 类实时渲染的。这些 CSS 类可以直接定义或覆盖，所以全局校验样式可以这样定义：

```
input.ng-invalid {
  border: 1px solid red;
}
input.ng-valid {
  border: 1px solid green;
}
```

## 其他

- 关于 AngularJS 表单校验功能的更多信息（本节只是简单介绍），请查阅其官方文档：
  https://docs.angularjs.org/guide/forms

# 8

# 通过WebSocket与STOMP进行通信

本章涉及四个话题，均围绕 CloudStreet Market 应用展开。通过不断的改进，我们的应用将变得更具响应性和互动性。

本章主要内容：

- 通过基于 SockJS 的 STOMP 使社交事件流媒体化
- 使用 RabbitMQ 作为多协议消息代理
- 将任务放入 RabbitMQ 并通过 AMQP 消费任务
- 通过 Spring Session 和 Redis 保证消息的安全

## 引言

首先快速回顾一下前面几章已经掌握的内容：

- 如何初始化一个项目，如何通过一些标准来让代码库方便扩展并具有自适应性。这些标准来自一系列工具，例如 Maven 和 Java Persistence API。展示的标准也来自一系列常见的实践。以客户端为例，可以使用基于 Angular 的 MVC 模式和基于 Bootstrap 框架的 UI。
- 当面对现代挑战时，如何充分利用 Spring MVC。Spring MVC 一直被当成一个 Web MVC 框架（其中包括请求流、内容协商、视图解析、模型绑定、异常处理等），但同时也被视为 Spring 环境中的集成化 Spring 组件，一个能中继 Spring Security 认证或 Spring Social 抽象的集成框架。它还能服务于 Spring Data 的分页工具和一个非常具有竞争力的 HTTP 规范的实现。
- 如何设计这样一个微服务架构，能够实现先进的无状态以及 HyperMedia API，从而促

# 8 通过WebSocket与STOMP进行通信

进责任隔离（Segregation of Duties）。前端与后端的责任隔离，以及根据功能的不同将组件也分割（横向扩展）为单独的 Web 文档（.war）。

本章重点介绍新兴的 WebSocket 技术，并为我们的应用构建一个**面向消息的中间件**（Messaging-oriented-middleware，MOM）。在本章的示例项目中，少有地实现了很多 Spring 中关于 WebSocket 的细节，从默认的、嵌入的 WebSocket 消息代理的使用，到全功能的 RabbitMQ 消息代理（使用 STOMP 协议和 AMQP 协议）。我们将了解如何将消息广播到多个客户端，以及如何推迟耗时任务的执行，同时提供良好的伸缩性。

本章将出现一个新的 Java 项目，它专注于 WebSocket，需要访问常见的数据库服务器。同时，为了更好模拟真实环境，我们将用 MySQL 服务器替换 HSQLDB。

我们将看到如何动态地创建私有队列，以及如何获取已认证的客户端，如何从这些私有队列收发消息。这些都会介绍，以便在我们的应用中实现真实的特性。

为了实现 WebSocket 认证和消息的认证，我们将把 API 做成有状态的（Stateful）。一旦有状态，就意味着 API 会使用 HTTP 会话（Session）在不同的请求中保持用户的认证状态。有了 Spring Session 的支持和高度集群化的 Redis Server，会话会在多个 Web 应用中共享。

## 通过基于SockJS的STOMP使社交事件流媒体化

本节中，我们将使用基于 SockJS 的 STOMP 广播用户的活动（事件）。SockJS 提供 WebSocket 的定制化实现。

### 准备

首先要做好一些配置工作，特别是 Apache HTTP 代理的相关配置。然后，通过客户端的 SockJS 和 AngularJS 来初始化 WebSocket。

我们的 WebSocket 将订阅一个主题（Topic），该主题用于广播，在 `cloudstreetmarket-api` 模块中通过 Spring 发布。

### 实现

1. 在 Eclipse 的 **Git** 视图中，检出 v8.1.x 分支的最新代码。
2. 在 `zipcloud-parent` 项目上运行 Maven clean 和 Maven install 命令（右击项目，在弹出菜单中选择 **Run as...** | **Maven Clean** 命令，然后选择 **Run as...** | **Maven Install** 命令）。接下来，通过 **Maven** | **Update Project** 菜单项使 Eclipse 与 Maven 的配置同步（右击项目，在弹出菜单中单击 **Maven** | **Update Project** 命令）。
3. 类似的，在 `cloudstreetmarket-parent` 项目上运行 **Maven clean** 和 **Maven install** 命

令，然后执行 **Maven | Update Project** 命令（目的是更新 `cloudstreetmarket-parent` 项目的所有模块）。

## Apache HTTP Proxy 配置

1. 在 Apache 的 `httpd.conf` 文件中，修改 `VirtualHost` 的定义。

   ```
   <VirtualHost cloudstreetmarket.com:80>
     ProxyPass           /portal http://localhost:8080/portal
     ProxyPassReverse    /portal http://localhost:8080/portal
     ProxyPass           /api    http://localhost:8080/api
     ProxyPassReverse    /api    http://localhost:8080/api
     RewriteEngine on
     RewriteCond %{HTTP:UPGRADE} ^WebSocket$ [NC]
     RewriteCond %{HTTP:CONNECTION} ^Upgrade$ [NC]
     RewriteRule .* ws://localhost:8080%{REQUEST_URI} [P]
     RedirectMatch ^/$ /portal/index
   </VirtualHost>
   ```

2. 还是在 `httpd.conf` 文件中，取消下面这行代码的注释。

   ```
   LoadModule proxy_wstunnel_module
     modules/mod_proxy_wstunnel.so
   ```

## 前端

1. 在 `index.jsp` 文件（cloudstreetmarket-webapp 模块）中，导入两个 JavaScript 文件。

   ```
   <script src="js/util/sockjs-1.0.2.min.js"></script>
   <script src="js/util/stomp-2.3.3.js"></script>
   ```

   这两个文件是从本地复制的，但是，原始文件可以在线上找到：

   https://cdnjs.cloudflare.com/ajax/libs/sockjsclient/1.0.2/sockjs.min.js

   https://cdnjs.cloudflare.com/ajax/libs/stomp.js/2.3.3/stomp.js

2. 在本节中，客户端的所有修改都与文件 `src/main/webapp/js/home/home_community_activity.js`（在登录页驱动用户活动的 feed）有关。该文件和模板 `/src/main/webapp/html/home.html` 有关系。

3. 以下代码作为 `homeCommunityActivityController` 的 `init()` 函数的一部分被添加进来。

   ```
   cloudStreetMarketApp.controller('homeCommunityActivityController',
     function ($scope, $rootScope, httpAuth,
     modalService, communityFactory, genericAPIFactory, $filter){
   ```

```
    var $this = this,
    socket = new SockJS('/api/users/feed/add'),
    stompClient = Stomp.over(socket);
    pageNumber = 0;
    $scope.communityActivities = {};
    $scope.pageSize=10;
    $scope.init = function () {
      $scope.loadMore();
      socket.onclose = function() {
        stompClient.disconnect();
      };
      stompClient.connect({}, function(frame) {
      stompClient.subscribe('/topic/actions',
        function(message){
        var newActivity =
            $this.prepareActivity(
            JSON.parse(message.body)
          );
          $this.addAsyncActivityToFeed(newActivity);
          $scope.$apply();
      });
      });
    ...
    }
...
```

4. 当到达滚动条的底部时，`loadMore()` 函数会被调用以抓取新的活动。然而现在，因为新的活动可以异步插入，变量 `communityActivities` 不再是一个数组，而变成一个以活动 ID 为键的映射对象。如此一来，我们可以将同步结果与异步结果合并起来。

```
$scope.loadMore = function () {
  communityFactory.getUsersActivity(pageNumber,
    $scope.pageSize).then(function(response) {
    var usersData = response.data,
    status = response.status,
    headers = response.headers,
    config = response.config;
    $this.handleHeaders(headers);
    if(usersData.content){
      if(usersData.content.length > 0){
        pageNumber++;
      }
      $this.addActivitiesToFeed(usersData.content);
    }
  });
};
```

5. 如前所述（从本书第 4 章开始），我们遍历社区活动对象来构建活动的源（Feed）。现在每个活动对象都包含"赞"和"评论"。目前，如果用户通过了校验，他 / 她就能看到"赞"的数量，如下图所示。

6. 绑定了"点赞"图标的 AngularJS HTML 如下。

```
<span ng-if="userAuthenticated() && value.amountOfLikes == 0">
<img ng-src="{{image}}" class="like-img"
  ng-init="image='img/iconfinder/1441189591_1_like.png'"
  ng-mouseover="image='img/iconfinder/1441188631_4_like.png'"
  ng-mouseleave="image='img/iconfinder/1441189591_1_like.png'"
  ng-click="like(value.id)"/>
</span>
```

7. 在控制器中，`like()` 函数支持该 DOM 元素来创建一个新的指向原活动的"赞"。

```
$scope.like = function (targetActionId){
  var likeAction = {
    id: null,
    type: 'LIKE',
    date: null,
    targetActionId: targetActionId,
    userId: httpAuth.getLoggedInUser()
  };
  genericAPIFactory.post("/api/actions/likes",
    likeAction);
}
```

8. 相反的逻辑可用于实现对一个活动表达"不喜欢"。

### 后端

1. 在 cloudstreetmarket-api 模块中添加如下 Maven 依赖。

```
<dependency>
    <groupId>org.springframework</groupId>
    <artifactId>spring-websocket</artifactId>
    <version>${spring.version}</version>
</dependency>
<dependency>
    <groupId>org.springframework</groupId>
```

```xml
    <artifactId>spring-messaging</artifactId>
    <version>${spring.version}</version>
</dependency>
```

2. 在 web.xml 文件（来自 cloudstreetmarket-api）中，将以下属性添加到我们的 Servlet 及每个过滤器。

```xml
<async-supported>true</async-supported>
```

3. 创建如下专用配置 Bean。

```java
@Configuration
@ComponentScan("edu.zipcloud.cloudstreetmarket.api")
@EnableWebSocketMessageBroker
public class WebSocketConfig extends
  AbstractWebSocketMessageBrokerConfigurer {

    @Override
    public void registerStompEndpoints(final
      StompEndpointRegistry registry) {
        registry.addEndpoint("/users/feed/add")
            .withSockJS();
    }
    @Override
    public void configureMessageBroker(final
      MessageBrokerRegistry registry) {
       registry.setApplicationDestinationPrefixes("/app");
        registry.enableSimpleBroker("/topic");
    }
}
```

新建了一个控制器 ActivityFeedWSController，如下所示。

```java
@RestController
public class ActivityFeedWSController extends
  CloudstreetApiWCI{
    @MessageMapping("/users/feed/add")
    @SendTo("/topic/actions")
    public UserActivityDTO handle(UserActivityDTO message)
      throws Exception{
        return message;
    }
    @RequestMapping(value="/users/feed/info", method=GET)
    public String infoWS(){
        return "v0";
    }
}
```

# Spring MVC 实战

4. 作为 Spring 配置，将如下 Bean 加入 dispatcher-servlet.xml。

```xml
<bean
    class="org.sfw.web.socket.server.support.OriginHandshake
      Interceptor">
    <property name="allowedOrigins">
      <list>
        <value>http://cloudstreetmarket.com</value>
      </list>
    property>
</bean>
```

在 security-config.xml 中，如下配置已添加到 http Spring Security 命名空间中。

```xml
<security:http create-session="stateless"
    entry-point-ref="authenticationEntryPoint"
    authentication-manager-ref="authenticationManager">
...
<security:headers>
  <security:frame-options policy="SAMEORIGIN"/>
</security:headers>
...
</security:http>
```

现在看一下事件是如何产生的。

1. 当一个金融交易产生时，会向 /topic/actions 这个主题发送消息，在 TransactionController 中完成。

```java
@RestController
@ExposesResourceFor(Transaction.class)
@RequestMapping(value=ACTIONS_PATH + TRANSACTIONS_PATH,
    produces={"application/xml", "application/json"})
public class TransactionController extends
    CloudstreetApiWCI<Transaction> {
    @Autowired
    private SimpMessagingTemplate messagingTemplate;
    @RequestMapping(method=POST)
    @ResponseStatus(HttpStatus.CREATED)
    public TransactionResource post(@Valid @RequestBody
    Transaction transaction, HttpServletResponse response,
    BindingResult result) {
        ...
      messagingTemplate.convertAndSend("/topic/actions", new
         UserActivityDTO(transaction));
        ...
    }
}
```

与之类似,当一个"赞"行为产生时,也会有消息发送到 `LikeActionController` 中的 `/topic/actions` 主题。

```
@RequestMapping(method=POST)
@ResponseStatus(HttpStatus.CREATED)
public LikeActionResource post(@RequestBody LikeAction
   likeAction, HttpServletResponse response) {
   ...
     likeAction = likeActionService.create(likeAction);
   messagingTemplate.convertAndSend("/topic/actions", new
     UserActivityDTO(likeAction));
   ...
}
```

2. 现在启动 Tomcat 服务器。使用 Yahoo! 账号通过 Yahoo! Oauth2 登录到应用中(如果没有账号,请先创建一个)。为 `Cloudstreet Market` 应用注册一个新用户。

3. 在浏览器中,作为已登录用户打开两个不同的标签页(Tab),保持其中一个停留在着陆页(Landing Page)。

4. 在另一个标签页中,切换到 **Price and market | All prices search**。搜索一只股票,比如 Facebook,买下 3 股。

5. 收到信息提示,如下图所示。

然后查看第一个标签页(没有进行操作的那个),如下图所示。

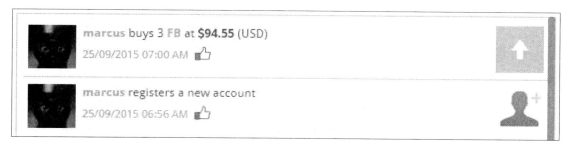

可以看到,活动摘要显示收到一条新消息。

6. 同时,在控制台里会看到下图所示的日志信息。

```
<<< MESSAGE                                              stomp-2.3.3.js:134
destination:/topic/actions
content-type:application/json;charset=UTF-8
subscription:sub-0
message-id:1vjczj1k-2
content-length:396

{"userName":"marcus","urlProfilePicture":"../api/images/users/80a106da-7deb-4ff8-bbfb-
782504737ed2.jpg","date":"25/09/2015 07:00
AM","id":2,"amountOfLikes":0,"amountOfComments":0,"authorOfLikes":{},"authorOfComments":
[],"valueShortId":"FB","amount":3,"price":94.55,"currency":"USD","targetActionId":null,"comment
":null,"userAction":{"presentTense":"webapp.action.feeds.action.buys","type":"BUY"}}
>
```

7. 同样，"赞"事件也是实时刷新的，如下图所示。

### 说明

下面将介绍一些关于 WebSocket，TOMP 和 SockJS 的一般概念，然后介绍 Spring-WebSocket 支持工具。

### WebSocket 简介

WebSocket 是一种基于 TCP 协议的全双工（Full-duplex）通信协议。全双工通信系统允许双方通过一个双向的信道同时进行"说"和"听"。打电话可能是全双工系统的最佳实例。对于那些需要利用新的 HTTP 连接引起的开销的应用，这种技术尤其有用。从 2011 年开始，WebSocket 协议就是一种互联网标准（https://tools.ietf.org/html/rfc6455）。

#### WebSocket 生命周期

在 WebSocket 连接建立之前，客户端发起一个到服务端的"握手"HTTP。"握手"请求还代表协议升级请求（从 HTTP 到 WebSocket），通过 Upgrade 头信息来表现。服务端使用同样的 Upgrade 头信息（以及相应值）确认此升级。除了这个 Upgrade 头信息，出于预防"缓存代理"攻击目的，客户端还会发送采用 base-64 编码的随机密钥。为此，服务端在 Sec-Web-Socket-Accept 头信息中发回该密钥的哈希值。

下图演示了应用中发生的一次"握手"。

# 8 通过WebSocket与STOMP进行通信

该协议的生命周期可用如下的序列图加以总结。

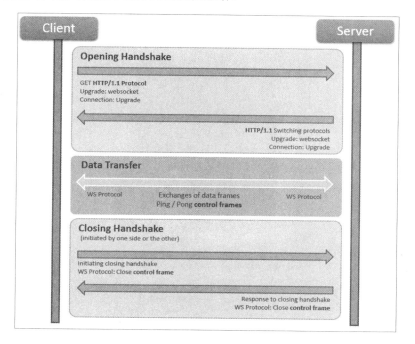

### 两个专用 URI 模式

WebSocket 协议定义了两种 URL 模式（Scheme），分别是 `ws://` 和 `wss:///`，后者允许加密连接。

### STOMP 协议

STOMP，即简单文本定向消息协议（Simple Text Oriented Messaging Protocol）。该协议提供一种基于帧的互操作格式，允许 STOMP 客户端与 STOMP 消息代理进行通信。这是一种消息传递协议，它需要且信任在更高级别上的现有双向流式网络协议。WebSocket 提供基于帧的数据传输，而且 WebSocket 帧实际上可以是 STOMP 格式的帧。

下面是一个 STOMP 帧示例。

```
CONNECTED
session:session-4F_y4UhJTEjabe0LfFH2kg
heart-beat:10000,10000
server:RabbitMQ/3.2.4
version:1.1
user-name:marcus
```

帧的结构如下图所示。

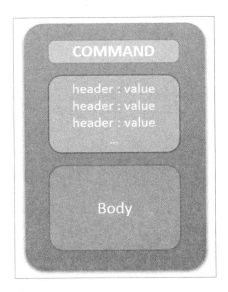

STOMP 协议规范定义了一组客户端命令（SEND, SUBSCRIBE, UNSUBSCRIBE, BEGIN, COMMIT, ABORT, ACK, NACK, DISCONNECT, CONNECT 和 STOMP）和服务端命令（CONNECTED, MESSAGE, RECEIPT 和 ERROR）。

只有 SEND, MESSAGE 和 ERROR 帧具有主体。访问如下网址可以查看协议规范：

```
http://stomp.github.io/stomp-specification-1.2.html
```

在客户端，我们已通过 stomp.js 文件使用了 JavaScript 库 STOMP Over WebSocket。该库将 STOMP 格式的帧映射到 WebSocket 帧。默认情况下，它会在 Web 浏览器中查找这个 WebSocket 类，以便让 STOMP 客户端创建 WebSocket。

这个库基于自定义的 WebSocket 实现创建 STOMP 客户端。通过 SockJS WebSocket，我们可以创建 STOMP 客户端，如下所示。

```
var socket = new SockJS('/app/users/feed/add');
var stompClient = Stomp.over(socket);
    stompClient.connect({}, function(frame) {
...
});
socket.onclose = function() {
stompClient.disconnect();
};
```

### SockJS

目前几乎所有浏览器都支持 WebSocket。然而，我们并不能掌控客户使用的浏览器版本。很多情况下，让 7%~15% 的受众远离这项技术不是一个好的选择。

在客户端，SockJS 提供一个自定义的实现，该实现可以看成是浏览器本地的 WebSocket 实现的装饰器（Decorator）。通过一个简单易用的库，SockJS 确保了浏览器兼容性。通过一系列回退传输选项（xhr-streaming, xdr-streaming, iframe-eventsource, iframe-htmlfile, xhr- polling 等），它尽可能地模拟了 WebSocket。

为了匹配客户端的回退行为，对于服务端实现，SockJS 也定义了自己的协议：

```
http://sockjs.github.io/sockjs-protocol/sockjs-protocol-0.3.3.html
```

### Spring 对 WebSocket 的支持

根据 Java WebSocket API 规范（JSR-356），Spring 4 以上版本提供了一种解决方案，打包在 spring-websocket 和 spring-messaging 模块中。但是，Spring 不止提供了 JSR-356 一个实现。例如：

- 没有使用消息协议的 WebSocket 过于低级，以至于不能在无自定义处理框架的应用中使用：Spring 团队提供并支持消息协议实现（STOMP）。
- 并非所有浏览器都支持 WebSocket：Spring 通过实现 SockJS 协议提供了对 WebSocket 的回退支持。

#### 集成化配置

我们已经开启了 WebSocket 引擎，并通过唯一的配置 Bean——WebSocketConfig 为其配置

SockJS 和 STOMP。

```
@Configuration
@ComponentScan("edu.zipcloud.cloudstreetmarket.api")
@EnableWebSocketMessageBroker
public class WebSocketConfig extends
AbstractWebSocketMessageBrokerConfigurer {
  @Override
  public void registerStompEndpoints(final
     StompEndpointRegistry registry) {
       registry.addEndpoint("/users/feed/add")
       .withSockJS();
  }

  @Override
  public void configureMessageBroker(final
    MessageBrokerRegistry registry) {
       registry.setApplicationDestinationPrefixes("/app");
       registry.enableSimpleBroker("/topic");
  }
}
```

我们为上下文路径 /users/feed/add 定义了 WebSocket 末端。它与客户端匹配，定义的 SockJS 客户端构造函数参数如下：

```
var socket = new SockJS('/api/users/feed/add');
```

对于末端（clientInboundChannel），WebSocket 引擎需要选择将消息路由到何处。此时有两个选择，取决于场景和我们想要做什么，可以选择应用内的消费者（消息处理程序）或直接路由到消息代理以便将消息分发给订阅消息的客户端。

这两种处理可以通过定义两个不同的目的地前缀来配置。在我们的案例中，决定使用 /app 前缀将消息路由到应用中相应的消息处理程序，使用 /topic 前缀标识那些已经准备好分发给客户端的消息。

现在看一下消息处理程序是如何定义的以及如何使用它们。

### 用 @MessageMapping 注解定义消息处理程序

@MessageMapping 注解用来将 Spring MVC 控制器中的方法标记为消息处理程序方法。从 clientInboundChannel 中将要被路由到消息处理程序的消息出发，WebSocket 引擎根据配置的值确定对应的 @MessageMapping 方法。

通常，在 Spring MVC 中，该值使用 Ant 风格定义（例如 /targets/**）。然而，与 @RequestParam 和 @PathVariable 注解一样，也可以在方法的参数中使用 @DestinationVariable 注解传递模板变量（目标模板这样定义：/targets/{target}）。

### 发送准备分发的消息

消息代理必须提前配置好。在本节的案例中，使用一个在 `MessageBrokerRegistry` 中启动的简单消息代理（simpMessageBroker）。这种常驻内存（in-memory）的代理适合在不需要外部代理（RabbitMQ 和 ActiveMQ 等）的情况下将 STOMP 消息压栈。当出现需要发给 WebSocket 客户端的消息时，这些消息将被发送到 `clientOutboundChannel`。

我们已经看到，如果消息目的地前缀为 /topic（就像本案例中的情况），消息将被直接发送到消息代理。但是，如何从消息处理程序或者后端代码的其他地方发送要分发的消息？可以使用下一节中介绍的 `SimpMessagingTemplate`。

### SimpMessagingTemplate

我们在 CSMReceiver 中自动装配了一个 `SimpMessagingTemplate`，并将在之后用它把 AMQP 消息的负载转发给 WebSocket 客户端。

`SimpMessagingTemplate` 和 Spring 中的 `JmsTemplate`（如果你熟悉它的话）具有相同的作用，但是它适用于简单的消息协议（例如 STOMP）。

一个易用的、继承而来的方法是 `convertAndSend` 方法，它尝试标识并使用 `MessageConverter` 序列化一个对象，并在发送消息到指定的目的地之前将对象放入消息中。

`simpMessagingTemplate.convertAndSend(String destination, Object message);`

该思想是以某个已识别的目的地（在本案例中以 /topic 为前缀）作为消息代理。

### @SendTo 注解

该注解让我们不必显式地使用 `SimpMessagingTemplate`，目的地可以作为注解的值来指定。处理负载到消息的转化也会使用这种方式。

```
@RestController
public class ActivityFeedWSController extends CloudstreetApiWCI{

  @MessageMapping("/users/feed/add")
  @SendTo("/topic/actions")
  public UserActivityDTO handle(UserActivityDTO payload) throws
    Exception{
       return payload;
  }
}
```

### 扩展

这里列出一些关于 SockJS 回退选项的其他信息源。

如前所述，Spring 提供一个 SockJS 实现，我们可以很容易地在注册 StompEndPoint 时通过 withSockJS() 函数配置在 Spring 中配置 SockJS。这部分配置告知 Spring 在末端（Endpoint）激活 SockJS 回退选项。

SockJS 向服务端发起的第一个调用是对末端路径的 HTTP 请求，该路径与 /info 拼接起来用于测试服务端的配置。如果这个 HTTP 请求没有成功，将不再尝试其他请求（甚至包括 WebSocket）。

如果想了解 SockJS 如何向服务端请求一个合适的回退选项，可以阅读更多 Spring 参考文档：

http://docs.spring.io/spring/docs/current/spring-framework-reference/html/websocket.html#websocket-server-handshake

### 其他

- 可以在如下网址查阅规范文档，以便详细了解 spring-websocket 所遵循的 WebSocket Java API 规范。

    https://jcp.org/en/jsr/detail?id=356

## 使用RabbitMQ作为多协议消息代理

安装和使用外部 RabbitMQ 作为全功能的消息代理，可实现更多新的技术机会和一个与生产环境类似的基础设施。

### 准备

在本节中，我们将 RabbitMQ 作为一个独立的服务器来安装并配置，使其支持 STOMP 消息。我们还将升级 WebSocket 的 Spring 配置，使其依赖全功能的消息代理（译者注：即 RabbitMQ 消息代理），而不是内部的简单消息代理。

### 实现

1. 在 Eclipse 的 Git 视图中检出 v8.2.x 分支。
2. 添加了两个 Java 新项目，它们是必须导入的。在 Eclipse 中，选择 File | Import... 菜单项。
3. 在启动的 Import 向导中选择一种项目类型。展开 Maven 类别，选择 Existing Maven Projects 选项，然后单击 Next 按钮。
4. 打开 Import Maven Project 向导。设置项目的根目录（例如 <home-directory>/workspace）。
5. 选中 cloudstreetmarket-shared/pom.xml 和 cloudstreetmarket-websocket/pom.xml 文

件，如下图所示。

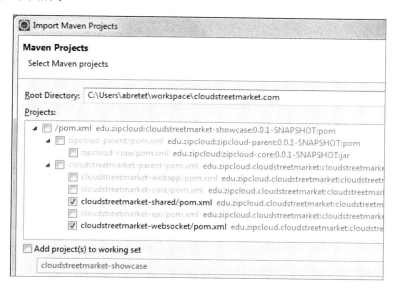

6. 此时，cloudstreetmarket-shared 和 cloudstreetmarket-websocket 两个项目必须出现在项目的树形结构中。

7. 在 Web 模块上指定运行时环境。在 Eclipse 中，右击 **cloudstreetmarket-websocket** 项目，选择 **Properties** 菜单项，在导航面板中选择 **Targeted Runtime**，在中间的窗格中勾选 **Apache Tomcat v8.0** 复选项。

8. 在 /app 目录中，cloudstreetmarket.properties 文件已被更新，反映了 <home-directory>/app/cloudstreetmarket.properties 文件中的更改。

9. 在 zipcloud-parent 和 cloudstreetmarket-parent 中先后运行 Maven clean 和 Maven install 命令，然后在所有模块上执行 **Maven | Update Project** 命令。

10. 为了按照计划的方式运行 RabbitMQ，需要下载并将其作为独立的产品安装。

11. 根据不同计算机的配置情况，下一步操作是不同的。建议参阅 RabbitMQ 的安装指南：https://www.rabbitmq.com/download.html。

 如果使用的是 Windows 系统，需要下载和安装 Erlang（http://www.erlang.org/download.html）。

12. 安装完成后，启动 RabbitMQ，打开习惯使用的浏览器，访问 http://localhost:15672，检查 RabbitMQ 是否作为 Web 控制台运行，如下图所示。

# Spring MVC 实战

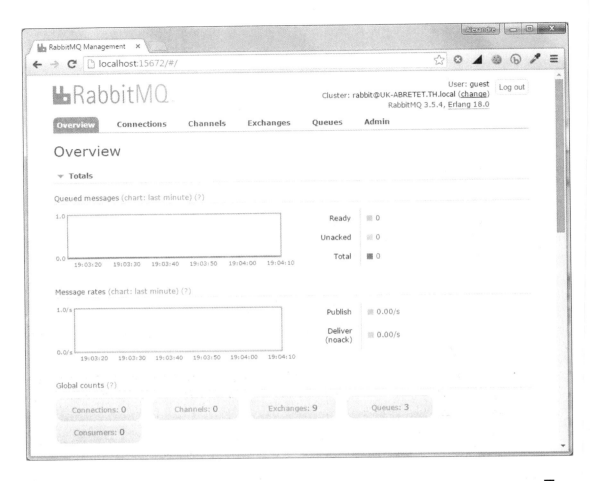

 后面会回到这里来设置 RabbitMQ。暂且记住，此控制台可用于监控消息、管理连接、队列和主题等。

13. 激活 RabbitMQ STOMP 插件。在 rabbitmq_server-x.x.x\sbin 目录中执行如下命令：

    rabbitmq-plugins enable rabbitmq_stomp

14. 添加以下 Maven 依赖。

    ```
    <dependency>
      <groupId>org.springframework.amqp</groupId>
      <artifactId>spring-rabbit</artifactId>
      <version>1.4.0.RELEASE</version>
    </dependency>
    <dependency>
    ```

```xml
    <groupId>io.projectreactor</groupId>
    <artifactId>reactor-core</artifactId>
    <version>2.0.5.RELEASE</version>
</dependency>
<dependency>
    <groupId>io.projectreactor</groupId>
    <artifactId>reactor-net</artifactId>
    <version>2.0.5.RELEASE</version>
</dependency>
<dependency>
    <groupId>io.projectreactor.spring</groupId>
    <artifactId>reactor-spring-context</artifactId>
    <version>2.0.5.RELEASE</version>
</dependency>
<dependency>
    <groupId>io.netty</groupId>
    <artifactId>netty-all</artifactId>
    <version>4.0.31.Final</version>
</dependency>
```

15. 在 cloudstreetmarket-api 模块的 dispatcher-servlet.xml 文件中,添加如下使用 rabbit 命名空间的 Bean。

```xml
<beans xmlns="http://www.sfw.org/schema/beans"
    xmlns:xsi="http://www.w3.org/2001/XMLSchema-instance"
    ...
    xmlns:rabbit="http://www.sfw.org/schema/rabbit"
    xsi:schemaLocation="http://www.sfw.org/schema/beans
    ...
    http://www.sfw.org/schema/rabbit
    http://www.sfw.org/schema/rabbit/spring-rabbit-1.5.xsd">
    ...
    <rabbit:connection-factory id="connectionFactory"
        host="localhost" username="guest" password="guest" />
    <rabbit:admin connection-factory="connectionFactory" />
    <rabbit:template id="messagingTemplate" connectionfactory="
        connectionFactory"/>
</beans>
```

16. 在 csmcore-config.xml(cloudstreet-core 模块中)文件中,添加以下带有 task 命名空间的 Bean。

```xml
<beans xmlns="http://www.sfw.org/schema/beans"
    xmlns:xsi="http://www.w3.org/2001/XMLSchema-instance"
    ...
    xmlns:task=http://www.sfw.org/schema/task
    http://www.sfw.org/schema/task/spring-task-4.0.xsd">
```

```
    ...
    <task:annotation-driven scheduler="wsScheduler"/>
    <task:scheduler id="wsScheduler" pool-size="1000"/>
    <task:executor id="taskExecutor"/>
</beans>
```

17. 继续进行 Spring 配置，在 AnnotationConfigbean（cloudstreetmarket-api 的主要配置 Bean）中添加如下两个注解。

```
@EnableRabbit
@EnableAsync
public class AnnotationConfig {
    ...
}
```

18. 最后，更新 WebSocketConfig，特别是消息代理注册相关的配置。现在使用 StompBrokerRelay，而不是简单的代理。

```
@Configuration
@ComponentScan("edu.zipcloud.cloudstreetmarket.api")
@EnableWebSocketMessageBroker
@EnableScheduling
@EnableAsync
public class WebSocketConfig extends
  AbstractWebSocketMessageBrokerConfigurer {
...
    @Override
    public void configureMessageBroker(final
      MessageBrokerRegistry registry) {
        registry.setApplicationDestinationPrefixes(
          WEBAPP_PREFIX_PATH);
        registry.enableStompBrokerRelay(TOPIC_ROOT_PATH);
    }
}
```

配置完毕！使用 RabbitMQ 作为外部消息代理的所有工作都完成了。然而，如果想现在启动服务器，会要求安装 MySQL 和 Redis 服务器。关于这两个第三方系统将在下面两节中介绍。

## 说明

### 使用全功能消息代理

与使用简单的消息代理相比，使用 RabbitMQ 这样的全功能消息代理会带来不少好处。下面将简单讨论这些好处。

## 8 通过WebSocket与STOMP进行通信

**集群化 RabbitMQ**

RabbitMQ 代理由一个或多个 Erlang 节点构成，每个节点代表一个 RabbitMQ 实例，并且可以独立启动。节点之间可以通过 rabbitmqctl 命令关联起来。例如，rabbitmqctl join_cluster rabbit@rabbit.cloudstmarket.com 将把一个节点关联到现存的集群网络。RabbitMQ 节点之间通过 cookie 进行通信。如果想连接到同一个集群，两个节点必须拥有相同的 cookie。

**更多 STOMP 消息类型**

与简单的消息代理相比，全功能消息代理支持额外的 STOMP 帧命令。例如，前者并不支持 ACK 和 RECEIPT 这两个命令。

### StompMessageBrokerRelay

在前面的章节中，我们讨论了消息在 Spring WebSocket 引擎中传递的流程。如下图所示，切换到外部消息代理中继时，此流程不受任何影响。

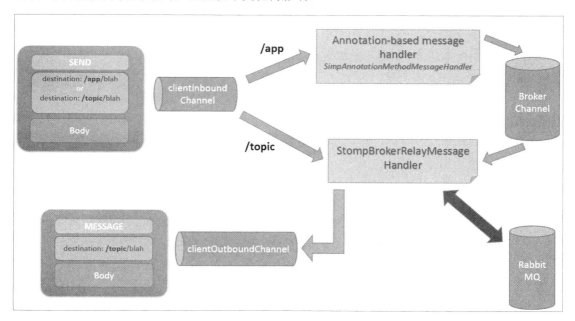

只有 RabbitMQ 外部消息代理显示为额外组件。BrokerMessageHandler（StompBrokerRelayMessageHandler）只作为一个代理，定位到后台的 RabbitMQ 节点。StompBrokerRelay 与其消息代理之间仅维护一个 TCP 连接。StompBrokerRelay 通过发送心跳消息（Heartbeat Message）来维护这个连接。

### 其他

- **RabbitMQ 指南和文档**：本节只是一个概述，Rabbit 的文档写得很全面，是个很好的信息来源。可以访问下面的 URL 查阅文档：

  http://www.rabbitmq.com/documentation.html
  http://www.rabbitmq.com/stomp.html

## 将任务放入RabbitMQ并通过AMQP消费任务

本节将展示如何实现**面向消息的中间件**（Message-oriented-Middleware，MoM）。在基于组件之间的异步通信的可伸缩性方面，这是一项非常流行的技术。

### 准备

前面已经介绍了两个新的 Java 项目 cloudstreetmarket-shared 和 cloudstreetmarket-websocket。WebSocket 现在已经从 cloudstreetmarket-api 分离出来，但是 cloudstreetmarket-websocket 和 cloudstreetmarket-api 之间仍然通过消息相互通信。

为了将辅助任务从请求线程中解耦出来（诸如产生事件的辅助任务），需要了解如何配置、使用 AMQP 消息模板和监听器。

### 实现

1. 在浏览器中打开 http://localhost:15672 页面，访问 Rabbit 的 Web 控制台。

>  如果不能访问 Web 控制台，请返回前面的章节查阅下载和安装指南。

2. 在 Web 控制台的 **Queue** 选项卡中，创建一个名为 AMQP_USER_ACTIVITY 的队列，该队列带有 **Durable** 和 **Auto-delete: "No"** 两个参数，如下图所示。

8　通过WebSocket与STOMP进行通信

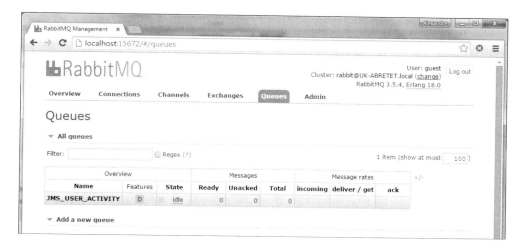

### 发送端

当请求 API 来执行诸如创建交易或"点赞"行为的操作，就生产了事件。

 通过微小的调整，我们现在使用 RabbitTemplate 而不是之前的 SimpMessageTemplate，目标是介于中间的 AMQP 队列而不是最终的 STOMP 客户端。

在 TransactionController 中，POST 请求的处理程序更新如下：

```
import org.springframework.amqp.rabbit.core.RabbitTemplate;
@RestController
public class TransactionController extends
  CloudstreetApiWCI<Transaction> {
  @Autowired
  private RabbitTemplate messagingTemplate;

  @RequestMapping(method=POST)
  @ResponseStatus(HttpStatus.CREATED)
  public TransactionResource post(@Valid @RequestBody Transaction
    transaction, HttpServletResponse response, BindingResult
      result) {
   ...
   messagingTemplate.convertAndSend("AMQP_USER_ACTIVITY",
     new UserActivityDTO(transaction));
   ...
   return resource;
  }
}
```

在 `LikeActionController` 中，POST 请求的处理程序更新如下：

```
import org.springframework.amqp.rabbit.core.RabbitTemplate;

@RestController
public class LikeActionController extends
  CloudstreetApiWCI<LikeAction> {
  @Autowired
  private RabbitTemplate messagingTemplate;
  @RequestMapping(method=POST)
  @ResponseStatus(HttpStatus.CREATED)
  public LikeActionResource post(@RequestBody LikeAction
    likeAction, HttpServletResponse response) {
  ...
   messagingTemplate.convertAndSend("AMQP_USER_ACTIVITY",
      new UserActivityDTO(likeAction));
   ...
   return resource;
   }
}
```

### 消费端

如前所述，`cloudstreetmarket-websocket` 模块现在监听 `AMQP_USER_ACTIVITY` 这个队列。

1. 必要的配置在 `dispatcher-servlet.xml`（`cloudstreetmarket-websocket`）中。在此，创建 `rabbitConnectionFactory` 和 `rabbitListenerContainerFactory` 两个 Bean。

   ```
   <rabbit:connection-factory id="rabbitConnectionFactory"
      username="guest" host="localhost" password="guest"/>
   <bean id="rabbitListenerContainerFactory"
      class="org.sfw.amqp.rabbit.config.SimpleRabbitListenerCo
        ntainerFactory">
      <property name="connectionFactory"
         ref="rabbitConnectionFactory"/>
      <property name="concurrentConsumers" value="3"/>
      <property name="maxConcurrentConsumers" value="10"/>
      <property name="prefetchCount" value="12"/>
   </bean>
   ```

2. 最后，创建如下名为 `CSMReceiver` 的监听器 Bean。

   ```
   @Component
   public class CSMReceiver {
      @Autowired
      private SimpMessagingTemplate simpMessagingTemplate;

      @RabbitListener(queues = "AMQP_USER_ACTIVITY_QUEUE")
   ```

# 8 通过WebSocket与STOMP进行通信

```
    public void handleMessage(UserActivityDTO payload) {
    simpMessagingTemplate.convertAndSend("/topic/actions",
      payload);
    }
}
```

 你可能认出了这里的 `SimpMessageTemplate`，它将到来的消息负载转发到最后的 STOMP 客户端。

3. 在 `cloudstreetmarket-websocket` 中，创建一个新的 `WebSocketConfig Bean`，它与 `cloudstreetmarket-api` 中的那个很类似。

## 客户端

客户端并不需要进行多少修改，因为目前仍专注于登录页（`home_community_activity.js`）。

主要的改动是 STOMP 端点现在定位于 `/ws` 上下文路径。WebSocket 在 5 秒延迟后通过 `init()` 函数初始化。同时，SockJS 套接字和 STOMP 客户端现在集中在全局变量中（使用 `Window` 对象），在用户导航过程中简化了 WebSocket 的生命周期。

```
var timer = $timeout( function(){
  window.socket = new SockJS('/ws/channels/users/broadcast');
  window.stompClient = Stomp.over(window.socket);
    window.socket.onclose = function() {
       window.stompClient.disconnect();
    };
  window.stompClient.connect({}, function(frame) {
    window.stompClient.subscribe('/topic/actions',
     function(message){
       var newActivity =
         $this.prepareActivity(JSON.parse(message.body));
       $this.addAsyncActivityToFeed(newActivity);
       $scope.$apply();
     });
  });
   $scope.$on(
    "$destroy",
      function( event ) {
        $timeout.cancel( timer );
        window.stompClient.disconnect();
      }
    );
          }, 5000);
```

> **说明**
>
> 这种类型的基础实施将应用程序的组件耦合在一起,但这是一种松散而可靠的耦合。

### 消息架构概览

在本节中,我们为应用实现了面向消息的中间件(MoM)。主要思想是尽可能从客户端请求(Client-Request)的生命周期中解耦进程。

为了让 REST API 专注于资源处理上,一些业务逻辑看起来已经是次要的了,例如。

- 通知社区有一个新用户注册了账号。
- 通知社区有一个用户进行了某种交易。
- 通知社区有一个用户"赞"了另一个用户。

我们决定创建一个新的 Web 应用专门处理 WebSocket。现在,我们的 API 通过发送消息与 ws 这个 Web 应用进行通信。

消息的有效内容是社区 `Action` 对象(继承自 `Action.java` 这个父类)。从 `cloudstreet-market-api` 这个 Web 应用到 `cloudstreetmarket-websocket` 这个 Web 应用,这些 `Action` 对象被序列化并包装进 AMQP 消息中。一旦发送出去,它们就被堆叠在一个单一的 RabbitMQ 队列(`AMQP_USER_ACTIVITY`)中。

发送方和接收方都实现了 AMQP(`RabbitTemplate` 和 `RabbitListener`)。现在,这个逻辑以 `websocket` 这个 Web 应用能够承受的速度进行处理,而且不影响用户体验。收到消息时(在 `cloudstreetmarket-websocket` 端),消息负载会作为 STOMP 消息被直接发送给 WebSocket 客户端。

此例中,对于性能的直接益处有待商榷。毕竟我们用额外的消息层推迟了次要事件的发布。然而,设计的清晰度和业务组件的分离所带来的益处是无价的。

### 可伸缩的模型

关于保持 Web 应用无状态,前面已经谈及很多。这也是本书处理 API 的方式,我们也一直引以为傲。

没有 HTTP 会话,在 `api` 或 `portal` 这两个 Web 应用中,将更容易针对流量激增(Traffic Surge)做出反应。没有多少困难,就能够在 Apache HTTP 代理及其 `mod_proxy_balancer` 模块之上为 HTTP 连接设置一个负载均衡器。

在 Apache HTTP 的文档中可以查阅更多相关内容:

`http://httpd.apache.org/docs/2.2/mod/mod_proxy_balancer.html`

# 8 通过WebSocket与STOMP进行通信

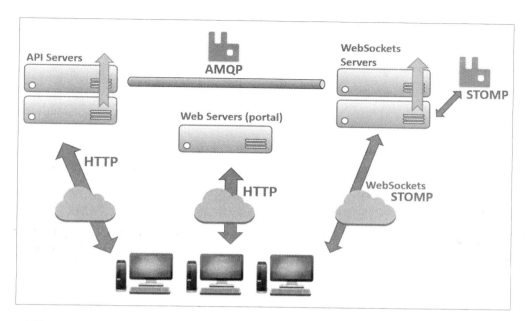

对于 WebSocket Web 应用，基本也是同样的无状态。在 Apache 的 HTTP 配置中，mod_proxy_wstunnel 在 WebSocket 之上处理负载均衡并提供应用的失效备援（Failover）。

### AMQP 还是 JMS？

高级消息队列协议（Advanced Message Queuing Protocol，AMQP）定义了**线路级**协议，并保证发送方和消费者之间的互操作性。任何遵守该协议的一方都可以创建和解释消息，进而与任何其他遵守该协议的组件进行互操作，而不用考虑底层的技术。

比较而言，JMS 是 Java EE 平台的一部分。根据 JSR-914，JMS 是一个 API 标准，用于定义如何创建、发送、接收和读取消息。JMS 并不支持线路级指引，也不保证各方之间的互操作性。

AMQP 控制着消息的格式和消息的流向，而 JMS 控制着边界（运算符）的技术实现。当我们针对潜在的复杂环境寻求通信的一致性时，对于 MoM 模型来说，AMQP 看起来是个更好的选择。

### 扩展

下面提供一些外部资源来扩展 AMQP 和事件发布方法方面的知识。

#### AMQ 介绍

如果想更好地理解 AMQP 以及与 JMS 的不同，可以查看 spring.io 网站上的这篇文章：
https://spring.io/understanding/AMQP

### 发布应用程序事件的更好方法

现在，我们并未实现发布事件的适当模式。下面这篇文章来自 spring.io 博客，介绍了用 Spring 4.2 以上版本发布事件的最佳实践。

```
https://spring.io/blog/2015/02/11/better-application-events-inspring-
framework-4-2
```

### 其他

- 通过 Arun Gupta（目前就职于 Red Hat）的这篇文章可以了解关于"负载均衡 WebSocket"这个话题的更多内容。

```
http://blog.arungupta.me/load-balance-websockets-apache-httpdtechtip48
```

## 通过 Spring Session 和 Redis 保证消息安全

总结一下，到目前为止，我们了解了在 Spring 生态环境中，如何将 STOMP 消息广播到 SockJS 客户端，如何将消息加入一个外部的多协议消息代理，以及如何与该代理（RabbitMQ）交互。

### 准备

本节将讨论专用队列，而不是消息主题（广播），这样用户就能实时收到关注的特定内容的更新。另外，本节也将展示 SockJS 客户端如何将数据发送到私有的队列中。

### 实现

#### 配置 Apache HTTP 代理

由于 v8.2.x 分支引入了 cloudstreetmarket-websocket 这个新 Web 应用，我们需要更新 Apache HTTP 代理配置以完全支持 WebSocket 实现。更改之后，现在的 VirtualHost（虚拟主机）定义如下：

```
<VirtualHost cloudstreetmarket.com:80>
    ProxyPass              /portal    http://localhost:8080/portal
    ProxyPassReverse       /portal    http://localhost:8080/portal
    ProxyPass              /api       http://localhost:8080/api
    ProxyPassReverse       /api       http://localhost:8080/api
    ProxyPass              /ws        http://localhost:8080/ws
    ProxyPassReverse       /ws        http://localhost:8080/ws
    RewriteEngine on
    RewriteCond %{HTTP:UPGRADE} ^WebSocket$ [NC]
    RewriteCond %{HTTP:CONNECTION} ^Upgrade$ [NC]
```

```
RewriteRule .* ws://localhost:8080%{REQUEST_URI} [P]
RedirectMatch ^/$ /portal/index
</VirtualHost>
```

## 安装 Redis 服务器

1. 如果使用基于 Linux 的机器，请访问 http://redis.io/download 下载 Redis 的最新稳定版（版本 3 以上）。要下载的归档文件的格式是 tar.gz。按照页面上的指引进行安装（解包，解压，使用 make 命令构建）。

   安装好之后，可以运行以下命令快速启动。

   ```
   $ src/redis-server
   ```

2. 如果使用的是基于 Windows 的机器，推荐这个代码库：https://github.com/ServiceStack/redis-windows。按照 READMEE.md 里面的指引，运行微软的 Redis 本地端口可以在不依赖任何第三方程序的情况下运行 Redis。

   可以通过以下命令快速启动 Redis 服务器。

   ```
   $ redis-server.exe redis.windows.conf
   ```

3. Redis 运行时，应该可以看到下图所示的欢迎界面。

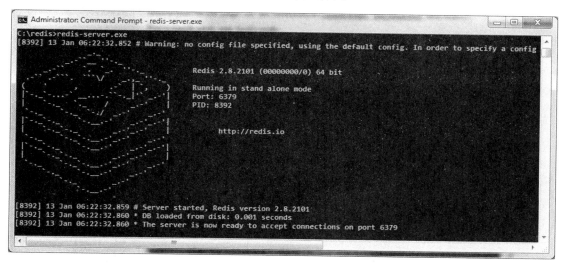

4. 在 Eclipse 里更新 Tomcat 的配置，以使用本地安装的 Tomcat。双击当前的服务器（Servers 选项卡），如下图所示。

5. 打开下图所示的配置面板。

![Tomcat v8.0 Server at localhost 配置面板]

确保选中 Use Tomcat Installation（本地安装的 Tomcat）单选按钮。

> 如果这个面板是灰色无效状态，请右击当前服务器，然后单击 Add,Remove... 菜单项从服务器中删除已经部署好的三个 Web 应用，接着再次右击服务器，然后单击 Publish 菜单项。

6. 现在，下载如下 jar 文件。
   - jedis-2.5.2.jar：一个小的 Redis Java 客户端库。
   - commons-pool2-2.2.jar：Apache 的通用对象池的库。

   可以从 http://central.maven.org/maven2/redis/clients/jedis/ 2.5.2/ jedis-2.5.2.jar 和 http://central.maven.org/maven2/org/apache/commons/commons-pool2/2.2/commons-pool2-2.2.jar 下载它们。

   也可以在 chapter_8/libs 目录中找到它们。

# 8 通过WebSocket与STOMP进行通信

7. 在 chapter_8/libs 目录里，还可以找到 tomcat-redis-session-manager-2.0-tomcat-8.jar 文件。将 tomcat-redis-session-manager-2.0-tomcat-8.jar、commons-pool2-2.2.jar 和 jedis-2.5.2.jar 这三个文件拷贝到 Eclipse 实际引用的 Tomcat lib 目录。如果已按照本书第 1 章的介绍进行了设置，这个目录应该是 C:\tomcat8\lib（Windows 系统）或 /home/usr/{system.username}/tomcat8/lib（Unix/Linux 系统）。

8. 现在，在工作空间中打开 Server 项目的 context.xml 文件，如下图所示。

9. 添加以下 Valve 配置。

```
<Valve asyncSupported="true"
className="edu.zipcloud.catalina.session.
RedisSessionHandlerValve"/>
<Manager
className="edu.zipcloud.catalina.session.RedisSessionManager"
      host="localhost"
      port="6379"
      database="0"
      maxInactiveInterval="60"/>
```

## 安装 MySQL 服务器

当创建 cloudstreetmarket-websocket 这个新 Web 应用时，我们将数据库引擎从 HSQLDB 切换到 MySQL。这样可以在 api 和 websocket 模块之间共享数据库。

1. 本节的第一步是从 http://dev.mysql.com/downloads/mysql... 下载 MySQL 社区版并安装。下载适合当前系统的 GA 发布版本。如果使用微软的 Windows 系统，推荐安装"安装器"（Installer）。

2. 可以参照 MySQL 团队给出的安装指南（http://dev.mysql.com/doc/refman/5.7/en/installing.html）进行设置。现在要为模式用户和数据库名称定义一个通用配置。

3. 创建一个 root 用户，并设置自定义的密码。

4. 创建一个技术用户（管理员角色）供应用使用。该用户需要被 csm-tech 调用，并且需要将密码设置为 csmDB1$55，如下图所示。

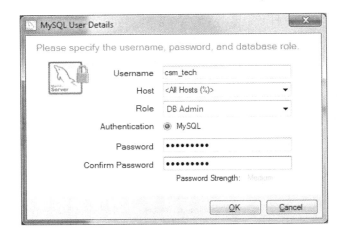

5. 启动 MySQL 的客户端（命令行工具）。
   - Windows 系统：在 MySQL 的安装目录 `\MySQL Server 5.6\bin\mysql.exe` 运行 `mysql.exe`。
   - Linux/Mac OS：在终端中运行 `mysql` 命令。

   在以上两种平台中，第一步是输入之前设置的 root 密码。

6. 使用 MySQL workbench 或 MySQL 的命令行客户端创建一个名为 csm 的数据库。

   **mysql> CREATE DATABASE csm;**

7. 选择 csm 数据库作为当前数据库。

   **mysql> USE csm;**

8. 在 Eclipse 中启动本地的 Tomcat 服务器。一旦启动过，可以再次关闭。这一步只是为了让 Hibernate 生成数据库的模式（Schema）。

9. 需要手动插入数据。请依次执行下列命令。

   **mysql> csm < <home-directory>\cloudstreetmarket-parent\
   cloudstreetmarket-core\src\main\resources\META-INF\db\currency_
   exchange.sql;**

   **mysql> csm < <home-directory>\cloudstreetmarket-parent\
   cloudstreetmarket-core\src\main\resources\META-INF\db\init.sql;**

   **mysql> csm < <home-directory>\cloudstreetmarket-parent\
   cloudstreetmarket-core\src\main\resources\META-INF\db\stocks.sql;**

   **mysql> csm < <home-directory>\cloudstreetmarket-parent\
   cloudstreetmarket-core\src\main\resources\META-INF\db\indices.sql;**

## 8 通过WebSocket与STOMP进行通信

### 应用级修改

1. 在 cloudstreetmarket-api 和 cloudstreemarket-websocket 中,加入以下过滤器。请将该过滤器置于 Spring Security 链的定义之前。

```xml
<filter>
  <filter-name>springSessionRepositoryFilter</filter-name>
  <filter-class>
  org.springframework.web.filter.DelegatingFilterProxy
  </filter-class>
  <async-supported>true</async-supported>
</filter>
<filter-mapping>
  <filter-name>springSessionRepositoryFilter</filter-name>
  <url-pattern>/*</url-pattern>
</filter-mapping>
```

2. 在 cloudstreetmarket-api 中加入以下几个 Maven 依赖。

```xml
<!-- Spring Session -->
<dependency>
  <groupId>org.springframework.session</groupId>
  <artifactId>spring-session</artifactId>
  <version>1.0.2.RELEASE</version>
</dependency>
<dependency>
  <groupId>org.apache.commons</groupId>
  <artifactId>commons-pool2</artifactId>
  <version>2.2</version>
</dependency>
<dependency>
  <groupId>org.springframework.session</groupId>
  <artifactId>spring-session-data-redis</artifactId>
  <version>1.0.2.RELEASE</version>
</dependency>
<!-- Spring Security -->
<dependency>
  <groupId>org.springframework.security</groupId>
  <artifactId>spring-security-messaging</artifactId>
  <version>4.0.2.RELEASE</version>
</dependency>
  <dependency>
    <groupId>commons-io</groupId>
    <artifactId>commons-io</artifactId>
    <version>2.4</version>
  </dependency>
```

3. 还是在 `cloudstreetmarket-api` 中，对 `security-config.xml` 进行如下修改，以反映 Spring Security 过滤器链的变化。

```xml
<security:http create-session="ifRequired"
   authentication-manager-ref="authenticationManager"
     entry-point-ref="authenticationEntryPoint">
 <security:custom-filter ref="basicAuthenticationFilter"
    after="BASIC_AUTH_FILTER" />
    <security:csrf disabled="true"/>
 <security:intercept-url pattern="/oauth2/**"
    access="permitAll"/>
 <security:intercept-url pattern="/basic.html"
    access="hasRole('ROLE_BASIC')"/>
 <security:intercept-url pattern="/**"
    access="permitAll"/>
 <security:session-management session-authenticationstrategy-
    ref="sas"/>
</security:http>
<bean id="sas"
   class="org.springframework.security.web.authentication.s
    ession.SessionFixationProtectionStrategy" />
```

4. 另外，还是这个 `security-config.xml`，以及 `cloudstreet-websocket` 中的 `security-config.xml` 现在又定义了如下三个额外 Bean。

```xml
<bean
   class="org.springframework.data.redis.connection.jedis.J
    edisConnectionFactory" p:port="6379"/>
<bean
   class="org.springframework.session.data.redis.config.ann
    otation.web.http.RedisHttpSessionConfiguration"/>
<bean
class="edu.zipcloud.cloudstreetmarket.core.util.RootPath
CookieHttpSessionStrategy"/>
```

5. 需要注意的是，`cloudstreetmarket-webapp` 不会创建会话。我们希望会话只能在 `cloudstreetmarket-api` 中创建，通过将以下配置添加到 `cloudstreetmarket-webapp` 中的 `web.xml` 文件来实现。

```xml
<session-config>
    <session-timeout>1</session-timeout>
    <cookie-config>
        <max-age>0</max-age>
    </cookie-config>
</session-config>
```

6. 关于 Spring Security，`cloudstreetmarket-websocket` 具有如下配置。

```xml
<bean id="securityContextPersistenceFilter"
  class="org.springframework.security.web.context.
  SecurityContextPersistenceFilter"/>
<security:http create-session="never"
authentication-manager-ref="authenticationManager" entrypoint-
  ref="authenticationEntryPoint">
    <security:custom-filter
      ref="securityContextPersistenceFilter"
      before="FORM_LOGIN_FILTER" />
    <security:csrf disabled="true"/>
    <security:intercept-url pattern="/channels/private/**"
      access="hasRole('OAUTH2')"/>
    <security:headers>
        <security:frame-options policy="SAMEORIGIN" />
    </security:headers>
</security:http>
<security:global-method-security securedannotations="
  enabled" pre-post-annotations="enabled"
  authentication-manager-ref="authenticationManager"/>
```

7. cloudstreetmarket-websocket 中如下两个配置相关的 Bean 完成了 XML 中同样的配置。edu.zipcloud.cloudstreetmarket.ws.config 包中的 WebSocketConfig Bean 定义如下：

```
@EnableScheduling
@EnableAsync
@EnableRabbit
@Configuration
@EnableWebSocketMessageBroker
public class WebSocketConfig extends AbstractSessionWebSocketMes
sageBrokerConfigurer<Expiring
 Session> {
  @Override
  protected void
  configureStompEndpoints(StompEndpointRegistry registry) {
        registry.addEndpoint("/channels/users/broadcast")
          .setAllowedOrigins(protocol.concat(realmName))
          .withSockJS()
          .setClientLibraryUrl(
           Constants.SOCKJS_CLIENT_LIB);

        registry.addEndpoint("/channels/private")
          .setAllowedOrigins(protocol.concat(realmName))
          .withSockJS()
          .setClientLibraryUrl(
         Constants.SOCKJS_CLIENT_LIB);
```

```java
    }

    @Override
    public void configureMessageBroker(final
        MessageBrokerRegistry registry) {
            registry.enableStompBrokerRelay("/topic", "/queue");
            registry.setApplicationDestinationPrefixes("/app");
    }

    @Override
    public void
    configureClientInboundChannel(ChannelRegistration
    registration) {
            registration.taskExecutor()
              .corePoolSize(Runtime.getRuntime().availableProcessors() *4);
    }
    @Override
    //增加缓慢客户端的线程数
    public void configureClientOutboundChannel(
       ChannelRegistration registration) {
            registration.taskExecutor().corePoolSize(
            Runtime.getRuntime().availableProcessors() *4);
    }
    @Override
    public void configureWebSocketTransport(
       WebSocketTransportRegistration registration) {
            registration.setSendTimeLimit(15*1000)
               .setSendBufferSizeLimit(512*1024);
    }
}
```

edu.zipcloud.cloudstreetmarket.ws.config 中的 WebSocketSecurityConfig Bean 定义如下：

```java
@Configuration
public class WebSocketSecurityConfig extends
   AbstractSecurityWebSocketMessageBrokerConfigurer {
      @Override
      protected void configureInbound(
      MessageSecurityMetadataSourceRegistry messages) {
      messages.simpMessageDestMatchers("/topic/actions",
      "/queue/*", "/app/queue/*").permitAll();
      }
      @Override
      protected boolean sameOriginDisabled() {
      return true;
      }
}
```

8. ActivityFeedWSController 类已复制到 cloudstreetmarket-websocket 中用于广播用户活动，这并不需要任何特定的角色或认证。

```
@RestController
public class ActivityFeedWSController extends
  CloudstreetWebSocketWCI{

    @MessageMapping("/channels/users/broadcast")
    @SendTo("/topic/actions")
    public UserActivityDTO handle(UserActivityDTO message)
    throws Exception {
        return message;
    }
    @RequestMapping(value="/channels/users/broadcast/info",
    produces={"application/json"})
    @ResponseBody
    public String info(HttpServletRequest request) {
      return "v0";
    }
}
```

9. 还有一个控制器将消息（最新的股价）发送到私有队列中。

```
@RestController
public class StockProductWSController extends CloudstreetWebSocket
WCI<StockProduct>{

  @Autowired
  private StockProductServiceOffline stockProductService;

  @MessageMapping("/queue/CSM_QUEUE_{queueId}")
  @SendTo("/queue/CSM_QUEUE_{queueId}")
  @PreAuthorize("hasRole('OAUTH2')")
  public List<StockProduct> sendContent(@Payload
  List<String> tickers, @DestinationVariable("queueId")
  String queueId) throws Exception {
      String username = extractUserFromQueueId(queueId);
      if(!getPrincipal().getUsername().equals(username)){
        throw new
        IllegalAccessError("/queue/CSM_QUEUE_"+queueId);
      }
      return stockProductService.gather(username,
        tickers.toArray(new String[tickers.size()]));
  }

  @RequestMapping(value=PRIVATE_STOCKS_ENDPOINT+"/info",
```

```
       produces={"application/xml", "application/json"})
@ResponseBody
@PreAuthorize("hasRole('OAUTH2')")
public String info(HttpServletRequest request) {
    return "v0";
}

private static String extractUserFromQueueId(String
token){
      Pattern p = Pattern.compile("_[0-9]+$");
      Matcher m = p.matcher(token);
      String sessionNumber = m.find() ? m.group() : "";
      return token.replaceAll(sessionNumber, "");
   }
}
```

10. 在客户端，新的 WebSocket 从股票搜索页面（股票搜索结果列表）初始化。尤其是在 stock_search.js 和 stock_search_by_market.js 中，加入了下面的代码用来周期性地为搜索结果集请求数据更新，以便展示给已经认证的用户。

```
if(httpAuth.isUserAuthenticated()){
  window.socket = new SockJS('/ws/channels/private');
  window.stompClient = Stomp.over($scope.socket);
  var queueId = httpAuth.generatedQueueId();

  window.socket.onclose = function() {
    window.stompClient.disconnect();
  };
  window.stompClient.connect({}, function(frame) {
    var intervalPromise = $interval(function() {
      window.stompClient.send(
       '/app/queue/CSM_QUEUE_'+queueId,
      {}, JSON.stringify($scope.tickers));
    }, 5000);

    $scope.$on(
       "$destroy",
       function( event ) {
         $interval.cancel(intervalPromise);
         window.stompClient.disconnect();
       }
    );

    window.stompClient.subscribe('/queue/CSM_QUEUE_'+queueId,
    function(message){
      var freshStocks = JSON.parse(message.body);
```

```
        $scope.stocks.forEach(function(existingStock) {
          // 这里更新当前显示的股票
        });

        $scope.$apply();
        dynStockSearchService.fadeOutAnim(); //CSS 动画
          // 绿色或红色背景
        });
      });
    };
```

httpAuth.generatedQueueId() 函数基于认证用户的用户名生成一个随机的队列名（更多细节请参考 http_authorized.js）。

### RabbitMQ 配置

1. 打开 RabbitMQ 的 Web 控制台，选择 **Admin** 选项卡，然后选择 **Policy** 菜单（也可以直接访问 URL：http://localhost:15672/#/policies）。

2. 添加下图所示的策略。

这个名为 PRIVATE 的策略应用于所有匹配 CSM_QUEUE_* 模式的自动生成的队列，自动过期时间是 24 小时。

### 结果

1. 在启动 Tomcat 服务器之前，确保：
   - MySQL 正在运行加载的数据。
   - Redis 服务器正在运行。
   - RabbitMQ 正在运行。
   - Apache HTTP 已重新启动 / 重新加载。

2. 当所有这些信号都显示为绿色，启动 Tomcat 服务器。

3. 使用 Yahoo! 账号登录应用，注册一个新用户，然后切换到 **Prices and markets | Search by markets**。如果你的目标市场当前为开放时间，应该能够在结果列表中看到

实时的数据更新，如下图所示。

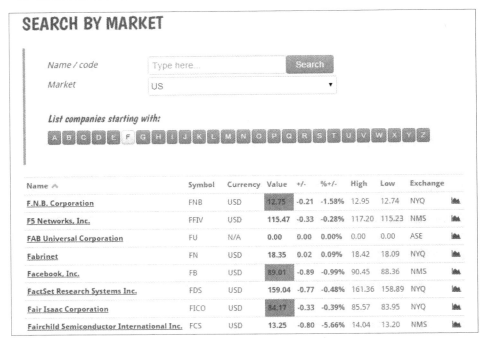

## 说明

### Redis 服务器

Redis 是一个开源的内存数据结构存储软件。日复一日，Redis 逐渐成为流行的 NoSQL 数据库和键值（Key-Value）存储软件。它能够存储带有过期时间的键（Key），并具有高可用性（通过良好的集群），这使它成为非常可靠的用于会话管理实现的底层技术。这也是我们实现 Spring Session 的用法。

### Spring Session

Spring Session 是一个相对较新的 Spring 项目，但是它注定会成长并在 Spring 生态系统中占据重要位置，尤其是结合最近较热门的微服务和物联网。该项目由 Pivotal 公司的 Rob Winch 管理。如前所述，Spring Session 提供从不同的 Spring 组件管理用户会话的 API。最有意思和最值得关注的特性是它可以和容器（Apache Tomcat）集成起来提供 `HttpSession` 的自定义实现。

**SessionRepositoryFilter**

为使用自定义 `HttpSession` 实现，Spring Session 使用一个自定义的包装类 SessionRepositoryRequestWrapper 完全取代了 HttpServletRequest。该操作在 SessionRepository-Filter 内部进行，该 Servlet 过滤器需要配置在 web.xml 中，以便拦截请求流（在 SpringMVC 之前）。

为了达到该目的，SessionRepositoryFilter 必须有一个 HttpSession 实现。在某一时刻，我们注册了 RedisHttpSessionConfiguration Bean。该 Bean 定义了一系列其他 Bean，其中有 sessionRepository，它对应 RedisOperationsSessionRepository。

SessionRepositoryFilter 对于在应用之间起到桥梁作用十分重要，所有针对实际引擎实现执行的会话操作都会执行这些操作。

**RedisConnectionFactory**

对于生成到 Redis 的合适连接，RedisConnectionFactory 的实现是必要的。对于实现的选择，我们遵循了 Spring 团队的建议——JedisConnectionFactory。该实现依赖于 Jedis（一个轻量级的 Redis Java 客户端），可参阅 https://github.com/xetorthio/jedis。

**CookieHttpSessionStrategy**

我们已经注册了一个 HttpSessionStrategy 实现——RootPathCookieHttpSession-Strategy。该类是对 Spring 中 CookieHttpSessionStrategy 的一个自定义版本。

因为想从 cloudstreetmarket-api 将 cookie 传递到 cloudstreetmarket-websocket 中，cookie 的路径（路径是 cookie 的一个属性）需要设置成根路径（而不是 Servlet 的上下文路径）。Spring Session 1.1 以上版本支持路径的配置，相关信息可参见如下网址：

https://github.com/spring-projects/spring-session/issues/155

目前，RootPathCookieHttpSessionStrategy（基本上就是 CookieHttpSessionStrategy）生成并期待 cookie 带有下图所示的 SESSION 名称。

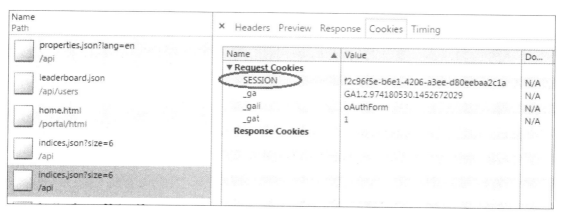

当前，只有 cloudstreetmarket-api 生成这样的 cookie，其他两个 Web 应用受限而不能生成 cookie，这样它们就不会把会话弄乱。

### Spring Data Redis 和 Spring Session Data Redis

还记得我们的好朋友 Spring Data JPA 吗？现在，Spring Data Redis 有着相似的目的，但是用于 Redis 的 NoSQL 键值存储。

"借助 Spring 的优秀基础架构的支持，通过 Spring Data Redis 框架可以轻松写出使用 Redis 键值存储的 Spring 应用程序，消除了与存储交互所需的冗余任务和'样板代码'"。

——Spring Data Redis 参考文档

Spring Session Data Redis 是为了管理 Spring Session 而专门实现的 Spring Data Redis 模块。

### 针对 Tomcat 的 Redis Session 管理

Apache Tomcat 本地支持集群和会话复制特性。然而，这些特性紧密地依赖于负载均衡器。黏性会话对于伸缩性有利有弊。弊端是，服务器一旦宕机会话就会丢失。另外，当需要应对流量的激增时，会话的黏性会使加载变慢。

我们也使用了来自 James Coleman 的开源项目，使得 Tomcat 服务器在会话创建时立即在 Redis 中存储非黏性会话，以供其他 Tomcat 实例潜在使用。访问如下网址可以了解该开源项目：

https://github.com/jcoleman/tomcat-redis-session-manager

然而，该项目并没有正式支持 Tomcat 8。另外一个分支在支持 Tomcat 版本方面走得更远，并且更符合 Tomcat 8 的需求：

https://github.com/rmohr/tomcat-redis-session-manager

tomcat-redis-session- manager-2.0-tomcat-8.jar 被从项目代码仓库复制到了 tomcat/lib 目录。

 Tomcat 8 是当前最新版本，外围的工具需要时间来兼容这个版本。在本书的开发环境中不提供 tomcat-redis-session- manager- 2.0-tomcat-8.jar。

### 在 Redis 中查看/刷新会话

在 Redis 的主安装目录中，可以找到一个可执行的命令——cli，该命令可以直接通过命令行执行。

```
$ src/redis-cli 或 $ redis-cli.exe
```

该命令可以访问 Redis 的控制台。例如，KEY * 命令将列出所有活动的会话。

```
127.0.0.1:6379> keys *
1) "spring:session:sessions:4fc39ce3-63b3-4e17-b1c4-5e1ed96fb021"
2) "spring:session:expirations:1418772300000"
```

FLUSHALL 命令将清空所有活动的会话。

```
redis 127.0.0.1:6379> FLUSHALL
OK
```

在 Redis 的在线教程 http://try.redis.io 中查阅其支持的所有客户端命令。

### securityContextPersistenceFilter

我们在 cloudstreetmarket-websocket 的 Spring Security 过滤器链中使用该过滤器，其作用为通过已配置的 SecurityContextRepository 将外部 Spring Security 上下文注入 Security-ContextHolder。

```
<bean id="securityContextPersistenceFilter"
    class="org.sfw.security.web.context.SecurityContextPersistenceFilter">
    <constructor-arg name="repo"
        ref="httpSessionSecurityContextRepo" />
</bean>

<bean id="httpSessionSecurityContextRepo"
  class='org.sfw.security.web.context.HttpSessionSecurityContextRepository'>
    <property name='allowSessionCreation' value='false' />
</bean>
```

该过滤器与 SecurityContextRepository 交互，在过滤器链完成后持久化上下文。与 Spring Session 相结合，在重用另一个组件（在本书的案例中是另一个 Web 应用）中执行的认证时，该过滤器非常有用。

在此之后，我们还可以声明一个 global-method-security 元素（Spring Security 命名空间），它允许我们在加了 @MessageMapping 注解的方法（我们的消息处理方法）中使用 @PreAuthorize 注解。

```
<global-method-security secured-annotations="enabled" pre-postannotations= "enabled" />
```

### AbstractSessionWebSocketMessageBrokerCongurer

这是一个很长的名字。我们使用该抽象类赋予 `WebSocketConfig` 以下能力：

- 确保会话在传入的 Web 套接字消息上保持活动状态。
- 确保当会话终止时销毁 WebSocket 会话。

### AbstractSecurityWebSocketMessageBrokerCongurer

通过类似的方式，此抽象类赋予 `WebSocketSecurityConfig` Bean 认证功能。多亏了它，`WebSocketSecurityConfig` Bean 现在控制传入消息的目的地。

## 扩展

### Spring Session

再次推荐阅读 Spring 参考文档中关于 Spring Session 的部分，其网址如下：

`http://docs.spring.io/spring-session/docs/current/reference/html5`

### Apache HTTP 代理的其他配置

添加到 `httpd.conf` 的几行代码用于在 WebSocket 握手期间将 WebSocket 模式重写为 `ws`。如果不这样做，SockJS 会回退至其 XHR（一个对 WebSocket 的模拟）选项。

### Spring Data Redis

推荐阅读 Spring 参考文档中关于 Spring Data Redis 的更多内容：

`http://docs.spring.io/spring-data/data-redis/docs/current/reference/html`

## 其他

- Sergi Almar 在 SpringOne2GX 2014 大会上的演讲"深入了解 Spring WebSocket"：

  `http://docs.spring.io/spring-data/data-redis/docs/current/reference/html`

- Spring-websocket-portfolio，来自 Rossen Stoyanchev 的 Spring WebSocket 示例应用：

  `https://github.com/rstoyanchev/spring-websocket-portfolio`

# 9

# 测试与故障排除

本章将介绍维护、调试和改善应用状态的一些常用实践，主要包括如下主题：

- 通过 Flyway 实现数据库迁移自动化
- 使用 Mockito 和 Maven Surefire 进行单元测试
- 使用 Cargo、Rest-assured 和 Maven Failsafe 进行集成测试
- 在集成测试中注入 Spring Bean
- 使用 Log4j2 记录日志的现代应用

## 引言

在本书的最后一章，必须介绍一下如何巩固我们的工作。在现实世界中，测试功能的开发必须在功能特性的开发之前进行（至少二者同时进行）。在软件开发过程中编写自动化测试，显示出对应用程序状态的足够信心。编写这些测试代码是确保所有细节都不会被忘记的最佳方式。拥有一个能够在现代化持续集成工具的帮助下测试自身的系统，可以确保任何功能特性在任何时候都不会损坏。

通过 UI 进行手工测试不足以令人确信能够覆盖每一处需要开发者考虑的边界情况。防范所有安全隐患、覆盖所有可能性是开发者的责任，而且是一个很重大的责任。

开发者是一个了不起的职业。不断涌现的技术革新为我们每个人创造了无与伦比的机会，我们身处永不停歇的竞赛中，对市场做出反应，甚至有时引领市场。

长时间、高强度地专注于编程，搜寻信息，设计，重新设计……程序员的工作大体如此。测试工作为项目的健康发展提供了有力支持，使我们开发的功能特性能够一天天完善，有效提高了工作效率。

# 通过Flyway实现数据库迁移自动化

在整个软件开发周期中，针对不同版本和多个环境维护数据库是一件让人头疼的事情。Flyway 对于数据库模式变化导致的平均信息量（Entropy）绝对是一种保护。在数据库迁移的管理与自动化方面，Flyway 具有非常重要的价值。

## 准备

本节将介绍 Flyway 的配置，并重点了解与 Maven 的集成，这将升级各个组件对应的数据库（若有必要）以达到我们预期的水平。

## 实现

1. 在 Eclipse 的 Git 视图中，检出最新版的分支 v9.x.x。
2. 在工作空间的 /app 目录中，`cloudstreetmarket.properties` 文件会更新。同时，一个包含 `Migration-1_0__init.sql` 文件的 `db/migration` 目录和一个新的 `/logs` 目录会被创建。
3. 在操作系统的用户目录下的应用程序目录（`<home-directory>/app`）中进行同步更新。
4. 确保 MySQL 服务器已启动。
5. 在 `zipcloud-parent` 项目上运行 Maven clean 和 Maven install 命令（右击该项目，选择 Run as ... | Maven Clean 菜单项，然后选择 Run as ... | Maven Install 菜单项）。
6. 在 `cloudstreetmarket-parent` 项目上运行 Maven clean 和 Maven install 命令。
7. 在日志堆栈的顶部（运行 Maven 的 package 命令阶段），应该看到下图所示的日志。

```
[INFO] ------------------------------------------------------------
[INFO] Building CloudStreetMarket Parent 0.0.1-SNAPSHOT
[INFO] ------------------------------------------------------------
[INFO]
[INFO] --- maven-enforcer-plugin:1.3.1:enforce (enforce) @ cloudstreetmarket-parent ---
[INFO]
[INFO] --- flyway-maven-plugin:2.3.1:migrate (package) @ cloudstreetmarket-parent ---
[INFO] Current version of schema `csm`: 0
[INFO] Migrating schema `csm` to version 1.0
[INFO] Successfully applied 1 migration to schema `csm` (execution time 00:08.544s).
[INFO]
[INFO] --- maven-install-plugin:2.4:install (default-install) @ cloudstreetmarket-parent ---
```

8. 此时，数据库被重置，以匹配结构和数据的标准状态。
9. 如果重新构建，将会看到下图所示的日志。

# 9 测试与故障排除

```
[INFO] ------------------------------------------------------------
[INFO] Building CloudStreetMarket Parent 0.0.1-SNAPSHOT
[INFO] ------------------------------------------------------------
[INFO]
[INFO] --- maven-enforcer-plugin:1.3.1:enforce (enforce) @ cloudstreetmarket-parent ---
[INFO]
[INFO] --- flyway-maven-plugin:2.3.1:migrate (package) @ cloudstreetmarket-parent ---
[INFO] Current version of schema `csm`: 1.0
[INFO] Schema `csm` is up to date. No migration necessary.
[INFO]
[INFO] --- maven-install-plugin:2.4:install (default-install) @ cloudstreetmarket-parent ---
[INFO] Installing C:\Users\abretet\perso\git\cloudstreetmarket.com\cloudstreetmarket-parent\pom.xml
[INFO]
```

10. 在上一级的 pom.xml(cloudstreetmarket-parent)中,会看到如下所示的新插件定义。

```xml
<plugin>
    <groupId>com.googlecode.flyway</groupId>
    <artifactId>flyway-maven-plugin</artifactId>
    <version>2.3.1</version>
    <inherited>false</inherited>
    <executions>
        <execution>
        <id>package</id>
        <goals>
        <goal>migrate</goal>
        </goals>
        </execution>
    </executions>
    <configuration>
    <driver>${database.driver}</driver>
    <url>${database.url}</url>
    <serverId>${database.serverId}</serverId>
    <schemas>
      <schema>${database.name}</schema>
      </schemas>
    <locations>
      <location>
        filesystem:${user.home}/app/db/migration
        </location>
      </locations>
    <initOnMigrate>true</initOnMigrate>
      <sqlMigrationPrefix>Migration-</sqlMigrationPrefix>
      <placeholderPrefix>#[</placeholderPrefix>
      <placeholderSuffix>]</placeholderSuffix>
      placeholderReplacement>true</placeholderReplacement>
      <placeholders>
      <db.name>${database.name}</db.name>
```

```xml
        </placeholders>
</configuration>
<dependencies>
        <dependency>
        <groupId>mysql</groupId>
        <artifactId>mysql-connector-java</artifactId>
        <version>5.1.6</version>
        </dependency>
</dependencies>
</plugin>
```

11. 上述定义中的一些变量（例如 `${database.driver}`），与 pom.xml 最开始设置的默认属性相对应。

```xml
<database.name>csm</database.name>
<database.driver>com.mysql.jdbc.Driver</database.driver>
<database.url>jdbc:mysql://localhost</database.url>
<database.serverId>csm_db</database.serverId>
```

12. database.serverId 变量必须匹配 Maven 的 settings.xml 文件中的 Server 条目（详见下一步）。

13. 编辑 Maven 的 settings.xml 文件（位于 `<home-directory>`/.m2/ 目录，该文件已在本书第 1 章中创建），在根节点的某处添加如下代码。

```xml
<servers>
    <server>
    <id>csm_db</id>
    <username>csm_tech</username>
    <password>csmDB1$55</password>
    </server>
</servers>
```

14. 在父 pom.xml（cloudstreetmarket-parent）中，添加一个新配置文件，有选择地覆盖默认属性（针对此 pom.xml）。

```xml
<profiles>
  <profile>
  <id>flyway-integration</id>
  <properties>
    <database.name>csm_integration</database.name>
    <database.driver>com.mysql.jdbc.Driver</database.driver>
    <database.url>jdbc:mysql://localhost</database.url>
    <database.serverId>csm_db</database.serverId>
  </properties>
  </profile>
</profiles>
```

>  在此情况下,使用 csm_integration 这个配置文件运行 Maven Clean Install 命令(mvn clean install -Pcsm_integration),将升级 csm_integration 数据库(如果有必要)。

说明

Flyway 是一个遵守 Apache v2(免费软件)许可协议的数据库版本管理和迁移工具,也是 Boxfuse GmbH 公司的注册商标。

Flyway 不是此类型工具的唯一选择,但由于其简单、易于配置而被广泛使用。迁移脚本可以用普通的 SQL 编写,并且支持许多提供者,从传统的 RDBMS(Oracle,MySQL,SQL Server 等)到内存数据库(HSQLDB,solidDB 等),甚至基于云的解决方案(AWS Redshift,SQL Azure 等)。

命令简介

Flyway 提供如下 6 个命令,用于报告和操作。

**Migrate**

Migrate 命令搜索类路径或文件系统寻找潜在的迁移计划,可以配置多个位置(脚本库)。在 Maven 的 Flyway 插件中,这些位置可在根配置节点中定义。可以设置模式来保留特定的文件名。

**Clean**

Clean 命令用于将数据库模式恢复到原始状态,所有的对象(表、视图、函数等)都会被清除。

**Info**

Info 命令用于提供有关给定模式的当前状态和迁移历史的反馈。仔细查看本地的 MySQL 服务器,在 csm 模式中,可以看到已经创建了名为 schema_version 的元数据表。Flyway 使用下表比较脚本库状态与数据库状态,并填补空白。

| version | description | script | installed on | success |
|---|---|---|---|---|
| 0 | << Flyway Schema Creation >> | 'csm' | 12/11/2015 18:11 | 1 |
| 1 | drop and create | /Migration-1_0__drop and create.sql | 12/11/2015 18:11 | 1 |

**Validate**

Validate 命令用于确保数据库上的迁移计划与脚本库中的脚本相对应。

## Baseline

对于一个尚未由 Flyway 管理的现有数据库，可以使用 Baseline 命令创建一个 Baseline 版本来标记该数据库的状态，使其与即将到来的新版本共存。早于该 Baseline 版本的数据库将直接被忽略。

## Repair

Repair 命令可用于清理元数据表的损坏状态。Flyway 会移除失败的迁移条目，并重置存储的校验和，使其与脚本的校验和相匹配。

## Flyway Maven 插件

Flyway Maven 插件为 Maven 提供了控制 Flyway 程序的接口。我们的插件配置如下。

```
<plugin>
    <groupId>com.googlecode.flyway</groupId>
    <artifactId>flyway-maven-plugin</artifactId>
    <version>2.3.1</version>
    <inherited>false</inherited>
    <executions>
      <execution>
        <id>package</id>
        <goals>
           <goal>migrate</goal>
        </goals>
      </execution>
    </executions>
    <configuration>
      <driver>${database.driver}</driver>
    <url>${database.url}</url>
    <serverId>${database.serverId}</serverId>
    <schemas>
       <schema>${database.name}</schema>
    </schemas>
    <locations>
      <location>
         filesystem:${user.home}/app/db/migration
      </location>
    </locations>
    <initOnMigrate>true</initOnMigrate>
      <sqlMigrationPrefix>Migration-</sqlMigrationPrefix>
      <placeholderPrefix>#[</placeholderPrefix>
      <placeholderSuffix>]</placeholderSuffix>
      <placeholderReplacement>true</placeholderReplacement>
      <placeholders>
```

```
        <db.name>${database.name}</db.name>
      </placeholders>
    </configuration>
</plugin>
```

与 Maven 插件一样，executions 部分将 Maven 过程绑定到插件的一个或多个目标。对于 Flyway Maven 插件，目标是之前提供的 Flyway 命令。我们告诉 Maven 何时考虑插件以及在这个插件中调用什么。

configuration 部分列出迁移期间需要的一些参数。例如，locations 指定要递归扫描的迁移存储库（以 classpath: 或 filesystem: 开头）。schemas 指定了由 Flyway 管理的用于整个迁移集的模式列表，其中的第一个模式为迁移的默认模式。

在迁移脚本中可以使用变量，以便这些脚本可在多种环境中作为模板使用。变量名可以用占位符定义，在脚本中可以用 placeholderPrefix 和 placeholderSuffix 标识变量。

访问如下网址可以查看配置参数的完整列表：

http://flywaydb.org/documentation/maven/migrate.html

### 扩展

Flyway 提供完善的官方文档，以及比较活跃的支持社区。http://flywaydb.org 上有更多关于该产品的信息，也可以访问 https://github.com/flyway/flyway 了解 GitHub。

### 其他

- Flyway 的主要竞争对手是 Liquibase。Liquibase 不使用普通的 SQL 脚本，它有自己的领域相关语言（DSL）。可以访问 http://www.liquibase.org 查看相关信息。

## 使用Mockito和Maven Surefire进行单元测试

单元测试（Unit Test）有助于监视组件的实现。Spring 的传统哲学促进了可复用组件的广泛应用。这些组件的核心实现可以改变状态（短暂对象的状态）或触发与其他组件的交互。

在单元测试中，专门使用模拟测试（Mock）来评估组件的方法对于其他组件的**行为**。当开发者习惯于使用模拟时，你会发现，软件设计越来越倾向于使用不同层和逻辑外部化（Logic Externalization）。与此类似，对象名称和方法名称更加重要了。因为它们概括了在别处发生的情况，模拟测试为后面接手的开发者节省了在代码方面不得不花费的一些精力。

开发单元测试按理说是一种企业级策略。由于测试覆盖的代码百分比可以轻易反映产品的成熟度，因此代码覆盖率也逐渐成为评估公司产品的标准参考。需要注意的是，

对于将代码审查作为开发流程的一部分的公司来说，可以从拉取请求（Pull Request）中

# Spring MVC 实战

找到有价值的见解。当拉取请求通过测试显示出行为有变化时，潜在变化产生的影响将会更快显现。

## 实现

1. 与上一节一样，在 cloudstreetmarket-parent 上运行 Maven install 命令。当构建进程运行到核心模块构建时，会看到下图所示的日志，暗示着测试阶段的单元测试正在运行（在 compile 和 package 之间）。

```
[INFO] --- maven-surefire-plugin:2.4.2:test (default-test) @ cloudstreetmarket-core ---
[INFO] Surefire report directory: C:\Users\abretet\perso\git\cloudstreetmarket.com\cloudstreetmar

-------------------------------------------------------
 T E S T S
-------------------------------------------------------
Running edu.zipcloud.cloudstreetmarket.core.converters.IdentifiableToIdConverterTest
Tests run: 23, Failures: 0, Errors: 0, Skipped: 0, Time elapsed: 0.039 sec
Running edu.zipcloud.cloudstreetmarket.core.converters.YahooQuoteToIndexConverterTest
Tests run: 2, Failures: 0, Errors: 0, Skipped: 0, Time elapsed: 0.142 sec
Running edu.zipcloud.cloudstreetmarket.core.converters.YahooQuoteToStockQuoteConverterTest
Tests run: 1, Failures: 0, Errors: 0, Skipped: 0, Time elapsed: 0.007 sec
Running edu.zipcloud.cloudstreetmarket.core.services.CommunityServiceImplTest
Tests run: 49, Failures: 0, Errors: 0, Skipped: 0, Time elapsed: 0.199 sec
Running edu.zipcloud.cloudstreetmarket.core.converters.YahooQuoteToCurrencyExchangeConverterTest
Tests run: 2, Failures: 0, Errors: 0, Skipped: 0, Time elapsed: 0.009 sec
Running edu.zipcloud.cloudstreetmarket.core.converters.YahooQuoteToStockProductConverterTest
Tests run: 2, Failures: 0, Errors: 0, Skipped: 0, Time elapsed: 0.01 sec

Results :

Tests run: 79, Failures: 0, Errors: 0, Skipped: 0
```

2. 这些测试可以在 cloudstreetmarket-core 中找到，具体来讲，在 src/test/java 这个源码目录中，如下图所示。

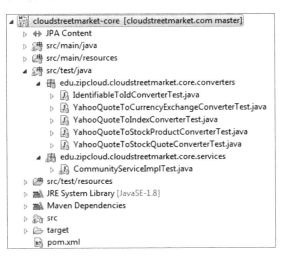

## 9 测试与故障排除

单元测试和集成测试都使用 JUnit。

```xml
<dependency>
    <groupId>junit</groupId>
    <artifactId>junit</artifactId>
    <version>4.9</version>
</dependency>
```

3. Eclipse IDE 原生支持 JUnit，下图展示了如何从 Maven 之外的类或方法中运行和调试测试。

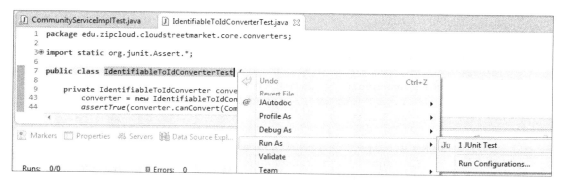

4. 如下代码是一个非常简单的 JUnit 测试类——IdentifiableToIdConverterTest。该类断言所有注册的实体可以通过 IdentifiableToIdConverter 转换为可识别的实现（记住 HATEOAS）。

```java
import static org.junit.Assert.*;
import org.junit.Test;
import edu.zipcloud.cloudstreetmarket.core.entities.*;

public class IdentifiableToIdConverterTest {

  private IdentifiableToIdConverter converter;

  @Test
  public void canConvertChartStock(){
    converter = new
      IdentifiableToIdConverter(ChartStock.class);
    assertTrue(converter.canConvert(ChartStock.class));
  }

  @Test
  public void canConvertAction(){
    converter = new
      IdentifiableToIdConverter(Action.class);
```

# Spring MVC 实战

```
        assertTrue(converter.canConvert(Action.class));
    }
}
```

5. 更多高级的单元测试使用 Mockito 库，例如下面的 YahooQuoteToCurrencyExchange-ConverterTest。

```
@RunWith(MockitoJUnitRunner.class)
public class YahooQuoteToCurrencyExchangeConverterTest {
    @InjectMocks
    private YahooQuoteToCurrencyExchangeConverter converter;
    @Mock
    private CurrencyExchangeRepository
        currencyExchangeRepository;
    @Test
    public void transferCriticalData(){
        when(currencyExchangeRepository.findOne(
        any(String.class))
        )
        .thenReturn(new CurrencyExchange("WHATEVER_ID""));
        CurrencyExchange currencyExchange =
          converter.convert(buildYahooQuoteInstance());
        assertEquals("WHATEVER_ID"",currencyExchange.getId());
        assertEquals("USDGBP=X"", currencyExchange.getName());
        assertEquals(BigDecimal.valueOf(10),
          currencyExchange.getBid());
        ...
        assertEquals(BigDecimal.valueOf(17),
        currencyExchange.getOpen());
        verify(currencyExchangeRepository, times(1))
          .findOne(any(String.class));
    }
    ...
}
```

在此，transferCriticalData() 测试获取了 YahooQuoteToCurrencyExchangeConverter 的一个实例，该实例并未使用 @Autowired CurrencyExchangeRepository 初始化，而是使用模拟对象初始化。该转换器获取了 YahooQuote 实例调用的 convert() 方法。

在 convert() 中调用其 findOne(String s) 方法时，该模拟（Mock）返回一个特定的 CurrencyExchange 实例。然后，返回的 currencyExchange 对象被逐字段断言，以确保它们与各自的期望值相匹配。

6. 在不同的模块中，添加如下对 Mockito 的 Maven 依赖。

   ```xml
   <dependency>
     <groupId>org.mockito</groupId>
     <artifactId>mockito-all</artifactId>
     <version>1.9.5<version>
   </dependency>
   ```

7. 通过 CommunityServiceImplTest 还可以更深入了解如何使用 Mockito 进行单元测试。

   例如，在下面的示例中，registerUser_generatePasswordAndEncodeIt 测试方法使用了 ArgumentCaptor。

   ```java
   @Test
   public void registerUser_generatesPasswordAndEncodesIt() {
     when(communityServiceHelper.generatePassword())
       .thenReturn("newPassword");
     when(passwordEncoder.encode("newPassword"))
       .thenReturn("newPasswordEncoded");
     ArgumentCaptor<User>userArgumentCaptor =
       ArgumentCaptor.forClass(User.class);
     userA.setPassword(null);
     communityServiceImpl.registerUser(userA);
     verify(userRepository, times(1))
       .save(userArgumentCaptor.capture());
     verify(passwordEncoder, times(1))
       .encode("newPassword");
     String capturedGeneratedPassword =
       userArgumentCaptor.getValue().getPassword();
     assertEquals("newPasswordEncoded"
       ,
       capturedGeneratedPassword);
   }
   ```

## 说明

### @Test 注解

@Test 注解必须标注在 public void 方法上，这样才会被 JUnit 视为测试用例。在这些方法中抛出异常会被视为测试失败。因此，没有抛出异常才会被认为测试通过。

可以通过传入 expected 和 timeout 这两个可选参数来定制 @Test 注解。

在 @Test 注解中使用 expected 参数，该测试用例抛出指定类型的异常表示测试成功；如果抛出非预期的异常或者没有抛异常，则表示测试失败。

如果某个测试用例的 @Test 注解指定了 timeout 参数，则当该用例的执行时间超出该参数值时表示测试失败。

### @RunWith 注解

如前所述，@RunWith 注解允许使用 BlockJUnitClassRunner（JUnit 默认的）以外的外部测试运行器（Test Runner）。顺便介绍一个指定默认 JUnit 运行器的声明技巧，例如要让 @RunWith 以 JUnit4.class 为目标，就是 @RunWith(JUnit4.class)。

"运行器运行测试，并将重要事情通知 RunNotifier。"

——JUnit.org Javadoc

自定义的 Runner 必须实现 org.junit.runner.Runner 中的抽象方法，例如 run(RunNotifier notifier) 和 getDescription()。它还必须跟进 JUnit 的核心功能，例如驱动测试进程。JUnit 有一组被 junit.runner.ParentRunner 原生支持的注解，例如：@Before、@After、@BeforeClass 和 @AfterClass。下面将分别介绍。

### @Before 与 @After 注解

在包含多个测试用例的测试类中，需要让测试逻辑尽可能清晰。从这一点上看，为了便于复用，大家经常尝试将变量初始化和上下文重新初始化放在外部。@Before 注解可以定义在 public void 方法上，以便在**每次测试之前**都让运行器执行这些方法。与之类似，定义在 public void 方法上的 @After 注解，会让这些方法在**每次测试之后**执行（通常用于清理资源或销毁上下文）。

对于继承，父类中的 @Before 方法会在当前类的方法之前执行，父类中的 @After 方法会在当前类的方法之后执行。

Javadoc 中也指出了另一点，**所有添加了 @After 注解的方法都能确保执行**，**即使添加了** @Before 或 @Test 注解的方法抛出异常。

### @BeforeClass 与 @AfterClass 注解

@BeforeClass 和 @AfterClass 注解应用于 public static void 方法。@BeforeClass 使方法在测试的生命周期中运行**一次**，该方法会在任何其他 @Test 或 @Before 注解的方法之前运行。

使用 @AfterClass 注解的方法，会确保在所有测试完成之后运行**一次**，并且在所有使用 @BeforeClass、@Before 或 @After 注解的方法之后，即使其中之一抛出异常。

对于处理与准备与测试上下文相关的耗费性能的操作（例如数据库连接管理和业务执行前/后处理），@BeforeClass 和 @AfterClass 是非常有价值的工具。

对于继承，父类中使用 @BeforeClass 注解的方法会在当前类的方法**之前**执行，使用 @AfterClass 注解的方法会在当前类的方法**之后**执行。

## 使用 Mockito

Mockito 是一种开源测试框架，支持测试驱动开发（Test-Driven Development）和行为驱动开发（Behavior-Driven Development），允许创建"双重对象"（Mock 对象），并有助于隔离被测试的系统。

### MockitoJUnitRunner

我们已经讨论过自定义的运行器。MockitoJUnitRunner 有些特别，它在 JUnitRunner 的基础上实现了一种装饰模式。这样的设计使这种运行器成为可选的（所有提供的服务也可以使用 Mockito 声明式地加以实现）。

MockitoJUnitRunner 自动初始化 @Mock 注解的依赖，这样在诸如 @Before 注解的方法中，就不用再调用 MockitoAnnotations.initMocks(this) 了。

initMocks(java.lang.Object testClass)

"为给定的 testClass 初始化使用 Mockito 注解的对象：@Mock。"

——Javadoc

MockitoJUnitRunner 还能在每个测试方法运行之后，通过调用 Mockito.validateMockitoUsage() 来校验实现框架的方式是否正确。这种校验通过显式的错误输出帮助我们最优化地使用 Mockito 库。

### transferCriticalData 示例

在我们的案例中，要测试的系统是 YahooQuoteToCurrencyExchangeConverter。@InjectMocks 注解告诉 Mockito 在每个测试运行之前使用已初始化的 Mocks 对象在目标转换器上执行依赖注入（构造器注入，属性设置器，或者字段直接注入）。

通过 Mockito.when(T methodCall) 和 thenReturn(T value) 方法，可以在被测试的方法 converter.convert(...) 中调用 currencyExchangeRepository.findOne 时返回一个假的（模拟）CurrencyExchange 对象。

Mockito verify 方法与 verify(currencyExchangeRepository, times(1)).findOne(any(String.class))，告诉 Mockito 针对被测试的 convert 方法如何与 Mock 对象交互进行验证。在下面的示例中，我们会让 convert 方法只调用一次代码仓库中的真实代码。

### registerUser 示例

在 registerUser_generatesPasswordAndEncodesIt 的测试中，我们将使用 MockitoArgumentCaptor 对被模拟对象调用的对象手动执行更深入的分析。

当没有中间层且结果被重用来调用其他方法时，MockitoArgumentCaptor 很有用。

除了浅显的类型检查,还有更多的内省(Introspection)工具可以使用,例如 any-(String.class)。在测试方法中,MockitoArgumentCaptor 作为一种解决方案和本地变量一起使用。

>  请记住,本地变量和实现方法中的传递性状态会增加相关测试的复杂度。简短、明确和内聚的方法总是更好的选项(更易于测试)。

### 扩展

#### 关于 Mockito

强烈推荐 Mockito 的 Javadoc 文档,该文档编写得很好,而且其中有很多实用的示例。

    http://docs.mockito.googlecode.com/hg/org/mockito/Mockito.html

#### JUnit 规则

截至目前,本书并未以任何方式展开讨论 JUnit 规则。JUnit 提供 @Rule 注解,该注解可用于在测试类的字段上抽象重复出现的业务相关的准备工作,经常被用于准备测试的上下文对象(夹具)。相关信息请参考如下网址:

    http://www.codeaffine.com/2012/09/24/junit-rules
    http://junit.org/javadoc/latest/org/junit/Rule.html

### 其他

- JaCoCo 是一个用来帮助维护和提高测试代码覆盖率的类库,其网址为:

    http://eclemma.org/jacoco

- 查阅更多关于 JaCoCo Maven 插件的资料:

    http://eclemma.org/jacoco/trunk/doc/maven.html

## 使用Cargo、Rest-assured和Maven Failsafe进行集成测试

集成测试与单元测试同样重要,可以从更高级别验证功能特性,同时会涉及更多组件或层次。当一个环境需要快速发展时,集成测试(IT 测试)更加重要。设计过程通常需要迭代,单元测试有时会严重影响我们重构的能力,而较高级别的测试(译者注:即集成测试)较少受到影响。

## 9 测试与故障排除

### 准备

本节将展示如何开发专注于 Spring MVC Web 服务的集成测试。这样的集成测试不是行为测试，因为根本不会评估用户界面。为了测试行为，需要更高层次的测试，模拟用户在整个应用界面中的操作过程。

接下来将配置 Maven 的 Cargo 插件来建立一个测试环境，作为集成测试前的 Maven 阶段的一部分。在集成测试阶段，我们将使用 Maven 的 Failsafe 插件执行集成测试，这些集成测试将使用 Rest-assured 库来执行针对测试环境的 HTTP 请求，并对 HTTP 响应进行断言。

### 实现

1. 我们在 `cloudstreet-api` 模块中设计了集成测试，用来测试 API 的控制器方法（如下图所示）。

2. 好用的 Rest-assured 库来自于下面的 Maven 依赖。

```
<dependency>
  <groupId>com.jayway.restassured</groupId>
  <artifactId>rest-assured</artifactId>
  <version>2.7.0</version>
</dependency>
```

3. 下面的 `UserControllerIT.createUserBasicAuth()` 是一个使用 REST-assured 库进行集成测试的典型示例。

```
public class UserControllerIT extends
  AbstractCommonTestUser{
  private static User userA;
  @Before
  public void before(){
    userA = new User.Builder()
```

```java
        .withId(generateUserName())
        .withEmail(generateEmail())
        .withCurrency(SupportedCurrency.USD)
        .withPassword(generatePassword())
        .withLanguage(SupportedLanguage.EN)
        .withProfileImg(DEFAULT_IMG_PATH)
        .build();
}
@Test
public void createUserBasicAuth(){
  Response responseCreateUser = given()
    .contentType("application/json;charset=UTF-8")
    .accept("application/json"")
    .body(userA)
    .expect
    .when()
    .post(getHost() + CONTEXT_PATH + "/users");
String location =
    responseCreateUser.getHeader("Location");
assertNotNull(location);
Response responseGetUser = given()
    .expect().log().ifError()
    .statusCode(HttpStatus.SC_OK)
    .when()
    .get(getHost() + CONTEXT_PATH + location +
        JSON_SUFFIX);
  UserDTO userADTO =
    deserialize(responseGetUser.getBody().asString());
  assertEquals(userA.getId(), userADTO.getId());
  assertEquals(userA.getLanguage().name(),
  userADTO.getLanguage());
  assertEquals(HIDDEN_FIELD, userADTO.getEmail());
  assertEquals(HIDDEN_FIELD, userADTO.getPassword());
  assertNull(userA.getBalance());
  }
}
```

4. 因为执行的时间太长，我们将集成测试从 Maven 的主生命周期中解耦出来，将其关联到一个名为 intergration 的 Maven 配置文件。

Maven 的配置文件为我们的开发提供了更多可选项。例如，在下面这行命令中，通过传递此配置文件 ID 作为 Profile 参数，我们的集成配置文件被激活。

```
$ mvn clean install -P integration
```

5. 对于我们的 API 集成测试，已经在 cloudstreet-api 的 pom.xml 文件中定位了 profile 相关配置。

```xml
<profiles>
  <profile>
  <id>integration</id>
  <build>
  <plugins>
    <plugin>
      <groupId>org.apache.maven.plugins</groupId>
      <artifactId>maven-failsafe-plugin</artifactId>
      <version>2.12.4</version>
      <configuration>
      <includes>
        <include>**/*IT.java</include>
      </includes>
      <excludes>
        <exclude>**/*Test.java</exclude>
      </excludes>
    </configuration>
    <executions>
        <execution>
          <id>integration-test</id>
          <goals>
            <goal>integration-test</goal>
          </goals>
        </execution>
        <execution>
          <id>verify</id>
          <goals><goal>verify</goal></goals>
        </execution>
    </executions>
  </plugin>
  <plugin>
   <groupId>org.codehaus.cargo</groupId>
   <artifactId>cargo-maven2-plugin</artifactId>
   <version>1.4.16</version>
      <configuration>
      <wait>false</wait>
      <container>
      <containerId>tomcat8x</containerId>
          <home>${CATALINA_HOME}</home>
      <logLevel>warn</logLevel>
      </container>
      <deployer/>
```

```xml
            <type>existing</type>
            <deployables>
            <deployable>
              <groupId>edu.zc.csm</groupId>
              <artifactId>cloudstreetmarket-api</artifactId>
              <type>war</type>
                <properties>
                  <context>api</context>
                </properties>
              </deployable>
            </deployables>
          </configuration>
          <executions>
            <execution>
              <id>start-container</id>
              <phase>pre-integration-test</phase>
              <goals>
                <goal>start</goal>
                <goal>deploy</goal>
              </goals>
            </execution>
            <execution>
              <id>stop-container</id>
              <phase>post-integration-test</phase>
              <goals>
                <goal>undeploy</goal>
                <goal>stop</goal>
              </goals>
                </execution>
              </executions>
            </plugin>
        </plugins>
      </build>
    </profile>
</profiles>
```

6. 在所用的机器上运行它们之前，请检查是否设置了指向 Tomcat 目录的 CATALINA_HOME 环境变量。如果没有，必须创建这个环境变量。该变量值如下所示（如果已按照本书第 1 章的介绍进行了相关设置）：

    □ Windows 系统：C:\tomcat8
    □ Linux 系统：/home/usr/{system.username}/tomcat8
    □ Mac OS 系统：/Users/{system.username}/tomcat8

7. 确保机器中的 Apache HTTP、Redis 和 MySQL 已经启动并正常运行（相关操作也可以

# 9 测试与故障排除

参见前面的章节）。

8. 准备就绪以后：

   □ 在终端中执行下面的 Maven 命令（若路径中已有 Maven 目录）。

   ```
   mvn clean verify -P integration
   ```

   □ 在 Eclipse IDE 中通过 Run | Run Configuration... 菜单项为该自定义的构建创建一个快捷方式。要创建的构建配置如下图所示。

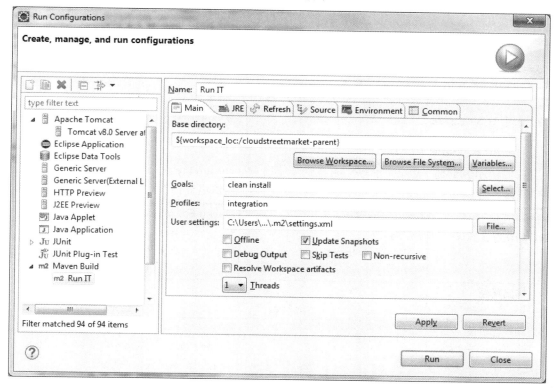

9. 执行第 8 步之后：

   1) 将 api.war 部署到本地的 Tomcat 服务器。
   2) 启动本地的 Tomcat。
   3) 执行所有匹配 **/*IT.java 模式的测试类。

   如果所有测试都通过了，将会看到 [INFO] BUILD SUCCESS 消息。

10. 在此期间，当构建 API 时，会看到下图所示的代表集成测试已成功的日志。

```
[INFO] --- maven-failsafe-plugin:2.12.4:integration-test (integration-test) @ cloudstreetmarket-api
[INFO] Failsafe report directory: C:\ … \target\failsafe-reports

-------------------------------------------------------
 T E S T S
-------------------------------------------------------
Running edu.zipcloud.cloudstreetmarket.api.MonitoringControllerIT
Tests run: 3, Failures: 0, Errors: 0, Skipped: 0, Time elapsed: 3.503 sec
Running edu.zipcloud.cloudstreetmarket.api.UserControllerIT
Tests run: 7, Failures: 0, Errors: 0, Skipped: 0, Time elapsed: 3.533 sec

Results :

Tests run: 10, Failures: 0, Errors: 0, Skipped: 0
```

### 说明

本小节将解释为什么引入 Maven 的 Failsafe 插件，如何配置 Cargo 插件来满足我们的需求，如何使用 REST-assured 库以及该库的价值。

#### Maven Failsafe 与 Maven Surefire

我们使用 Maven Failsafe 进行集成测试，使用 Maven Surefire 进行单元测试，这是使用这类插件的一种标准方式。下表反映了这一点，并说明了测试类插件的默认命名模式。

|  | Maven Surefire | Maven Failsafe |
|---|---|---|
| 默认测试包含模式 | \*\*/Test\*.java<br>\*\*/\*Test.java<br>\*\*/\*TestCase.java | \*\*/IT\*.java<br>\*\*/\*IT.java<br>\*\*/\*ITCase.java |
| 默认输出路径 | ${basedir}/target/surefire-reports | ${basedir}/target/failsafe-reports |
| 绑定到构建阶段 | test | pre-integration-test<br>integration-test<br>post-integration-test<br>verify |

对于 Maven Failsafe，可以看到我们重写的包含/排除模式是可选的。关于 Maven 构建阶段的绑定，我们选择在 integration-test 和 verify 阶段触发集成测试的执行。

#### Cargo

Cargo 是一个轻量级库，提供用于操作多种支持的容器（Servlet 和 JEE 容器）的标准 API，涉及的 API 包括构件（Artifact）的部署、远程部署和容器的启动/停止等。通过 Maven、Ant 或 Gradle 调用时，其主要用于为集成测试提供支持。

**Cargo Maven 插件**

我们通过 Cargo Maven 插件 `org.codehaus.cargo:cargo-maven2-plugin` 来整合集成测试需要使用的集成环境。集成测试结束后，要求该环境自动关闭。

**绑定 Maven 构建阶段**

下面的 executions 是 `cargo-maven2-plugin` 配置的一部分。

```xml
<executions>
  <execution>
    <id>start-container</id>
    <phase>pre-integration-test</phase>
    <goals>
      <goal>start</goal>
    <goal>deploy</goal>
    </goals>
  </execution>
  <execution>
      <id>stop-container</id>
    <phase>post-integration-test</phase>
    <goals>
    <goal>undeploy</goal>
    <goal>stop</goal>
      </goals>
  </execution>
</executions>
```

来看看执行 `mvn install` 命令时会发生什么。

`install` 是 Maven 默认生命周期中的一个阶段。正如本书第 1 章中提到的，默认的生命周期包括从 `validate` 到 `deploy` 23 个构建阶段。`install` 是第 22 个阶段，因此检查这 22 个阶段以查看是否存在可附加的插件目标。

这里，`pre-integration-test` 阶段（出现在默认生命周期中 `validate` 和 `install` 之间）将触发我们在 Maven Cargo 插件的 `start` 和 `deploy` 中定义的进程。对于 `post-integration-test` 触发器、`undeploy` 和 `stop` 也是同样的逻辑。

在执行集成测试之前，我们启动并部署 Tomcat 服务器。这些集成测试通过 Maven Failsafe 插件在 `integration-test` 阶段执行。最后，Tomcat 服务器会卸载应用并停止。

集成测试也可以在 `verify` 阶段执行，如果服务器在默认的 Maven 生命周期以外已经启动。

**使用已存在 Tomcat 实例**

在 Cargo 的 Maven 插件配置中，可以使用现有的 Tomcat 实例。我们的应用现在依赖于 MySQL、Redis、Apache HTTP 和自定义会话管理。我们决定在合适的集成环境中执行集成测试。

# Spring MVC 实战

如果没有这些依赖，我们会使用 Cargo 下载一个 Tomcat 8 的实例。

### Rest-assured

Rest-assured 是基于 Apache v2 许可的开源库，由 Jayway 公司提供支持。它使用 Groovy 开发，允许创建 HTTP 请求，通过独特的函数式 DSL（Domain Specific Language，领域特定语言）验证 JSON 和 XML。这种 DSL 彻底简化了对 Rest 服务的测试。

#### 静态导入

为了有效使用 Rest-assured，其官方文档推荐静态导入以下包：

- `com.jayway.restassured.RestAssured.*`
- `com.jayway.restassured.matcher.RestAssuredMatchers.*`
- `org.hamcrest.Matchers.*`

#### Given-When-Then 模式

为了理解 Rest-assured 的 DSL，让我们参考一个测试（在 `UserControllerIT` 中）来初步了解其用法。

```
@Test
public void createUserBasicAuthAjax(){
  Response response = given()
  .header("X-Requested-With", "XMLHttpRequest")
  .contentType("application/json;charset=UTF-8")
  .accept("application/json\")
  .body(userA)
  .when()
  .post(getHost() + CONTEXT_PATH + "/users");
  assertNotNull(response.getHeader("Location"));
}
```

代码的 `given` 部分是 HTTP 请求规范。通过 Rest-assured，一些 HTTP 请求头（例如 Content-Type 和 Accept 等）可以以一种直观的方式定义，例如 `contenType(...)` 和 `accept(...)`。其他请求头可以使用通用的 `.header(...)` 定义。请求参数和认证也可以这样定义。

对于 `POST` 和 `PUT` 请求，请求体是必需的。该请求体可以是普通的 JSON 或 XML，或直接的 Java 对象（本书就是这么做的）。作为一个 Java 对象，该请求体将由库根据规范中定义的内容类型（JSON 或 XML）进行转换。

在 HTTP 请求规范之后，`when()` 语句提供实际的 HTTP 方法和目标信息。在这个阶段，返回的对象允许在 `then()` 块中定义期望值，或者从可以定义约束的地方检索 Response 对象。在我们的测试用例中，Response 的 Location 头要求是非空的。

# 9 测试与故障排除

## 扩展

在 Cargo 和 REST-assured 文档中可以查阅更多相关信息。

### 关于 Cargo

关于该产品及其与第三方系统的集成,请参考如下网址:

`https://codehaus-cargo.github.io/cargo/Home.html`

### 更多 REST-assured 案例

REST-assured 的在线 Wiki 提供了更多的案例:

`https://github.com/jayway/rest-assured/wiki/Usage`

# 在集成测试中注入Spring Bean

本节介绍如何将 Spring 管理的 Bean 注入集成测试类中。即使对于集成测试,其首要目标是把后端作为"黑盒"来评估,但有时也需要从中间层来接触技术对象。

## 准备

我们将看到如何复用 Spring 托管的数据源实例,以便在测试类中注入。该数据源将帮助我们构建 `jdbctemplate` 的实例。基于这个 `jdbctemplate`,我们将查询数据库,并模拟/验证那些不能被其他方式测试的进程。

## 实现

1. 在 `UserControllerIT` 测试中,我们为 `datasource` 添加了 `@Autowired` 注解。`datasource` 这个 Bean 在 Spring 的测试专用配置文件(`spring-context-api-text.xml`)的 `resources` 目录中,如下图所示。

```
<context:property-placeholderlocation="
    file:${user.home}/app/cloudstreetmarket.properties""/>
```

```xml
<bean id="dataSource"
  class="org.apache.commons.dbcp2.BasicDataSource"
  destroy-method="close">
  <property name="driverClassName">
      <value>com.mysql.jdbc.Driver</value>
  </property>
  <property name="url">
      <value>${db.connection.url}</value>
  </property>
<property name="username">
  <value>${db.user.name}</value>
</property>
<property name="password">
  <value>${db.user.passsword}</value>
</property>
<property name="defaultReadOnly">
  <value>false</value>
</property>
</bean>
```

在 UserControllerIT 类中，基于被 @Autowired 注解的 datasource Bean 创建了一个 jdbctemplate 实例：

```
@Autowired
private JdbcTemplate jdbcTemplate;
@Autowired
public void setDataSource(DataSource dataSource) {
    this.jdbcTemplate = new JdbcTemplate(dataSource);
}
```

2. 使用 jdbctemplate 在数据库中直接插入和删除社交连接（Social Connection）数据（参见本书第 5 章），这样可以绕开并模拟成功的用户 OAuth2 认证流程（正常情况下通过 Web 浏览器进行）。

为了删除社交连接，我们创建了如下私有的方法，该方法可以在测试中按需调用。

```
private void deleteConnection(String spi, String id) {
    this.jdbcTemplate.update("delete from userconnection
            where providerUserId = ? and userId = "?", new
                Object[] {spi, id});
}
```

3. 在 UserControllerIT 类的最开始部分，请注意以下两个注解：

- @RunWith(SpringJUnit4ClassRunner.class) 告诉 JUnit 运行其支持 Spring Test-Conxt 框架的自定义扩展（SpringJUnit4ClassRunner）。
- @ContextConfiguration("classpath:spring-context-api-test.xml") 指 明

了在何处以及如何加载和配置 Spring 的应用上下文。

```
@RunWith(SpringJUnit4ClassRunner.class)
@ContextConfiguration("classpath:spring-context-api-test.xml"")
public class UserControllerIT extends
  AbstractCommonTestUser{
private static User userA;
private static User userB;
...
}
```

## 说明

### SpringJUnit4ClassRunner

SpringJUnit4ClassRunner 被设计为 JUnit 的 `BlockJUnit4ClassRunner` 的直接子类。当 `TestContextManager` 加载时 SpringJUnit4ClassRunner 进行初始化。`TestContextManager` 管理 `TestContext` 的生命周期，并可将测试事件反映给已注册的 `TestExecutionListener`（通过 `@BeforeClass`、`@AfterClass`、`@Before` 和 `@After` 注解）。

通过加载 Spring 上下文、SpringJUnit4ClassRunner Spring 上下文，SpringJUnit-4ClassRunner 可以在测试类中使用 Spring 管理的 Bean。SpringJUnit4ClassRunner 还支持一组可以在测试类中使用的注解（来自 JUnit 或 Spring Test）。这些注解可以放心使用，以便之后向上下文定义的对象提供合适的生命周期管理。这些注解包括：`@Test`（具有 expected 和 timeout 参数）、`@Timed`、`@Repeat`、`@Ignore`、`@ProfileValueSourceConfiguration` 和 `@IfProfileValue`。

### @ContextConfiguration 注解

类级别（Class-Level）的注解专用于 Spring Test，定义了如何以及何处加载测试类的 Spring 上下文。我们在本节中的定义针对一个特定的 Spring XML 配置文件——`@ContextConfiguration("classpath:spring-context-api-test.xml")`。

然而，从 Spring 3.1 开始，上下文可以通过编程来定义。`@ContextConfiguration` 也可以使用下面的方法来配置。

```
@ContextConfiguration(classes={AnnotationConfig.class, WebSocketConfig.class})
```

如下面代码段所示，两种声明类型可以组合在同一个注解中。

```
@ContextConfiguration(classes={AnnotationConfig.class,
  WebSocketConfig.class}, locations={"classpath:spring-context-api-test.xml"})
```

## 扩展

本小节介绍用于测试目的的 Spring JdbcTemplate。

### JdbcTemplate

本书第 1 章中已经介绍了 Spring 框架的不同模块，其中一组模块是**数据访问与集成**（Data Access and Integration），包含 JDBC、ORM、OXM、JMS 和事务模块。

JdbcTemplate 是 Spring JDBC 核心包的键类部分，支持通过简单的实用程序方式执行数据库操作，并为大段样板代码提供抽象。而且，这个工具能够节省我们的时间、提供模版，以便设计出优质产品。

#### 样板逻辑的抽象

下面以在测试类中删除连接为例进行介绍。

```
jdbcTemplate.update("delete from userconnection where
  providerUserId = ? and userId = "?", new Object[] {spi, id});
```

使用 jdbcTemplate，删除一个数据库元素仅仅一行指令而已。它在底层创建了一个 PreparedStatement 对象，基于实际传递的参数类型选择正确的类型，为我们管理数据库连接，确保无论发生什么都会关闭该连接。

jdbcTemplate.update 被设计用来执行单个 SQL 更新操作，包括插入、更新和删除。

在 Spring 中，jdbcTemplate 通常会将生成的检查异常（Checked Exception）转化为非检查异常(Unchecked Exception)。这里，可能发生的 SQLException 将被包装在 RuntimeException 中。

#### 提取自动生成的 ID

jdbcTemplate.update 方法还提供了其他参数类型：

```
jdbcTemplate.update(final PreparedStatementCreator psc,
  final KeyHolder generatedKeyHolder);
```

对于数据插入，当需要读取和重用生成的 ID（执行查询前该值不可知）时，可以调用该方法。

在我们的例子中，如果想在插入新连接时重用生成的连接 ID，可以使用如下方法：

```
KeyHolder keyHolder = new GeneratedKeyHolder();
jdbcTemplate.update(
  new PreparedStatementCreator() {
    public PreparedStatement createPreparedStatement(Connection
    connection) throws SQLException {
    PreparedStatement ps =
    connection.prepareStatement("insert into
    userconnection (accessToken, ... , secret, userId )
    values (?, ?, ... , ?, ?)", new String[] {"id""});
    ps.setString(1, generateGuid());
    ps.setDate(2, new Date(System.currentTimeMillis()));
    ...
    return ps;
```

```
    }
}, keyHolder);
Long Id = keyHolder.getKey().longValue();
```
但并非必须这样操作。

# 使用Log4j2记录日志的现代应用

在 Java 生态系统经历了 20 年的演变之后，记录日志的方式出现过不同的策略、趋势和架构。如今，在第三方依赖中可以找到几个日志记录框架。我们必须支持这些框架，用以调试应用或追踪运行时事件。

## 准备

本节为 CloudStreet Market 应用提供一个不会过时的 Log4j2 实现，这需要向模块里添加好几个 Maven 依赖。作为一个解决方案，这看起来相当复杂，但实际上要支持的日志框架数量是有限的，Log4j2 的迁移逻辑相当简单。

## 实现

1. 如下 Maven 依赖已添加到父模块（cloudstreetmarket-parent）的依赖管理部分。

```xml
<!-- Logging dependencies -->
<dependency>
  <groupId>org.apache.logging.log4j</groupId>
  <artifactId>log4j-api</artifactId>
  <version>2.4.1</version>
</dependency>
<dependency>
  <groupId>org.apache.logging.log4j</groupId>
  <artifactId>log4j-core</artifactId>
  <version>2.4.1</version>
</dependency>
<dependency>
  <groupId>org.apache.logging.log4j</groupId>
  <artifactId>log4j-slf4j-impl</artifactId>
  <version>2.4.1</version>
</dependency>
<dependency>
  <groupId>org.apache.logging.log4j</groupId>
  <artifactId>log4j-1.2-api</artifactId>
  <version>2.4.1</version>
</dependency>
<dependency>
```

```
            <groupId>org.apache.logging.log4j</groupId>
            <artifactId>log4j-jcl</artifactId>
            <version>2.4.1</version>
        </dependency>
        <dependency>
            <groupId>org.apache.logging.log4j</groupId>
            <artifactId>log4j-web</artifactId>
              <scope>runtime</scope>
            <version>2.4.1</version>
        </dependency>
        <dependency>
            <groupId>org.slf4j</groupId>
            artifactId>slf4j-api</artifactId>
            <version>${slf4j.version}</version>
        </dependency>
```

 最后一个依赖管理——org.slf4j，可以确保 slf4j 的单个版本能被添加到任何地方。

2. 在 api、ws 和 core 模块中，添加这些依赖：log4j-api，log4j-core，log4j-slf4j-impl，log4j-1.2-api，log4j-jcl，等等。

3. 在 Web 模块（包括 api，ws 和 webapp）中添加 log4j-web。

4. 添加 slf4j-api 只用于依赖管理。

5. 启动 Tomcat 时加上如下 JVM 参数：

   `-Dlog4j.configurationFile=<home-directory>\app\log4j2.xml`

 将 <home-directory> 替换成实际使用的目录。

6. 现在，用户 home 目录下的 app 目录中包含了如下 log4j2 配置文件。

```
<?xml version="1.0" encoding="UTF-8"?>
<Configuration status="OFF" monitorInterval="30">
<Appenders>
  <Console name="Console" target="SYSTEM_OUT">
    <PatternLayout pattern"="%d{HH:mm:ss.SSS} %-5level
      %logger{36} - %msg%n""/>
  </Console>
  <RollingFile name="FileAppender" fileName="
      ${sys:user.home}/app/logs/cloudstreetmarket.log"
      filePattern="
      ${sys:user.home}/app/logs/${date:yyyy-MM}/
```

```xml
          cloudstreetmarket-%d{MM-dd-yyyy}- %i.log.gz">
        <PatternLayout>
          <Pattern>%d %p %C{1} %m%n</Pattern>
        </PatternLayout>
        <Policies>
          <TimeBasedTriggeringPolicy />
          <SizeBasedTriggeringPolicy size="250 MB"/>
        </Policies>
      </RollingFile>
  </Appenders>
  <Loggers>
    <Logger name="edu.zipcloud" level="INFO"/>
    <Logger name="org.apache.catalina" level="ERROR"/>
    <Logger name="org.springframework.amqp"
      level="ERROR"/>
    <Logger name="org.springframework.security"
      level="ERROR"/>

    <Root level="WARN">
      <AppenderRef ref="Console"/>
     <AppenderRef ref="FileAppender"/>
    </Root>
  </Loggers>
</Configuration>
```

7. 作为回退选项，每个模块的类路径(`src/main/resources`)中也添加了 `log4j2.xml` 文件。

8. 一些日志指令被放置在不同的类中以跟踪用户的操作。

    SignInAdapterImpl 的日志指令：

```java
      import org.apache.logging.log4j.LogManager;
import org.apache.logging.log4j.Logger;

@Transactional
public class SignInAdapterImpl implements SignInAdapter{
  private static final Logger logger =
     LogManager.getLogger(SignInAdapterImpl.class);
  ...
  public String signIn(String userId, Connection<?>
    connection, NativeWebRequest request) {
  ...
  communityService.signInUser(user);
  logger.info("User {} logs-in with OAuth2 account",
    user.getId());
  return view;
  }
}
```

UsersController 的日志指令:

```java
@RestController
@RequestMapping(value=USERS_PATH, produces={"application/xml",
"application/json"})
public class UsersController extends CloudstreetApiWCI{
  private static final Logger logger =
    LogManager.getLogger(UsersController.class);
...
  @RequestMapping(method=POST)
  @ResponseStatus(HttpStatus.CREATED)
  public void create(@Valid @RequestBody User user,
    @RequestHeader(value="Spi", required=false) String guid,
    @RequestHeader(value="OAuthProvider", required=false)
    String provider, HttpServletResponse response) throws
    IllegalAccessException{
      if(isNotBlank(guid)){
...
      communityService.save(user);
      logger.info("User {} registers an OAuth2 account:
        "{}", user.getId(), guid);
      }
      else{
  user = communityService.createUser(user,
    ROLE_BASIC);
...
  logger.info("User registers a BASIC account"
    ",
    user.getId());
    }
...
  }
...
}
```

9. 启动本地 Tomcat 服务器,然后简单浏览应用程序。如下图所示,在综合的日志文件 <home-directory>/apps/logs/cloudstreetmarket.log 中,可以查看用户行为记录。

```
2016-01-18 06:44:03,107 INFO SignInAdapterImpl User IMQRDBSFHTC5V37ZUMP5DJ7OYI logs in with OAuth2 account
2016-01-18 06:44:04,051 WARN ChartIndexController Resource not found: Chart for Index ^GDAXI
2016-01-18 06:44:16,481 INFO UsersController User marcus registers an OAuth2 account: IMQRDBSFHTC5V37ZUMP5
2016-01-18 06:44:27,199 INFO UserImageController User marcus uploads a new profile picture: fbed4828-26ef-
2016-01-18 06:44:51,278 INFO TransactionController User marcus buys 12 FB at 94.0 USD
2016-01-18 06:45:14,027 INFO UsersController User registers a BASIC account
2016-01-18 06:45:24,289 INFO LikeActionController User happy_face likes action id 280
2016-01-18 06:45:33,794 WARN ChartStockController Resource not found: Chart for ticker AMD
```

>  使用这里创建的 `lo4j2.xml` 配置文件，当 `cloudstreetmarket.log` 文件达到 250MB 时，会自动压缩并归类到相应的目录中。

### 说明
这里回顾一下如何设置 Log4j2 使其与其他日志框架协同工作。

#### Apache Log4j2 与其他日志框架
Log4j1+ 版本即将终结，因为它不能兼容 Java 5 以上版本。

Log4j2 作为 Log4j 代码库的一个分支被构建。从这个角度看，它与 Logback 是竞争关系，后者最初是 Log4j 的"正统的继任者"。Log4j2 实际上实现了 Logback 对 Log4j 的很多改进，同时也修复了 Logback 架构的一些问题。

Logback 提供了显著的性能提升，尤其是对多线程的支持。相比较而言，Log4j2 提供了类似的性能。

**SLF4J 案例**

SLF4j 并不是一个日志框架，它是一个允许用户在部署时以插件形式嵌入任何日志系统的抽象层。

SLF4j 需要在类路径上绑定 SLF4j，如下所示：

- `slf4j-log4j12-xxx.jar`（log4j version 1.2）
- `slf4j-jdk14-xxx.jar`（java.util.logging from the jdk 1.4）
- `slf4j-jcl-xxx.jar`（Jakarta Commons Logging）
- `logback-classic-xxx.jar`

SLF4j 还需要目标日志框架的核心库。

#### 迁移到 Log4j2
Log4j2 不兼容 Log4j1+。这听起来是个问题，因为应用程序（例如 CloudStreetMarket）经常使用嵌入的日志框架第三方类库。例如，Spring Core 对 Jakarta Commons Logging 具有传递依赖。

为了解决这个问题，Log4j2 提供适配器，用来保证内部日志不会丢失，并且这些日志会被桥接到 log4j2 的日志流中。对于差不多所有能产生日志的系统，都有对应的适配器。

**Log4j2 API 与内核**

Log4j2 附带一个 API（译者注：接口定义）和一个实现。二者都是必需的，都需要添加如下依赖。

```xml
<dependency>
  <groupId>org.apache.logging.log4j</groupId>
  <artifactId>log4j-api</artifactId>
  <version>2.4.1</version>
</dependency>
<dependency>
  <groupId>org.apache.logging.log4j</groupId>
  <artifactId>log4j-core</artifactId>
  <version>2.4.1</version>
</dependency>
```

**Log4j2 适配器**

如上所述，Log4j2 提供了一系列**适配器**和**桥接器**，以提供对应用程序的向后兼容。

**Log4j1.x API 桥接器**

如果在某个模块中发现了对 Log4j1+ 的传递依赖，需要添加如下桥接器。

```xml
<dependency>
  <groupId>org.apache.logging.log4j</groupId>
  <artifactId>log4j-1.2-api</artifactId>
  <version>2.4.1</version>
</dependency>
```

**Apache Commons Logging 桥接器**

如果在某个模块中发现了对 Log4j1+ 的传递依赖，需要添加如下桥接器。

```xml
<dependency>
  <groupId>org.apache.logging.log4j</groupId>
  <artifactId>log4j-jcl</artifactId>
  <version>2.4.1</version>
</dependency>
```

**SLF4J 桥接器**

对于 SLF4J，情况相同，应添加如下桥接器。

```xml
<dependency>
  <groupId>org.apache.logging.log4j</groupId>
  <artifactId>log4j-slf4j-impl</artifactId>
  <version>2.4.1</version>
</dependency>
```

### Java Util Logging 适配器

在我们的应用里没有发现对 `java.util.logging` 的传递依赖，但如果存在这种依赖，就需要添加如下桥接器。

```
<dependency>
  <groupId>org.apache.logging.log4j</groupId>
  <artifactId>log4j-jul</artifactId>
  <version>2.4.1</version>
</dependency>
```

### Web Servlet 支持

Apache Tomcat 容器有其自身的日志生成类库集合。在 Web 模块中添加如下依赖，可以确保容器的日志被路由到 Log4j2 的主日志管道中。

```
<dependency>
  <groupId>org.apache.logging.log4j</groupId>
  <artifactId>log4j-web</artifactId>
  <version>2.4.1</version>
  <scope>runtime</scope>
</dependency>
```

### 配置文件

本节"实现"中的第 6 步介绍了 Log4j 配置的细节。这些配置由不同、可配置的 Appender（基本上是一种输出通道）构成。我们使用控制台和一个基于文件的 Appender，但 Log4j2 提供一种基于插件的 Appender 架构，允许在需要时使用外部输出通道（例如 SMTP、Printer、数据库等）。

## 扩展

这里简单介绍一下由级联查找配置文件构成的 Log4j2 自动配置、官方文档，以及能直接将日志记录到 Redis 的 Appender。

### 自动配置

Log4j2 实现了一种级联查找以便定位 log4j2 的配置文件。从查找给定的系统属性 `log4j.configurationFile` 开始，到位于类路径中的 `log4j2-test.xml` 和 `log4j2.xml` 文件，官方文档详细介绍了所有后续步骤。该文档网址如下：

https://logging.apache.org/log4j/2.x/manual/configuration.html

### 官方文档

Log4j2 的官方文档全面而好用，网址如下：

https://logging.apache.org/log4j/2.x

### Redis Appender 应用示例

如下网址展示了一个基于 Apache 许可的项目，提供了一种能直接向 Redis 里记录日志的 Log4j2 Appender。

https://github.com/pavlobaron/log4j2redis